KB147697

EVENT
Management

이벤트경영론

고승익 · 김흥렬 공저

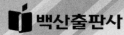

백산출판사

머리말

오늘날의 국제관광은 연간 9억 4천만 명에 달하는 국제관광객과 3억 명을 고용하는 인류의 거대 산업으로 성장·발전함으로써 21세기는 관광의 황금시대라고 말하고 있다.

따라서 세계의 여러 나라는 관광산업을 국가 차원에서 적극적으로 육성하여 관광객을 유치함으로써 국제수지를 개선시키고 지역을 균형 있게 개발시키면서 고용을 창출해 나가고 있다.

관광산업의 육성은 국가와 지역에 경제적인 혜택을 가져다주는 이외에도 국민의 삶의 질을 향상시키면서 문화생활을 향유하게 만들어 주는 매개체의 역할을 수행함으로써 우리가 인간다운 삶을 영위하도록 이끌어 주는 순기능의 역할을 다하고 있다.

우리나라는 1970년대 이후 이와 같은 관광이 가져다주는 경제·문화·교육적인 역할을 인식하게 됨으로써 관광개발을 서두르는 한편 관광사업을 국가 전략산업으로 지정하여 적극적으로 육성하여 왔다.

그 동안 필자는 인간의 삶의 질을 높이고 국가와 지역을 발전시키는 하나의 대안으로서의 이벤트산업 육성의 필요성을 30여 년간 공부하여 오는 동안 나름대로 생각하여 왔던 바를 정리하여 「이벤트경영론」을 집필하게 되었고, 이번에 개정판을 내게 되었다.

본서는 관광산업의 발전에 따라 함께 육성·발전되고 있는 이벤트와 컨벤션에 대한 이론과 실제를 수록하였으므로 이벤트 및 국제회의와 관련하여 공부하는 사람들에게 진정한 벗이 되었으면 하는 것이 필자의 진솔한 바람이다.

본서는 제1편 이벤트경영과 제2편 국제회의산업으로 분류되어 모두

18개의 장으로 구성되어 있으며, 이벤트와 국제회의에 관한 사항을 이 책 속에 모두 담아보려고 노력하였으나 부족한 면도 많으리라 생각된다.

끝으로 본서의 출판을 위해 적극적으로 도와주신 백산출판사 진욱상 사장님을 비롯하여 보기 좋은 책이 될 수 있도록 편집에 도움을 아끼지 않으신 편집부 여러분의 노고에 진심으로 고마움을 전한다.

저 자 씀

C·O·N·T·E·N·T·S

제1편 이벤트 경영

제4장 이벤트의 구성요소와 효과

제5장 이벤트의 종류 및 특성

제8장 이벤트 프로듀서의 자질과 업무

제9장 관광과 이벤트 연출

제10장 이벤트 무대의 운용

제2편　국제회의산업

제1장 국제회의산업의 개념

제2장 국제회의산업의 분류

제3장 국제회의의 유치 및 개최

제4장 국제회의 관련시설의 운영 및 관리

제 1 편
이벤트경영

EVENT MANAGEMENT

제 1 장

관광의 개념

제1절　관광의 개념

1. 관광의 어원

　　인류의 일상생활에서 여행 또는 관광의 행동은 지극히 자연스러운 현상에서 발생하고 있다. 그러나 그 어원이나 개념은 인류의 문화가 발달되어 가는 과정에서 말과 문자로 기록되고 구전에 의해서 역사적으로 전해져 왔으리라 생각되지만, 그 기록을 추정하기란 힘든 일이다.

　　따라서 관광이라는 말만큼 부정확하고, 무분별하게 사용되어지고 있는 말도 흔하지 않을 것이다. 그러므로 학문적 의의에서나 사회적·경제적 문제점에 입각하여 관광의 어원을 찾아 개념정리를 한다는 것은 상당히 현대적 의의가 있는 것이다.

　　인간의 생리적 욕구보다는 심리적 욕구에 의한 이동에서 관광이라는 단어가 탄생되었을 것이다.

　　본래 관광이란 자기가 현재 거주하고 있는 일상생활권을 떠나 일시적으로 다른 지역으로 이동하면서 일어나는 활동의 총체를 뜻하고 있으므로 여행, 행락, 구경, 놀이 등의 여가활동을 일컬어 표현할 수도 있다.

　　관광이라는 용어의 어원은 2천년 전 중국 주(周)나라의 중요한 경전 중의 하나인 「역경(易經)」에서 그 유례를 찾아 볼 수 있다. 이 책 속에 '觀國之光, 利用賓于王'이라는 어구가 있는데, 이 문구 중의 '관국지광'이라는 어구에서 관광이라는 용어가 비롯되었다. 그 발생 당시의 어의는 다음과 같은 의미를 내포하고 있다.

　　첫째, 타국의 광화를 보기 위해 여러 나라를 순회 여행하는 개념이다. 둘째, 타국을 순방하여 그 나라의 토지, 풍속, 제도 그리고 문물을 관찰한다는 뜻을 담고 있다. 셋째, 치국대도의 설계라는 국가 홍보를 위한 행정목적의 의미를 지니고 있다.

유럽에서는 산업혁명의 결과로 인해 여행의 전제조건인 시간적 여유와 경제적 여건을 구비한 부유층이 늘어나면서 관광여행은 점차 대중화되어 갔다. 또한 교통수단의 발달로 여행의 홍성기를 맞이하게 되면서 1800년대에 이르러 영어권에서는 'tour'라는 단어가 자주 사용되었고, 'tourism' 또는 'tourists'라는 말이 1811년에 처음으로 영국 잡지의 하나인 "The Sporting Magazine"에 소개되었다.

독일에서는 관광을 나타내는 용어로 'Fremdenverkehr'라는 말이 사용되고 있는데, 이 말은 '외국의' 또는 '외국인'의 뜻을 지닌 'Fremden'과 '왕래'라는 의미를 지닌 'Verkehr'의 복합어로서 결국 관광여행을 의미하고 있다. 그러나 'tourism'이라는 단어는 관광이라는 의미로만 사용되지는 않는다.

미국의 런드버그(Donald E. Lundberg) 교수는 그의 저서인 「관광사업론(The Tourist Business)」에서 tourism을 관광사업의 의미로 사용하고 있으며, 영국의 크리스토퍼 홀로웨이(J. Christopher Holloway)교수는 그의 저서 「관광사업론(The Business of Tourism)」이라는 책에서 tourism을 관광의 의미로 사용하고 있다.

한편, 우리나라 최초의 공식기록은 고려 예종 11년(1115년, 국역 「高麗史節要 제8권」에 의하면 '상국을 조빙하여 문물제도를 시찰하는 것'이라고 함으로써 다분히 행동의 목적을 나타내고 있으며, 제2차 세계대전 이후에야 여행을 통해서 즐거움을 얻는 것으로 관광의 개념이 정착하게 되었다.

2. 관광의 개념

관광의 정의는 시대, 나라 또는 학자에 따라 매우 다양하게 사용되어 왔기 때문에 관광의 개념을 간단 명료하게 정의하기란 그리 쉬운 일이 아니다. 그러나 관광의 정의는 관점에 따라 조금 다른 면이 있지만, 개념정의의 내용에 있어서는 상호간에 유사한 면을 보여주고 있다. 외국의 관광학자들의 일반적인 학설과 더불어 관광 개념의 일반적인 통설을 검토해 보면 다음과 같다.

관광에 대한 개념정의에서 일반적인 사항은 '관광이란 일상생활권을 떠나 타 지역으로의 이동 및 체재로 인해 일어나는 현상 및 행위'를 말한다.

여기서 현상이란 관광객의 이동 및 체재로 인하여 발생되는 경제·사회·문화·환경적인 측면에서의 영향을 가리키며, 행위란 이동과 체재 중에 발생하는 여러 가지 오락 및 활동을 말한다. 중앙정부나 지방자치단체 등 공공부문은 자국민의 건강증진, 피로회복 및 노동생산성 향상을 위해 관광산업을 촉진하는데 힘을 기울이고 있다.

관광이란 즐거움을 목적으로 하는 여행이라는 인간의 사회적 행동의 가르침을 뜻한다. 이것은 관광이 기본적으로 여행의 일종임을 명백히 하고 있는 것이다.

자유의사에 따른 공간적 이동과 귀환을 전제로 하고 있다는 점에서 관광은 타국이나 타처로 이동해서 그곳에 정주하기 위한 이민이나 이주와는 명백히 개념정의를 달리 정하고 있다. 이러한 관광의 정의는 장소, 방향, 활동, 기간, 성격 등의 측면에서 그 특징을 다음과 같이 설명할 수 있다.

첫째, 관광에는 이동이라는 행위를 내포하고 있다. 관광행위는 관광객의 주거지나 직장 이외의 다른 지역에서 발생하게 된다. 이는 관광이 일상생활권을 벗어나 타 지역에서 이루어지고 관광이 종료되면 반드시 원래의 주거지로 되돌아오게 되므로 일상생활 권역에서는 관광이란 존재하지 않는다는 점이다.

둘째, 관광은 여러 목적지로의 이동과 체재로 시작된다는 점에서 목적지로의 이동행위, 목적지에서의 체재행위, 휴식 및 오락행위 등 여러 활동이 포함된다.

셋째, 목적지로의 이동 및 체재는 일시적이고 단기적이다. 관광의 이러한 성격은 영주목적의 장기적 인구이동 및 계절적·일시적인 노동인구의 이동 등 단기 이주를 관광에서 제외시키고 있다. 따라서 여행지나 체류지에서 보수를 얻기 위한 활동은 제외된다.

넷째, 관광은 여가산업이다. 즉, 순수한 위락관광 및 사업관광이라야 한다. 사업관광에는 이론의 여지가 있으나 사업목적으로 체류지에서 소비행위를 하게 되므로 이것 또한 체재지에서 보수를 받기위한 행위가 아니므로 관광에 포함시킬 수 있다.

이와 같은 특성으로 볼 때, 관광이란 거주와 취업목적으로서가 아니라 관광지까지 여행하고 체재하는 과정에서 발생되는 모든 현상과 관계의 총체라고 정의할 수 있다. 그러므로 개념적으로 관광은 여가와 레크리에이션의 개념과 또 한편으로는 여행과 이주의 개념과 구별된다.

관광에는 하나의 정의로 집약할 수 없는 여러 가지 복합적인 요소가 내포되어 있으므로 간단 명료하게 정의하기가 그리 쉬운 일이 아니다. 따라서 학자나 전문가마다 다소의 다른 견해와 차이점을 엿볼 수 있다. 시대별로 저명한 관광학자들의 정설을 살펴보면 다음과 같다.

1) 슐레른(H. Schulern : 1911, 독일)

관광에 대해서 생각할 수 있는 정의 가운데 가장 오래된 것으로, 관광의 개념규정을 정의한 학자는 슐레른이다.

슐레른은 "관광이란 일정한 지구, 주 또는 나라에 들어가서 머물다가 돌아가는 외래객의 유입·체재 및 유출이라고 하는 형태를 취하는 모든 현상과 그 현상에 직접 결부되어 있는 모든 사상, 그 중에서도 특히 경제적인 모든 사상을 표현한 개념"이라고 하였다.

따라서 유럽 제국의 여러 학자들이 정의하고 있는 대부분의 관광개념정의가 슐레른의 것과 대동소이함을 다음 학자들의 예시에서도 알 수 있다.

2) 마리오티(A. Mariotti : 1927, 이탈리아)

마리오티는 그의 저서 'Lezionidi Economia Turistica(관광경제학강의)'에서 '외국인 관광객의 이동'을 관광으로 정의하고, 이러한 이동으로 인해 얻게 되는 경제적 의의를 규명하기 위한 연구를 수행하였다.

그는 단편적인 연구로부터 시작하여 체계적인 연구에 이르기까지 「관광경제학강의」의 사상적 체계를 완성하기에 이르렀으며, 관광학이 독립적인 연구대상 영역으로 자리잡는데 기여하였다. 그의 관관경제학적 연구는 그 후 30년대, 40년대의 전환기에 관광경영학적·관광사회학적 연구로 개화의 싹을 피우게 된다.

3) 보르만(A. Bormann : 1931, 독일)

보르만은 현재 구미 각국에서 관광에 대해서 가장 유력한 개념을 제시한 것으로 인정받고 있는 학자다. 관광이론의 권위자인 보르만은 그의 저서 「Die Lehre vom Fremdenverkehr(관광론)」에서 "관광이란 견문·휴양·유람·상용 등의 목적을 갖거나, 혹은 기타 특수한 사정에 의하여 정주지를 일시적으로 떠나는 여행은 모두 관광이라고 칭할 수 있다"라고 주장했다.

다시 말하면, 특정의 지역에서 일시적 체재를 목적으로 하여 그 지역까지 이동하는 인간의 활동을 관광이라고 정의하면서 '일시적 체재'와 '이동'을 강조하고 있다.

보르만은 관광정의에서 목적론을 연구한 학자이다. 관광분야의 학문연구를 사회과학으로 입증하기 위하여 노력하였으며, 관광학을 경제성과 사회성을 병존시켜야 하는 학문으로 다루고 관광의 정의에 있어서 여행과 관광의 한계를 설명하였다.

4) 오길비(F. W. Ogilvie : 1933, 영국)

오길비는 영국의 관광연구자로서 관광객의 이동에 관한 문제를 취급하였는데, 그의 저서 「The Tourist Movement(관광이동론)」에서 "관광객이란 1년을 넘지 않는 기간 동안 집을 떠나서 그 기간 동안 돈을 소비하되, 그 돈은 여행하면서 벌어들인 것이 아닐 것"이라고 관광객의 요건을 규정하고 귀환예정 소비설을 주장하였다.

오길비는 관광의 구체적인 요건을 다음과 같이 주장하였다.

① 복귀할 의사를 가지고 거주지를 일시적으로 떠날 것
② 1년을 초과하지 않는 기간만 거주지를 떠날 것
③ 여행 중 소비되는 돈은 반드시 그의 거주지에서 취득한 것이어야 하고 여행 중에 취득한 것이 아닐 것

그의 설명은 관광의 경제적 효과가 왜 일어나는가를 명확히 설명하고 있는데, 1년이라는 시간적 설정에 대해서는 당시의 교통형편을 고려할 필요가 있다.

5) 글릭스만(R. Gl cksmann : 1935년, 독일)

글릭스만은 그의 저서인 「Allgemeine Fremdenverkehrskunde(일반 관광론)」에서 "관광이란 체재지에서 일시적으로 머무르고 있는 사람과 그 지역에 살고 있는 사람들과의 여러 가지 관계의 총체"라고 정의하였다. 글릭스만은 일시적 체재를 강조하고 있으며, 방문한 지역 주민과의 관계를 발전시킴으로써 관광의 여러 의의를 부여하고 있다.

그는 관광의 사회적·경제적 측면과 다른 여러 학문분야까지도 다루면서 현대관광학의 이론을 학문적으로 전개시켰다는 점에서 높이 평가받는 학자이며, 관광의 복합성이라고 하는 경제, 정치, 문화, 사회, 영업 기타의 관광정책을 다루기도 하였다.

6) 훈지커와 크라프(W. Hunziker & K. Krapt : 1942년, 스위스)

훈지커와 크라프가 공저로 발간한 「Grundriss der Allgemeinen Fremdenverkehrslehre(일반관광학개요)」에서 "관광은 광의로서나 가장 본질적인 의미로서는 외래관광객이 방문한 지역에서 체재기간 중 계속적이든 혹은 일시적이든 간에 추호도 영리활동을 수행할 목적으로 정주하지 않는 한, 그 외래 관광객의 체재로 인하여 발생되는 모든 현상의 총체적 개념이다"라고 정의하였으며, 관광학을 경제학의 범주에 한정시키지 말고 종합적인 사회과학으로 다루어야 한다고 주장하였다.

그들은 관광의 사회학적 측면을 강조하면서 관광현상을 역사학적인 범주로도 보았다.

7) 이노우에 만주소(井上万壽藏 : 1962년, 일본)

일본의 학자인 이노우에 만주소는 그의 저서 「관광교실」에서 관광을 정의하기를 "사람이 다시 돌아올 예정으로 일상생활권을 떠나 레크리에이션을 얻기 위하여 이동하는 것"이라고 정의하였으며, "정신적 위안이 바로 관광의 본질이며, 관광의욕이란 것은 정신적 위안을 구하는 마음"이라고 설명하고 있다. 그러나 이러한 이노우에의 정의는 관광의 개넘을 너무 확대해석한 점이 있다 하겠다. 왜냐하면 관광이 스키나 요트 그리고 해수욕과 같은 야외 레크리에이션을 얻기 위한 이동이 전부인 것처럼 설명하고 있기 때문이다. 현대의 관광이 레크리에이션의 다양한 내용을 포함하고 있는 것은 사실이나, 반면에 관광대상을 보고 돌아다니는 유람이나 감상 같은 다양한 내용도 포함하고 있기 때문이다.

관광은 내용적으로 유람적인 것이다. 그러므로 본래적인 의미에서의 관광의 개념을 도외시하고 레크리에이션적인 개념에 치우쳐 관광의 개념을 설명한다는 것은 현대관광의 성격을 적절하게 설명한 것이라고는 볼 수 없다.

8) 베르넥커(P. Bernecker : 1962년, 오스트리아)

베르넥커가 집필한 「Grundlegenlehre des Fremdenverkehrslehre(관광원론)」에서는 관광개념을 다음과 같이 서술하고 있다.

"우리들이 상용상 혹은 직업상의 여러 이유로서 이동하는 것이 아닌 일시적 또는 개인의 자유의사에 의해서 타지로 이동한다는 사실과 결부된 모든 관계 또는 모든 결과를 관광이라고 명명할 수 있다"라고 정의함으로써 관광주체로서의 관광객의 역할을 중시하면서 이동의 모든 사실을 관광의 개념 속에서 분류하였다.

즉, 관광을 단순한 사회과학으로 연구하는 데 만족하지 않고 종합과학으로서 연구할 것을 주장하였다.

9) 페셜(A. E. P schl : 1962년, 독일)

페셜은 1962년에 연구저서인 「Fremdenverkehr und Politischer Tourismus(관광과 관광정책)」에서 관광의 정의를 내리면서 일반적인 여행과 구별하지 않고, '전체 인류의 이동현상' 자체를 관광으로 보았다. 그러나 관광의 발전법칙을 역설함으로써 예컨대 관광객의 타국 견문의 법칙은 곧 자기 인간생산에 투자하는 것과 같은 한계생산의 법칙을 인용한 법칙을 역설하였다.

다시 말해 관광에 있어서도 필요한 것은 발전법칙이라는 것을 명제로 하였다. 이러한 이론은 현대의 모든 분야의 학문이 그러하듯이 발전법칙을 기준으로 미래를 말할 수 있어야 하는데, 말하자면 움직이는 생동학문으로서 다양한 방법을 관광학에 접근시키려고 한 것이다.

10) 메드상(J. Medecine : 1966년, 프랑스)

프랑스의 학자인 메드상은 가장 현대적인 학설로 인정받는 관광정의를 발표하였다. 그는 "관광이란 인간이 기분전환을 하고 휴식을 취하며 인간활동의 새로운 여러 가지 국면이나 미지의 자연풍경에 접촉함으로써 그 경험과 교양을 넓히기 위하여 여행을 하거나 정주지를 떠나서 체재함으로써 성립되는 여가활동의 일종"이라고 관광을 정의하고 있다.

그는 이전의 학자들과 다르게 관광을 경제적 행위보다는 오히려 광범위한 문화적 활동면에 보다 더 치중하였다는 점이 다르며, 관광의 도피욕구라든가 인간성 회복욕구 충족을 더 강조하고 있는 면에서 볼 때 가장 현대적인 새로운 학설의 하나라고 하겠다.

11) 일본 관광정책심의위원회 보고서(1969년)

일본 관광정책심의위원회 보고서에 의하면 "관광이란 자기의 자유시간 안에서 감상, 지식, 체험, 활동, 휴양, 정신교육 등의 생활변화를 추구하는 인간의 기본적 욕망을 충족시키기 위한 레크리에이션 행위로서, 일상생활권을 떠나 다른 자연 및 문화 등의 환경 속에서 행하고자 하는 일련의 행동"이라고 정의하였다. 이 정의는 비록 현대관광의 성격을 잘 지적한 설명이라 하겠으나, 레크리에이션을 정의함에 있어서 너무 교양적인 성격의 여행에만 치우치고 있다.

이와 같은 점은 관광의 문화적 효과를 강조하고자 하는 데서 일어난 것으로 볼 수 있으나, '즐긴다'는 것을 어느 정도 부정적으로 평가하려는 느낌을 갖게 함으로써 관광의 현대적 의미를 설명하는 데 적합하지 못한 측면이 있다.

12) 국내 학자들의 견해

국내 학자들의 정의를 살펴보면, 이장춘 교수는 "관광이란 주거지를 일시적으로 떠나 휴식, 휴양, 위락, 놀이, 교육, 교양증진, 수련을 통한 자기발전으로 삶의 가치증대를 꾀하며, 이를 위한 시설, 자원, 제도, 정책이 뒷받침되는 현상"이라고 정의하고 있으며, 이항구 교수는 "관광이란 자기의 생활을 건전하게 영위하기 위하여 다시 돌아올 예정으로 여행하면서 경제적인 소비를 행하는 행위"라고 하였는데, 이는 여행하는 사람들의 견문적인 위락생활과 관광소비가 함께 이루어지는 이동행위로서 일시적이나마 자기의 일상생활을 떠나, 평소의 권태로운 느낌에서 벗어나 다른 지방이나 국가의 문물, 제도, 인정, 풍경 및 감상 등에서 새로운 것을 보고 느끼고 정보를 얻고자 하는 행위로 보고 있다.

그리고 안종윤 교수는 "관광이란 사람이 일상생활권을 떠나서 다시 돌아올 예정으로 이동하며 즐거움을 맛보는 것"이라고 정의하여 관광의 위락적 목적을 가미하였고, 김태영 교수는 "관광이란 사람이 일상생활권을 떠나 다시 돌아올 예정으로 이동하여 영리를 목적으로 하지 않고, 휴양·유람 등의 위락적 목적으로 여행하는 것이며, 그와 같은 행위와 관련을 갖는 사상의 총칭"이라고 정의하고 있다.

<표 I-1> 우리나라의 관광 유사개념

용 어	정 의	특 징
관광	다른 나라의 문물제도를 시찰함 다른 지방이나 나라의 풍광, 풍속을 유람함	
여행	볼일이나 유람이 목적으로 다른 고장이나 외국에 가는 일 자기 집을 떠나 객지에 가는 일	
여가	겨를이나 틈, 일하는 중에 해방되어 갖는 스포츠 활동	
소풍	답답한 마음을 풀기 위하여 바람을 쐬는 일, 학교에서 자연관찰이나 역사유적 등의 견학을 겸하여 야외로 먼길을 갔다오는 일	
유람	놀면서 봄, 두루 돌아다니며 구경함	
유랑	정처 없이 일정한 목적 없이 떠돌아다님	
방랑	정처 없이 이곳 저곳 돌아다님	
기행	여행하는 동안에 보고 듣고 느낀 것을 적은 문장이나 책, 기록	문학용어로 많이 사용

나들이	곧 돌아올 생각을 하고 가까운 곳에 잠시 나가는 일	부녀자들이 사용
답사	어떤 곳에 실지로 가서 보고 조사함	공무, 사업
탐방	탐문하여 찾아 봄	
탐험	위험을 무릅쓰고 미지의 세계를 찾아다니며 살핌	
순례	성지, 교회, 사찰, 종교의 발상지와 소재지, 성인의 묘와 거주지 등 종교적으로 의미있는 장소를 방문하여 참배하는 일	종교에서 많이 사용
구경	어떤 대상, 경치, 경기, 흥행물을 흥미있게 보는 일	
피서	시원한 곳으로 옮겨 더위를 피함	더위를 피함
위락	위안, 안락, 그리고 즐거움	
행락	레크리에이션으로서 관광지 등에 가서 놀면서 즐김	
휴양	편히 쉬면서 마음과 몸을 건강하게 함	
야영	야외에 진영을 마련하여 숙박하거나 생활함	
원정	먼 곳으로 경기나 조사, 답사, 탐험 따위를 하러 감	
소요	슬슬 거닐어 돌아다님 마음을 속세간 밖에 유람하게 함	

〈표 I-2〉 서양의 관광유사개념

용 어	정 의	특 징
tourism	관광여행, 관광사업, 관광객	상업적 목적여행
tour	시찰 따위를 위한 여행	일정한 계획에 의한 주유 여행
sightseeing	명승지 구경, 관광, 관람	
travel	나라, 지방 따위를 여행	장거리, 미지의 곳 여행
journey	비교적 장기간에 걸친 육로 여행, 여정	목적, 기간, 수단 따위와 관계없이 여행을 뜻하는 일반적인 말
trip	일반적으로 짧은 여행	관광, 상용 따위의 비교적 짧은 여행, 왕복여행
excursion	당일의 짧은 여행	단체할인의 주유여행, 당일여행
voyage	장거리의 선박여행, 항공여행	해로, 공로의 긴 여행
junket	공금으로 하는 호화유람여행	관비여행

jaunt	놀기 위한 짧은 여행, 위안여행	가정, 직장을 떠나 즐기는 짧은 여행 (자동차)
picnic	야외에서 식사를 함께 하며 즐기는 소풍, 들놀이	
hiking	장거리 보행여행	도보여행, 오락, 군사훈련 등
pilgrimage	순례, 성지여행	신앙심 동기의 성지, 사원, 명소, 고적 방문의 긴 여행
recreation	휴양, 기분전환, 오락에 의한 원기회복	놀이의 형태
leisure	일이나 의무로부터 해방된 자유로운 시간	
expedition	전쟁, 탐험, 학술연구 등 일정한 목적을 가진 여행	조직 단체여행
cruise	유람선 등의 순항, 선양	장기간 호화 유람선 여행
camping	야외에서 천막을 치고 지냄	특별한 의미가 없는 여행
wanderings	장거리 여행(만유, 방랑)	
traverse	횡단여행	
exploration	탐사, 답사, 탐험여행	
rove	유랑, 방랑	
ramble	소요, 산책	
tramp	장거리 도보여행(소풍)	
vagrancy	방랑, 유람	

이상의 여러 학자들의 관광에 대한 정의를 정리하고 새로운 관광의 정의를 내려본다면, 관광이란 사람이 다시 돌아올 예정으로 일상생활권을 떠나 영리를 목적으로 하지 않고 타지역이나 나라의 자연경치나 문화, 풍습 등을 접하고, 사람들을 접촉하거나 위락활동을 하기 위하여 이동하는 행위과정에서 발생되는 현상의 총칭이라고 말할 수 있다.

제2절 관광객의 개념

1. 관광객의 정의

관광객은 관광의 주체로서 관광의 총체적 이용자를 말한다. 또한 관광객은 소비지출의 확대로 인하여 방문한 지역 또는 국가에 경제적 효과를 가져다주는 관광의 주요 역할을 담당하고 있다. 결론적으로 관광객이란 일상생활권을 떠나 다시 돌아올 목적으로 타지역의 여행과정에서 정신적 또는 육체적 휴식을 즐기면서 견문의 확대는 물론, 이익을 위한 소비지출로 인하여 관광대상에 대한 귀중한 소비자가 되는 사람이다.

따라서 관광객 자신은 관광활동으로부터 얻어지는 피로회복의 기회는 물론, 운동 및 휴양의 효과에 의해 인간성을 발견하게 되고, 나아가서는 사회연대성에 의해서 생활의 강한 만족감을 창출할 수 있게 된다.

보통 관광객과 관광자를 혼동하게 되는데, 보는 관점에 따라 용어를 달리 부르고 있다.

관광객은 일반적으로 비즈니스의 대상이 되는 것이고, 관광자는 관광을 하는 주체인 인간의 행위를 강조한다. 관광경영학의 관점에서 보면 관광객이 그 연구 대상이 될 것이며, 관광사회학 및 관광심리학의 측면에서 보면 관광자가 그 연구 대상이 될 것이다.

영어의 경우에는 관광객을 tourist라고 부르는 것을 꺼려하고 있는 경우도 있다. tourist는 2등, 이동노동자 또는 시골뜨기 등의 저속한 의미를 지니고 있기도 하므로, 근래 서구에서는 visitor, traveller, guest 등으로 호칭되고 있는 것이 사실이다.

다음에서는 국제기구가 내린 관광객의 정의를 살펴보기로 한다.

2. 국제기구의 관광객 정의

1) ILO의 정의

국제연맹(League of Nations)의 국제노동기구(ILO: International Labor Organization)가 1937년에 개최한 국제회의에 제출한 보고서에서 "국제관광통계의 통일성을 보장하기 위하여 원칙상 관광객이란 용어는 24시간 또는 그 이상의 기간 동안 거주지가 아닌 다른 나라에 여행하는 사람을 의미한다"라고 정식으로 관광객을 규정하였다.

이 정의의 특징은 통계상의 통일성을 기하기 위하여 관광객으로 볼 수 있는 자와 없는 자를 구별한 것이라 볼 수 있다.

관광객으로 볼 수 있는 자는 다음과 같다.

① 위락목적이나 가정상의 이유 또는 건강상의 이유로 여행하는 자
② 회의참석을 위하여 여행하는 자
③ 사업상의 목적으로 여행하는 자
④ 해외여행 도중에 귀향하는 자(이 경우 24시간 이내의 체재자도 포함)

관광객으로 볼 수 없는 자는 다음과 같다.

① 약정의 유무에 관계없이 직업에 종사하거나 사업활동에 종사하기 위하여 입국하는 자
② 정주하기 위하여 입국하는 외국인
③ 기숙사 또는 기술학교에서 생활하는 유학생이나 청소년
④ 국경지대의 주민과 한 국가에 주소를 두고 인접한 국가에서 직업에 종사하는 자
⑤ 여행이 24시간 이상을 소요하게 되더라도 숙박하지 않고 통과하는 여행객

2) OECD의 정의

1960년 12월 4일 프랑스 파리에서 결성된 경제협력개발기구(OECD:

Organization for Economic Cooperation and Development)는 관광을 OECD가 추구하는 여러 경제적 목표에 일치시킬 수 있는 한 분야로 인식하게 됨으로써 정책조정과 관광에 따른 영향을 분석함에 있어서 회원국의 통계방법을 개선시키기 위한 목적으로 관광위원회(tourism committee)를 설치하여 우선적으로 관광객에 대한 정의를 설정하게 되었다.

OECD의 정의는 관광객을 다음과 같이 두 가지로 규정하고 있다.
① 국제관광객 : 인종이나 성별, 언어, 종교에 관계없이 자국을 떠나 외국의 영토 내에서 24시간 이상 6개월 이내의 체재자
② 일시방문객 : 24시간 이상 3개월 이내의 체재자

또한 OECD는 국제관광은 각국의 출입국 절차라든가 관세, 검역 또는 국가의 안전보장의 관점에서 국내관광과는 달리 번거로움이 뒤따르게 되는 바, 이와 같은 번거로움을 해소하고 가맹국들의 행정상의 절차를 완화함으로써 국제관광 왕래의 촉진을 도모하기 위하여 1965년에 '국제관광촉진을 위한 행정상의 편의공여에 관한 이사회의 결정과 행정상의 절차에 관한 이사회의 권고'를 채택하고 그 실행을 요구하였다.

3) IUOTO의 정의

1976년 개칭된 세계관광기구(WTO : World Tourism Organization)의 전신인 국제관광연맹(IUOTO : International Union of Official Travel Organization)이 1963년에 규정한 관광객의 개념정의에 따르면 관광객을 '관광을 목적으로 여행하는 자'라고 해석하고 원칙적인 관광객의 개념정의를 다음과 같이 규정하고 있다.

관광객으로 볼 수 있는 자는 다음과 같다.
① 위안·가정사정·건강상의 이유로 해외를 여행하는 자
② 회의에 참석하기 위해 또는 과학·행정·외교·종교·스포츠 등의 대표자 또는 수행원의 자격으로 여행하는 자
③ 상용목적으로 여행하는 자
④ 선박으로 각지를 주유 중에 입국하는 자

⑤ 한 나라의 교육기관에 대한 견학 및 시찰목적으로 여행하는 자

다음과 같은 자는 관광객으로 볼 수 없다고 하였다.

① 계약의 유무를 불문하고 보수를 받기 위하여 취직이나 영업을 목적으로 타국에 입국한 자

② 거주를 목적으로 입국한 자

③ 국경지대에 거주하는 자 또는 한 나라에 거주하면서 인접국에서 일하기 위해 수시 출국하는 자

④ 24시간 이상을 여행할 경우라도 그 나라에 체재하지 않고 통과에 그치는 여행객

4) UN의 정의

1963년 국제여행과 관광에 관한 주제로 로마(Rome)에서 개최된 유엔회의는 국제관광객을 '금전취득의 목적 없이 통상거주자가 아닌 다른 나라를 방문하는 모든 사람'이라고 정의하면서 특히 아래와 같은 여행목적에 해당하는 사람임을 강조하였다.

① 여가, 위락, 휴가, 스포츠, 건강, 연구 및 기타 종교행사 참가목적으로 여행하는 자

② 업무, 친족 및 지인 방문, 사절, 회의참가 목적으로 여행하는 자

그리고 이 회의에서는 여행객이 24시간 미만을 체재하는 경우는 당일관광객으로, 그 이상 체재할 경우는 관광객으로 취급해야 한다고 하였다. 이상의 정의를 참고하면, 상용목적이든 순수관광목적이든 외국을 방문하는 사람은 누구든지 간에 방문국에서 경제활동에 종사하지 않으면 국제관광객으로 간주될 수 있음을 이해하게 된다.

UN 통계분과위원회는 1968년에 이 정의를 수용하면서 UN 회원국이 당일관광객에 대해 'excursionist' 또는 'day visitor'의 용어를 선택·사용할 것을 제안한 바 있다.

여기서 중요한 점은 숙박시설 이용 여부에 따라 국제관광객의 여부를 구분한다는 사실이다. 또한 1978년 UN 경제사회이사회에서는 국제관광객에 대한 정의를 다룬 지침서를 발간하였는데, 이에 따르면 해외에서 특정국을 방문해 오거나(inbound) 또는 특정국에서 해외를 방문

하는(outbound) 모든 사람을 국제관광객이라고 보았으며, 체재기간은 최대 1년으로 하고 그 기간 내에 체재하는 모든 사람을 관광객으로 취급해야 한다고 건의하였다. 따라서 오늘날 대부분의 국가는 이 정의를 수용하고 있다.

요약컨대 국제관광객이란 1일 이상 1년 미만의 기간을 해외여행하는 사람으로서 방문지역에서 경제활동을 하지 않고 여행하는 사람이라고 규정할 수 있다. 그러나 이상의 기준에는 해당되지만 해당지역에서 24시간 미만 체재하는 사람은 당일관광객이 된다.

5) WTO의 정의(1984년)

WTO는 '관광통계에 관한 유럽지역 실무단회의 결과보고서'에서 여행객(traveler)을 국제관광객과 국제관광객에서 제외되는 비관광객으로 구분하여 설명하였다.

① 국제관광객
- 관광객(tourist) : 국경을 초월하여 타국에서 유입된 방문객으로 방문국에서 24시간 이상 체재하는 사람으로서 위락, 휴가, 스포츠, 사업, 친척과 친지방문, 국가의 파견, 회의참가, 연수, 종교, 스포츠행사 참가 등의 목적으로 여행하는 자
- 방문객(visitor) : 자기의 통상 거주지가 아닌 국가를 방문하는 국내 비거주 외국인, 해외거주 국민, 승무원(방문국의 숙박시설 이용자) 등
- 당일 관광객·유람객(excursionist) : 위에서 정의한 방문객으로서 방문국에서 24시간 미만 체재하는 자(선박여행객, 낮 동안 방문자, 선원, 승무원 등)

② 국제관광객에서 제외되는 비관광객
- 국경근로자(border workers) : 국경에 인접하여 거주하면서 다른 나라로 통근하는 자로서 정기적이고 빈번하게 국경을 다시 넘어 거주지로 되돌아가는 점에서 단기 이주자와 구별된다.
- 통과객(transit passengers) : 국제공항의 지정 지점에서 잠시

머무르는 항공통과여객이나 상륙이 허가되지 않는 선박승객과 같이 국경내에 도착하기는 했으나 여권심사를 통해 공식적으로 입국하지 아니한 자

- 무국적자(stateless people) : 신분을 증명하는 서류로는 항공권 등의 transit ticket만 소지하고 있는 자로서 방문하고자 하는 나라에서 국적불명으로 인정하는 자
- 장기 이주자 : 1년 이상 체재하기 위하여 입국하는 자와 그 가족 및 동반자
- 단기 이주자 : 1년 미만 체재하되, 체류국에서 보수를 받는 취업목적 입국자와 그 가족 및 동반자
- 외교관·영사 : 대사관이나 영사관에 상주하는 외교관과 영사 및 그 가족과 동반자
- 군인 : 주둔하는 외국 군대의 구성원 및 그 가족과 동반자
- 망명자 : 인종, 종교, 국적, 특정 단체의 회원가입 또는 정치적 견해에서 기인하는 박해에 대한 근거 있는 두려움 때문에 국적국에서 벗어나 있으며, 돌아가고자 하지도 않는 자
- 유랑자 : 이 부류에는 거의 정기적으로 입국 또는 출국하여 상당기간 체류하는 자 및 국경에 인접하여 생활하는 관계로 짧은 기간 동안 매우 빈번하게 넘나드는 자들이 포함됨

우리나라의 출입국관리법 제 11조에 의하면, 법무부장관은 다음 각 호의 1에 해당하는 외국인에 대하여 입국을 금지할 수 있다고 규정하고 있다.

1. 전염병 환자·마약류중독자 기타 공중위생상 위해를 미칠 염려가 있다고 인정되는 자
2. 총포·도검·화약류등단속법에서 정하는 총포·도검·화약류 등을 위법하게 가지고 입국하려는 자
3. 대한민국의 이익이나 공공의 안전을 해하는 행동을 할 우려가 있다고 인정할 만한 상당한 이유가 있는 자

4. 경제질서 또는 사회질서를 해하거나 선량한 풍속을 해하는 행동을 할 염려가 있다고 인정할 만한 상당한 이유가 있는 자

5. 정신장애자·방랑자·빈곤자 기타 구호를 요구하는 자

6. 강제퇴거 명령을 받고 출국한 후 5년이 경과되지 아니한 자

7. 1910년 8월 29일부터 1945년 8월 15일까지 일본정부, 일본정부와 동맹관계에 있던 정부, 일본정부의 우월한 힘이 미치던 정부의 지시 또는 연계하에 인종, 민족, 종교, 국적, 정치적 견해 등을 이유로 사람을 학살·학대하는 일에 관여한 자

8. 기타 제1호 내지 제7호의 1에 준하는 자로서 법무부장관이 그 입국이 부적당하다고 인정하는 자

또 법무부장관은 입국하고자 하는 외국인의 본국(本國)이 위의 제1호 내지 제8호의 사유로 국민의 입국을 거부할 때에는 그와 동일한 사유로 그 외국인의 입국을 거부할 수 있다(상호주의에 따른 것임).

제3절 관광의 구성요소

관광은 본질적으로 여행의 한 형태이지만, 여행을 하기 위한 이동수단이 한정되어 있다면 관광은 제한받기 마련이다. 그리고 여행을 하려면 목적지가 필요한데, 즐거움의 대상으로서 마땅한 조건이 갖추어져 있지 않다면 목적지가 될 수 없다. 아무리 유명한 관광지라 할지라도 목적지의 존재가 알려져 있지 않는다면, 그 곳을 목적지로 한 관광은 이루어질 수 없다. 더욱이 어느 지역에 체류하게 될 때 의식주에 관한 여러 가지 시설과 서비스가 필요하게 될 것이다. 이처럼 관광이 구체적으로 성립되기 위해서는 여러 가지 조건이 충족되지 않으면 안 된다. 이러한 조건들 또는 관광을 구성하는 요소에 대해서 알아보자.

[그림 I-1] 관광의 구조

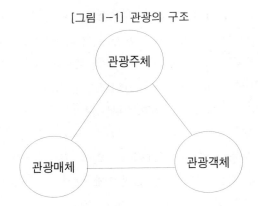

관광구조에 대한 가장 일반적인 학설은 관광주체, 관광객체, 관광매체 등 세 가지 요소가 결합 및 상호작용을 한다고 보는 견해이다.

1. 관광주체

관광을 행하는 주체, 즉 관광주체는 관광객을 말한다. 관광객은 일상생활의 근거지를 떠나 다시 돌아올 목적으로 이동을 하고 목적지에서 체재하며, 결국에는 정신적·육체적 휴식을 얻으려는 사람이다. 그러한 과정에서 관광객은 목적지에 경제적·사회적·환경적인 영향을 미치기도 하고, 영향을 받기도 한다.

관광주체라는 개념은 무엇보다 결국은 관계를 발생케 하고 급부를 받을 준비가 되어 있는 사람이라면 이 개념 속에 포함시키고 있다.

2. 관광객체

관광객의 다양한 욕구를 불러일으키게 하며 관광욕구를 충족시켜 주는 대상이 필요한데 이 대상을 관광대상이라고 한다. 관광객체는 관광대상을 말하고 있다. 관광대상은 관광객의 관광욕구를 충족시켜 주는 모든 것이 포함된다.

관광객체는 보통 자연자원(기후·풍토·지형·지질·천상·기상·생물 등)과 인문자원(생활·민속·분위기·행사·예능·사적·도시·전원·문화재·향토음식·정원·산업 등) 이외에 양자를 바탕으로 하여 행하게 되는 활동(위락·스포츠 등) 자체도 포함된다.

3. 관광매체

관광은 여행의 일종이므로 주체와 대상간 양자의 급부를 매개하고 조성하여 주는 것이 존재하지 않는다면 구체적으로 성립되기 어려운 것이다. 이처럼 관광주체와 관광대상을 결부시키는 기능을 하고 있는 것을 관광매체라 부르는데, 그것은 기본적으로 이동 및 체재수단과 정보를 말한다.

산업혁명 이래 이동수단의 비약적인 진보 및 호텔 등 숙박시설의 발달과 매스미디어(mass media)의 발전과 더불어 관광은 비로소 대중의 것이 될 수 있는 기초적 조건을 갖출 수 있게 되었다. 이동수단(관광이동) 및 체재수단(호텔)과 정보(관광정보)는 현대관광의 기본적 구성요소이며, 이들의 관광매체로서의 존재와 그 역할이 커짐에 따라 관광의 대중화를 가져왔다고 할 수 있다. 이동수단을 담당하는 것은 항공, 해상 등의 교통운송업이고, 정보를 담당하는 것은 여행사를 비롯한 중개기업이다. 또한 매체에서 빼놓을 수 없는 것이 숙박시설, 식음료시설, 유흥시설 등이다.

여기서 교통운송업, 여행업, 숙박업, 위락시설의 기업군을 관광매체라 하며, 환언하면 관광사업이라고 부르고 있다.

제4절　관광시스템

1. 관광시스템의 정의

관광시스템은 관광현상 속에서 과업 내지 목표를 달성함으로써 효율성의 증대를 위하여 집합으로서의 전체를 대상으로 상호 구조적 관계를 파악하여 개방적 환경에의 적응을 거치면서 연속적 반응을 한다는 것에 사고의 기초를 두고 있다.

관광시스템은 여러 가지로 정의될 수 있으나, 본서에서는 "관광현상과 관련있는 요소들의 상호관계를 조직화와 구조화를 통하여 구체적으로 밝히는 것"이라고 정의한다.

본서의 연구대상이 관광현상이므로 관광현상과 관련하여 시스템을 논하는 것으로 범위를 한정시키는 것이다.

관광현상과 관련된 요소들은 크게 볼 때 관광에 영향을 미치는 환경, 관광객, 교통, 관광자원, 관광시설 및 서비스 그리고 관광정보와 홍보로 나눌 수 있다. 관광시스템을 보다 미시적으로 구체화시킬 경우에는 관광시스템 요소들이 세분화되어 나타나게 된다. 관광시스템은 주어진 환경 속에서 관광에 관련된 요소들이 어떻게 조합되고 운용되는가를 조직적으로 구조화해서 수요자, 공급자 그리고 지원자 입장에서 파악하여 구체적으로 시스템 요소들의 관계를 밝히는 것이다.

하나의 관광시스템 속에는 여러 하부시스템이 있을 수 있다. 호텔에서의 시설 및 서비스 이용체계는 관광시설 및 서비스 요소에 포함된 하부시스템 중의 하나라고 할 수 있다.

2. 관광시스템의 구성요소

관광시스템을 파악할 때에 우선적으로 생각해야 될 것은 관광시스템의 범주 내지 경계이다. 관광현상은 많은 변수들의 영향을 받는데, 많은 변수를 포함하다 보면 시스템이 너무나 복잡해져서 운용 내지 내용을 파악하기가 어려우므로 영향을 미치는 모든 변수를 포함시키기보다는 시스템 목표와 커다란 관계가 있는 요소들만 시스템 요소로 고려한다.

시스템에는 경계가 있는데, 이 경계가 내부요소와 외부요소를 가르는 기준이 된다. 이 경계의 기준은 시스템 요소의 성격 혹은 변환된 상태를 바탕으로 한다.

내부요소는 시스템 내에서 상호작용하며 운용되는 요소로서 구성되고, 외부요소(시스템 환경)는 시스템에 영향을 미치는 요소인 정치, 경제, 문화, 사회분위기 등 관광현상에 영향을 미치는 요소들이다.

관광시스템은 환경요소의 영향을 고려하므로 개방시스템이라 하고, 반대로 환경의 영향을 고려하지 않는 시스템을 폐쇄시스템이라고 한다.

시스템을 구조화하는 데 있어서 과업의 목표가 주어져야 방향을 설정할 수가 있다. 과업이나 목표가 다르게 되면 시스템의 구성요소도 다르게 되기 때문이다. 관광시스템은 관광과 관련된 체계를 구조화·조직화 과정을 거쳐 구체화하여 밝힌다는 과업 내지 목표를 가지고 있다.

다음은 시스템과정을 들 수 있는데, 시스템은 통상 투입, 변환 그리고 산출의 과정을 거친다. 투입은 관광현상을 발생하게 하기 위해서 사전에 필요로 하는 요소라고 할 수 있는데 관광객, 교통, 관광시설과 서비스, 관광자원 그리고 관광정보 및 홍보 등이 그 예이다. 변환과정은 투입요소들을 활용하여 산출의 적정화를 기하기 위해 상호작용하는 과정으로서 하위시스템을 포함한다.

산출은 관광시스템의 운용결과로서 관광객의 만족도, 관광으로 인한 긍정적 효과와 부정적 효과를 들 수 있다.

[그림 I-2] 관광시스템

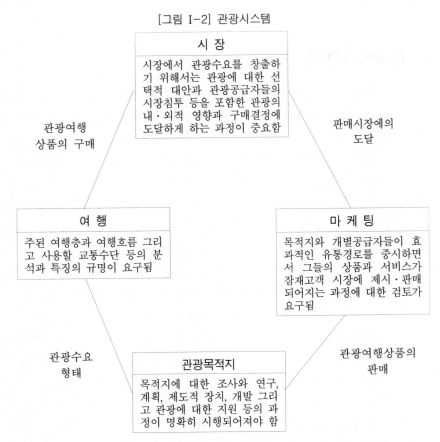

시 장
시장에서 관광수요를 창출하기 위해서는 관광에 대한 선택적 대안과 관광공급자들의 시장침투 등을 포함한 관광의 내·외적 영향과 구매결정에 도달하게 하는 과정이 중요함

관광여행
상품의 구매

판매시장에의
도달

여 행
주된 여행층과 여행흐름 그리고 사용할 교통수단 등의 분석과 특징의 규명이 요구됨

마 케 팅
목적지와 개별공급자들이 효과적인 유통경로를 중시하면서 그들의 상품과 서비스가 잠재고객 시장에 제시·판매되어지는 과정에 대한 검토가 요구됨

관광수요
형태

관광목적지
목적지에 대한 조사와 연구, 계획, 제도적 장치, 개발 그리고 관광에 대한 지원 등의 과정이 명확히 시행되어져야 함

관광여행상품의
판매

자료 : 김경호·고승익, 「관광학원론」, 형설출판사, 2005, p.37에서 재인용.

마지막으로 생각할 수 있는 것은 관광시스템의 발전을 위한 지원 및 통제기능을 들 수 있다. 이것들은 관광정책과 관련이 많으며, 시스템의 개선과 발전을 위해서는 관광정보체계를 활용한 평가와 환류 과정도 포함되어야 한다.

미국의 덴버대학(University of Denver)의 로버트 밀(Robert C. Mill) 교수와 퍼듀대학(Purdue University)의 알아스테어 모리슨(Alastair M. Morrison) 교수는 관광시스템은 관광시장, 여행, 관광목적지 그리고 마케팅으로 구성되어 있다고 말하고 있다.

관광의사결정은 이 관광시스템의 구성요소 중 '시장(market)'을 조사함으로써 이해할 수 있다. 관광의사결정은 개인이 과거의 여행에서 자신의 요구를 만족시켰거나 미래의 여행을 통하여 자신의 욕구를 만족시킬 수 있을 것이라고 자각하였을 때 이루어진다. 소비자행동모델은 이러한 과정을 검증하는 메커니즘(mechanism)이라고 할 수 있는데 이러한 일련의 과정에서 나타나는 변화는 개인의 여행구매행동에 영향을 미친다.

개인이 관광의사결정을 하였을 경우, 그 다음에는 관광목적지, 여행시기 그리고 이용교통수단을 선택하여야 한다. 관광시스템의 두번째 구성요소는 이러한 선택의 문제에 대하여 설명하고 분석하고 있다.

관광목적지는 이 시스템의 세번째 주요 구성요소이다. 목적지 믹스(destination mix)는 매력물과 관광객들이 이용하는 서비스로 구성되어 있다. 목적지 믹스를 구성하는 요소들은 관광객들을 유인하고, 서비스를 제공하고 만족시키기 위하여 상호 유기적으로 연관되어 있다.

따라서 관광객들에게 관광여행을 하도록 하기 위해서는 관광객들이 관광을 통하여 얻을 수 있는 편익과 피해야 할 점을 인지시켜 주어야 한다.

마케팅은 이 시스템의 네번째 영역을 구성하고 있는데, 마케팅을 통하여 잠재 관광객들에게 관광목적지에 대한 정보를 제공하여 줌으로써 이들이 관광을 할 수 있도록 도와주게 된다. 마케팅계획의 개발과 믹스의 선택 그리고 유통경로의 선정은 잠재 관광객들을 효율적으로 관광지로 유도하는 관건이 된다.

EVENT MANAGEMENT

제 2 장

관광사업의 특성

제1절 관광사업의 개념과 범위

1. 관광사업의 개념

관광사업(travel industry)이란 한 마디로 말하자면 관광욕구의 충족을 대상으로 하는 사업을 총칭하며, 비영리조직(관광행정)과 영리조직(관광경영조직)으로 분류할 수 있다.

오늘날 관광여행의 대중화 현상에 힘입어 관광객들이 가지는 관광여행형태의 다양화와 개성화로 인해 서비스산업은 광범위한 분야와 영역에 걸쳐 관광객의 욕구와 필요를 충족시켜 주고 있으며, 또 이들의 왕래촉진과 편의를 제공하는 한편, 관광은 일상생활권 밖에서의 인간행동이므로 사실상 관광여행과 무관한 사업이 없다고 할 정도로 그 사업범위는 점점 확대되어 가고 있다,

관광사업은 관광객들의 욕구를 만족시켜 주는 각종 서비스와 산업을 의미하여, 관광여행의 왕래를 유발·촉진하는 각종 요소에 의해 조화롭게 발달하고 또 이의 이용을 증대시킴으로써 사회·문화·경제적인 효과를 가져오는 현대적·조직적인 경영활동이라고 개념화해도 무방하다.

이상에서 살펴본 바와 같이 관광객의 가치관 변화와 더불어 관광사업의 영역과 분야의 확대 그리고 관광사업이 제공하는 서비스 내용의 다양성과 복잡성 때문에 관광사업에 관한 개념규정도 여러 가지로 설명되어 온 것이 사실이다.

그 중에서도 특히 독일의 관광학자인 베를린대학의 글릭스만(Robert Glücksman) 교수는 관광사업을 일컬어 "일시적 체재지에 있어서 외래관광객과 이를 수용한 그 지역 사람들과의 여러 관계의 총합이다"라고 말하는가 하면, 일본의 이노우에(井上万壽藏) 교수는 관광왕래에 대처하여 이를 수용하고 촉진하기 위하여 행하는 모든 인간활동이다" 라고

전제하면서 "관광활동이 가져다 주는 다양한 효과를 승인하고, 관광현상과 관련되는 모든 요소에 조직을 부여하는 동시에 훈련을 실시함으로써 수용체제를 정비하여 국가번영과 인류의 복지증진에 기여함을 목적으로 하는 합목적적인 복합(종합) 활동이다"라고 하였다.

이상의 개념들을 종합해 보면, 먼저 관광사업을 광의로 해석하고 있다는 점과 아울러 경제적인 효과에 보다 치중하고 있음을 발견할 수 있으며, 관광사업 내용의 복잡성과 관광사업에 대한 가치관의 변화를 인식하고 관광객의 편익을 위해 전개하는 관광사업의 관련사업간에 유기적인 조화가 필요하다는 것을 특히 강조한 점을 확인할 수 있다.

이러한 관점에서 보면, 오늘날의 관광사업은 첫째, 관광왕래를 자연발생의 흐름으로 인식하는 방관적이고 수동적인 자세를 지양하고 관광수요의 창출과 증대를 도모하는 적극적인 사업을 영위하여야 한다, 둘째, 관광사업은 사회 공익적인 성격에 부응하고 관광객들의 다양한 관광행동과 관광현상에 효과적으로 대처할 수 있도록 사업성격과 역할의 명확화 그리고 경영내용의 개선 및 서비스 수준의 향상을 도모해야 한다, 셋째, 관광왕래를 원활하게 하는 각종의 요소가 유기적인 관계 위에서 조직적으로 발전해 나갈 수 있는 방안을 모색해야 할 필요성이 강조되고 있다.

2. 관광사업의 발전단계

관광사업은 관광객들의 미지의 세계나 위락을 구하는 관광행동에 대응하는 여행관련 사업으로서 기능을 하여 왔지만, 그 대응하는 방식은 시대적인 변천에 따라 커다란 변화를 거쳐왔다. 즉 교통기관, 숙박시설, 관광조직과 같은 관광사업 등 여러 가지 관광현상에 근거하여 ① 자연발생적 관광사업, ② 매개서비스적 관광사업, ③ 개발·조직적 관광사업의 세 가지 발전단계로 나누어 특징적인 구분을 할 수 있다, 그리고 이와 같은 구분은 관광사업의 경영형태로 볼 때에는 기생형(寄生形) 관광사업, 매개형(媒介形) 관광사업, 개발형(開發形) 관광사업으로 파악할 수 있다고 하겠는데, 이를 각 단계별로 보면 <표 1-3>과 같다.

자연발생적 관광사업은 관광객을 유치하려는 사업활동이 이익을 창출한다는 것을 일부 관광사업자가 인식하여 사업을 영위하였으나, 관광객의 증가에 따라 자연 발생적으로 생겨난 것이 대부분이다.

<표 I-3> 관광사업의 발전단계

발전단계	시대	경영유형	사업주체	주요기업	관광계층
자연발생적 관광사업	고대에서 19세기 중엽까지	자생형 관광사업	교회	우마차, 노새, 당나귀, 목조선, 주막	귀족, 무사, 고관 등의 특권계층과 서민층의 종교적 관광여행객
매개서비스적 관광사업	19세기 중엽부터 제2차 세계대전(1945)까지	매개형 관광사업	기업	철도, 증기기선, 호텔, 여관, 여행업체	특권계층과 서민층 일부의 여행객
개발조직적 관광사업	제2차 세계대전 이후	개발형 관광사업	기업 국가 공공 단체	철도, 선박, 항공기, 자동차, 호텔, 여관, 여행업체, 관광관련업체, 관광개발 추진기관	일반대중(국민관광)의 여행객

자료 : 김경호·고승익, 「관광학원론」, 형설출판사, 2005, p.204에서 재인용.

다음에 매개서비스적 관광사업은 교통업, 여행업, 숙박업 등이 관광사업의 핵심적인 위치를 차지하게 되면서, 이들이 관광객과 관광대상 간에 매개되어 적극적인 서비스 제공에 노력함과 동시에 스스로의 노력으로 관광왕래의 촉진을 도모하였다.

제1차 세계대전 이후에는 각국이 관광기관의 육성을 적극적으로 추친하여 국제관광의 진흥을 도모하기도 하였다.

그리고 마지막 단계인 개발조직적 관광사업은 관광왕래의 촉진을 위하여 종래의 수동적 입장을 버리고, 적극적인 수요개발에 나서는 한편, 관광객의 조직화와 관광지의 개발에 비중을 둠으로써 관광사업을 국민복지라는 입장에서 국가적 시책으로 촉진하려는 인식이 높아졌으며, 관광의 대중화가 정착되기에 이르렀다. 이와 같은 구분은 관광사업을 관광객의 욕구에 대응하는 모든 활동이라는 관점에서 파악하여 관광사업의 발전을 설명하고 있는 것이다.

이상에서 보는 바와 같이 관광사업은 관광왕래를 있는 그대로 그냥 내버려두는 것이 아니고, 그 자체가 인류의 역사와 함께 비롯되었음에 비해, 관광사업의 역사는 그리 오래되지 않은 것으로 생각된다,

관광사업의 본격적인 성장기는 제1차 세계대전 이후라고 보는 설이 타당하다. 그것은 국제관광의 경제적 효과에 착안한 데서 비롯된 것으로 외래객의 유치사업과 거의 일치하는 것이라고 볼 수 있다. 그리고 관광사업에 수반되는 친선효과를 경제효과와 더불어 중시하기에 이르 렀고, 또 관광사업의 대상이 국내관광 왕래에까지 미치게 된 것은 그 이후의 일이라고 할 수 있다.

3. 관광사업의 범위

오늘날과 같이 대중관광시대를 맞이한 현대사회에서는 관광사업이 사회적으로나 경제적으로 큰 비중을 차지하고 있고, 그 의의 또한 중시 되고 있으므로 관광사업은 관광현상과 관련하여 체계적으로 이해되어 져야만 한다. 따라서 관광사업은 현대인의 관광여행 왕래에 능동적으 로 대처해야 하고 그 수용자세에 있어서도 적극성을 보여야 하는 한편, 왕래를 촉진하는 모든 인간활동이라는 점에서 보면 그것은 복합적인 사업으로서 그 범위는 실로 광범위하다.

관광사업을 관광기업이라는 관점에 국한시켜 보더라도 다양한 관련 산업분야에서 경제활동을 수행하고 있음을 알 수 있으며, 또한 이처럼 복합성을 갖는 관광사업의 경영은 일반사업의 경영과는 상이하다는 것 을 알 수 있다.

1) 관광자원 보호 및 개발에 관한 관광사업

관광자원 보호 및 개발에 관한 사업을 전개하는 사업 주체는 대부분 비영리적인 조직체(non-profit organization)로서 국가나 지방공공단체 에 의해 수행되고 있다.

이러한 사업활동은 특정한 국가가 가지고 있는 관광자원인 인문자원 과 자연자원을 후손 만대까지 전래되도록 이를 보존하고 개발하는 사

업으로서 관광사업 중 가장 기본적인 사업이다. 이 사업에는 관광자원에의 접근을 원활하게 해주고 용이하게 해주는 도로 및 교통시설의 정비와 설치 그리고 숙박시설 등의 운영을 기본으로 하는 관광개발사업도 포함하고 있다.

2) 관광시설 정비와 이용증대에 관한 관광사업

이 사업은 수용할 수 있는 시설을 사업화한 것으로 이 사업분야에는 관광객들의 왕래를 원활하게 하기 위해 운송서비스를 제공하는 교통업과 이들에게 숙식을 제공하는 숙박업 등이 해당된다.

이들 관광사업들은 영리를 목적으로 하여 관광서비스를 제공하는 업체들로서 관광수요에 대처해 나가고 있는데 관광사업에서 중추적 위치를 점하고 있다.

이 사업의 범위에는 관광객들에게 오락시설을 제공하거나 기념품을 판매하는 사업자, 스포츠 및 레저 관계시설을 갖추고 행하는 경영조직인 보조적 시설 제공사업자들도 포함된다.

3) 관광객 유치 및 선전과 관련하는 관광사업

이는 관광여행을 통한 사회·경제적인 효과에 주목하여 주로 지방공공단체의 관계기관이나 관광협회 및 한국관광공사와 같은 공익법인에 의해 관광여행시장을 개척하고 관광객을 유치하기 위한 선전활동의 전개 그리고 나아가서는 이들이 관광여행을 효과적으로 수행할 수 있도록 원조하고 지원하는 활동을 전개하는 사업을 의미한다.

외래관광객의 관광소비가 미치게 될 사회·문화·경제적인 효과인 국제수지의 개선, 국내사업의 진흥, 지역경제개발과 발전, 교통자본의 고도이용(高度利用) 그리고 고용증대 효과 등에 주목하여 각국 정부는 국제관광의 중요성을 크게 인식하여 외래관광객의 유치를 위한 선전활동을 국가예산으로 전개하고 있다.

4) 관광객 알선 및 접대와 관련하는 관광사업

여행알선과 수배 그리고 안내와 관련하는 모든 수주적(受注的)인 형태의 여행서비스 제공과 여행상품을 기획하고 개발하여 이를 여행객들에게 판매하는 능동적인 사업활동을 포함하고 있다.

이러한 부류에 속하는 여행업의 활동은 관광여행과 관련되는 각종의 정보, 다시 말하면 다양한 서비스 내용이 시스템적으로 구성되어 판매되고 있다는 점에서 다분히 유통의존적(流通依存的)인 사업내용을 가지고 있다.

제2절 관광사업의 특성

관광사업 자체는 이윤획득을 목적으로 하고 있을 뿐만 아니라, 사업의 경제외적인 효과로 국민의 생활과 국민복지증진에 기여하는 것을 전제조건으로 하고 있다.

그러나 관광사업의 본래적 목적은 지역의 거주자가 그 지역의 우월성을 외래객에게 인식시키면서 동시에 환대하는 조직적인 활동이다. 관광사업을 특히 경제사업으로 볼 경우, 다른 경제사업과 비교하면 독특한 특성을 가지고 있다. 따라서 관광사업을 보다 잘 이해하기 위해서는 아래와 같은 특성을 고찰하는 것이 필요할 것이다.

1. 서비스산업

관광사업은 3차산업이므로, 생산·판매되는 상품은 무형재인 서비스에 불과하나, 관광은 일상생활권 밖에서의 여가활동이므로 관광객의 구입상품은 무형재인 관광상품뿐만 아니라 유형재도 포함된다.

관광상품은 서비스상품의 특징으로 인하여 생산과 소비의 장소적·시간적 동일성, 생산품의 비저장성 등의 특성이 나타난다. 일반적으로 유형재는 반드시 일정한 형상과 상품으로서의 가치를 일정기간 동안 지니는 존속성을 가지며, 생산과 소비는 상이한 장소와 시간에 행해지지만, 서비스상품은 생산되는 순간에 소비되지 않으면 상품으로서의 가치가 소멸되는 속성을 가지고 있다.

따라서 관광상품은 생산과 소비가 동시적으로 이루어지므로 재고(stocks)를 가질 수 없다. 제조기업에서의 재고는 외부환경의 변화로부터 생산활동의 계획과 관리를 차단시켜 일정수준의 효율적인 생산이 가능하도록 할 수 있다. 그러나 서비스 생산에서는 생산과 소비의 동시성과 서비스의 무형성으로 인하여 재고를 가질 수 없으므로 수요의 변환 그대로가 관광사업에 영향을 미치며, 이는 곧 경영상의 탄력성을 상실하게 만들고 있다.

관광사업은 관광객이 내방함으로써 비로소 경제활동이 개시된다. 그런데 관광객의 내방에 따른 관광상품의 소비활동은 계절적, 월별, 주별 또는 시간별에 따라 큰 진폭이 있다. 더구나 관광행동은 기후, 정치, 경제 등의 변화에 따라 크게 영향을 받으므로 그것이 관광서비스의 구매에도 영향을 주게 된다. 따라서 관광사업자의 서비스 생산활동은 불연속적이 될 수밖에 없다. 이에 따라 서비스상품의 수용적 특성의 하나인 시간과 계절적인 수요의 편재현상과 집중현상에 의해 생산물의 비저장성과 결합되어 관광기업의 만성적인 과잉공급 현상을 초래시키는 원인이 되고 있다. 따라서 관광기업은 수요의 변동을 최소화 시킬 수 있는 경영전략을 세우는 것이 중요한 과제가 된다.

2. 사업의 주체와 내용의 복합성

관광사업에 있어서 사업의 주체란 사업을 주관하여 경영하면서 기대하는 경영목표를 달성하려는 조직을 일컫는다. 관광사업의 주체는 다양한 사업주체로 구성되어 있는 복합성을 지닌다.

관광사업이 의도하는 바의 목표달성을 위해 공공기관과 민간기업이 역할을 분담하여 사업을 수행해 나가는 현상은 여타 산업분야보다 현저하다. 이처럼 관광사업의 기본성격으로서의 복합성이란 역할분담원리를 기초로 비영리조직인 공적기관과 영리조직인 민간기업이 역할을 분담하고, 해당분야에서 각각의 사업을 전개하며 또 각각의 사업에 참여함을 뜻한다. 대량관광(mass tourism)이라는 새로운 관광현상이 출현하고 또 이를 강조하다 보니 오늘날에는 공적 기관의 역할이 보다 강조되는 경향을 보이고 있다.

관광여행과 관련해서 볼 때, 여행객들에게 각종 서비스를 제공하는 데 참여하는 관광사업자 수가 많고 또 사업내용 자체도 분화되어 있음을 의미하는 것으로, 관광여행과 무관한 사업이 없다고 할 정도로 광범위한 분야가 직·간접적으로 관광사업의 성격을 띠고 있다.

각 사업활동은 관광사업의 일부를 담당하면서 동시에 자기 고유의 존재의의를 가진다는 점과 대부분의 사업활동이 부분적으로 관광이라는 현상에 관여하고 있으나, 그 업종의 경영활동 내용 전부가 관광사업이라 말할 수 있는 경우는 거의 존재하지 않는다고 생각해도 무방하다. 예를 들어 여행업의 경우 경영활동의 주된 내용은 어디까지나 관광객을 대상으로 하여 여행상품의 개발과 판매, 관광객을 위한 안내와 수매 및 알선업무를 수행하는 데 있으나, 해외 취업자와 송출선원 그리고 이민자가 여행사를 이용할 때에는 관광사업이라고 할 수 없는 경우가 바로 그것이다.

3. 입지의존성

관광사업은 원래 관광자원(tourism resources)을 소재로 한 기반 위에서 성립하고 생산·판매·소비가 동시에 일어난다는 점에서 관광기업경영은 입지의존성이라는 제약을 피할 수 없다.

따라서 관광사업은 관광지의 유형, 기후조건 및 관광자원의 우열, 개발추진 상황, 관광지에의 접근성을 용이하게 해주는 교통사정 등의 지리적 요인에 의존한다는 제약이 따른다. 동시에 관광여행시장의 규모와 체재 여부와 같은 경영적인 환경과 관광객들의 소비성향 그리고 계층 등과 같은 수요의 질에 의해서도 큰 영향을 받는다.

4. 영리성과 공익성 추구

　관광사업은 앞에서도 말한 바와 같이 여러 관련 업종의 복합체로 성립되어 있는 특수성 때문에 사적 관광기업까지도 포함해서 공익목적을 달성해야 하는 사업체이다.

　관광사업은 관광행정과 관광기업으로 이루어진 복합체라는 점과 관광여행객들이 추구하는 관광여행 목적은 위락적 가치추구라는 저차원에서 정신적인 문화성이라는 고차원에 이르기까지 다양하므로, 관광사업의 경영목표를 단지 관광소비에 따르는 영리추구에만 둘 것이 아니라 사회·문화·경제적인 파급효과에도 관심을 두는 공익적인 차원에서의 가치설정이 요망된다.

　따라서 관광사업은 시장경제원칙에서 개별 기업활동이 지향하는 이윤추구라는 고유한 특징을 살려가면서 공익적인 효과가 보다 많이 창출되도록 하는, 다시 말해 공익성과 영리성의 조화로운 발전을 도모해 나가는 데서 그 존재의의를 찾을 수 있다고 하겠다.

<표 I-4> 관광사업의 공익적 효과

구분	효과내용
관광효과	·국제관광: 국제친선 증진, 국제문화의 교류촉진 ·국내관광: 보건증진, 교양향상
관광경제 효과	·국민경제효과: 외화획득효과 ·지역경제효과: 고용효과, 소득효과, 산업연관효과, 조세효과, 산업기반시설 정비효과, 지역개발효과
경제외 효과	·보존 및 정비효과: 자연보존, 문화재보존, 공원정비, 교통시설 및 상하수도 시설정비, 의료시설 및 생활환경시설의 정비 ·교류효과: 관광객과의 교류효과

5. 변동성

관광사업은 국제적인 사업성격을 띠고 있기 때문에 국제정치정세, 경제변동과 불황, 주요 외국의 국민소득 상황 및 경기변동 등의 영향을 받기 쉽다. 따라서 관광사업을 하고자 하는 자는 한 나라의 국내외의 정세에 관한 충분한 전망을 감안, 그 판단하에서 관광사업을 추진하여야 할 것이다.

관광욕구의 충족은 생활필수적인 것이 아니므로 관광행동은 임의적이다. 따라서 관광수요는 외부사정의 변동에 민감하며 큰 영향을 받기 쉽다. 관광사업의 변동성은 사회·정치적 원인, 경제적 원인 그리고 자연적 원인에 따르는 것을 말한다.

첫째, 사회·정치적 원인에는 사회정세의 변화·국세정세의 긴장·국내정치의 불안, 분쟁, 폭동, 질병의 발생, 그 외 관광객들의 안전에 불안을 주는 제반요소가 포함된다.

둘째, 경제적 원인으로는 국내외의 경기·환율의 급격한 변동, 교통운송수단과 운임의 변동 및 관광객에 대한 외화사용 제한조치 등이 포함된다.

셋째, 자연적 원인으로는 폭풍우나 태풍과 같은 기상조건과 기후, 지진 등의 파괴적 자연현상 등이 있다.

이러한 원인에 기인한 관광수요의 변동은 사업활동에 직·간접적으로 영향을 준다. 그리고 변동은 일시적으로 멈추지 않고 영속되는 경우도 있다. 관광사업은 서비스의 제공을 중심으로 하기 때문에 그 제공되는 생산과 소비가 시간적·장소적으로 동시에 발생하는 관계로 외부의 변동은 관광사업 및 관광경영상 곤란한 문제를 발생시킨다. 따라서 관광사업자는 변동의 예측 등을 잘 파악하고 가능한 한 사전 대책을 취하는 것이 필요할 것이다.

6. 경합성과 공존성

모든 관광지는 관광자원을 기본으로 하여 각 지역의 특성에 맞는 관광지를 형성하고 있다. 그렇게 본다면 관광객들을 유치함에 있어서 특정지역의 관광지는 항상 이웃하는 관광지와의 관계에서 경합성과 독립성 그리고 공존성을 유지하고 있다고 말할 수 있다.

각 관광지는 서로 선의적인 경쟁을 전개함으로써 보다 훌륭한 관광지로 형성되고 관광사업의 활동이 발전적으로 전개되면서 상호이익 확보가 가능해진다. 따라서 인근 관광지는 각각 독자적인 존재이유를 주장하면서 완전한 경영상태를 형성하는 것이 아니라 오히려 시너지효과가 있는 관광여행 루트를 형성케 함으로써 공존성을 유지·발전시킬 수 있는 것이다.

제3절 관광사업의 발전요인

1. 라이프 스타일 변화

라이프 스타일(life style)이란 전체 사회 또는 그 사회의 특정 집단이 가지고 있는 독특하고 특징적인 생활방식으로서 항상 고정된 것이 아니라 개인들의 가치·태도·신념 및 외부의 사회·문화적 환경변화로 인해서 변화될 수 있는 하나의 생활양식을 의미한다.

오늘을 살아가는 많은 현대인들이 추구하는 가치는 단순히 수입을 얻고 생활을 영위한다는 기존의 생활방식에서 벗어나 소비자로서 보다는 한 사람의 개인으로서 성장·발전하기 위해 보다 많은 자유와 시간을 찾게 되고 재화의 양보다는 생활의 질(quality of life)에 더 많은 관심을 가지는 경향이 있다.

이와 같이 현대인들의 욕구는, 한 예로 관광여행과 같은 상품의 구매와 관광활동의 참여로 충족될 수 있다. 패키지 투어 상품과 같이 관광여행 참여를 용이하게 만들어주는 상품은 문화성 비용을 많이 소비하면서 생활인으로 스스로를 인식하고 있는 현대인들의 욕구를 충분히 만족시켜 주는 최적 상품이 된다. 현대인은 관광여행을 단순히 유람이라는 차원에서가 아니라 새로운 지식과 견문을 넓히는 기회로, 그리하여 자기확대 및 달성의 기회로 삼고자 하는 인식을 깊게 지니고 있다.

2. 가계소득의 증대에 따른 생활수준 향상

산업기술의 발달과 기계화로 인한 대량생산과 대량소비가 이루어지면서 생활수준은 질적·양적 측면에서 높아졌으며, 국민소득의 향상으로 개인의 가처분소득 또한 증대되었다. 그리하여 경제적 생활수준의 향상과 더불어 가처분소득 중에서 의식주를 위한 비용에 비해 여행비용을 포함하는 이른바 문화성 비용(cultural expense)이 증대되었는데, 그 중 특히 관광소비가 현저히 증가하여 여행수요를 확대하는 요인으로 작용하고 있다.

특히, 오늘날 여성의 지위가 신장됨에 다라 사회활동 참여기회도 확대되었다. 이러한 여성의 사회·경제적인 역할구조의 변화는 관광상품의 구매행동 패턴에도 변화를 수반하게 만들었다. 여성의 여가에 대한 중요성이 확대됨으로써 여행의 기회를 한층 더 증대시키고 있다.

3. 여가시간 증대

과학기술이 발전하고 기계문명이 향상되어 이것이 인간생활과 생산활동에 널리 보급되면서 인적 노동력은 점차 감소하게 되고, 그것은 산업기계의 혁신에 따른 공장 작업과정의 오토메이션(automation)화로 나타나게 되고, 컴퓨터 보급에 따른 사무자동화가 추진되는 양상으로 변화되었다. 이와 같은 생산체계의 자동화, 영농의 기계화, 가전제품의 발달과 보급 그리고 사무자동화 등이 진행됨으로써 근로시간이 단축되고 그리하여 현대인들은 점차 많은 여가시간을 갖게 되었다.

선진국에서는 사회복지정책에 힘입어 국민대중의 증대한 여가욕구가 관광대중화 현상으로 발전하였다. 대부분의 선진국에서는 1950년대 이후 주5일근무제가 일반화되어 있고 일본 및 중국에서도 이 제도를 시행하고 있다. 우리나라는 2005년 7월부터 300명 이상을 고용하는 모든 사업장과 공무원을 대상으로 하여 이 제도가 시행됨으로써 여가시간의 증대현상은 현실적인 것으로 대두되고 있다.

최근 들어 특히 해외여행에 대한 욕구가 일반대중 모두에게 널리 확산되고 있다. 해외여행은 점차로 국제교류 대중화의 실현에 공헌할 것이며, 민간차원에서 이루어지는 국제간의 교류확대는 세계평화의 유지에도 크게 기여하게 될 것이다.

4. 교육수준의 향상

교육수준의 향상과 국민소득의 증대에 따라 사람들은 부(富)로부터 얻게 되는 만족에만 그치지 않고 간접적으로 인식하고 있던 역사와 문화에 관한 지식을 직접 그 현장에서 확인하고 재인식하려고 하는 욕구가 강렬해진다. 이러한 지식욕구는 해외여행의 경우에 더욱 현저해지며, 이런 움직임은 결국 국민들이 민간차원에서 국제교류의 대열에 참여하여 문화교류에서 일익을 담당하는 역할을 수행하도록 만든다.

이렇게 본다면 교육수준의 향상은 결국 해외여행에 대한 욕구를 자극시키는 원동력이 되어 관광여행 욕구가 구체적인 관광행동으로 나타나게 된다. 이 때 관광여행의 원활화를 기하고 관광객을 수용하며, 각종의 서비스를 제공해 준다면 관광사업은 발전하지 않을 수 없게 된다.

5. 교통운송수단의 발달

제2차 세계대전이 끝난 후 항공기 제작기술의 발달은 항공교통수단의 고속성·쾌적성·안전성·경제성을 실현시키는 한편, 대량운송을 가능하게 하였다. 이러한 항공운송의 특성이 되는 여러 요소는 현대 여행자들로부터 각광을 받기에 충분하였고, 그 결과 항공기는 거리적·공간적인 장애를 극복하는 최적 교통수단으로 등장하게 되었다.

항공운송은 대량 운송능력의 보유 및 고속운항에 의한 시간절약과 운임의 저렴화를 가능하게 만들었다. 항공사는 기내의 쾌적성을 높이기 위해 기내시설과 기내 서비스 향상에 한층 세심하게 배려함으로써 관광객들의 해외여행 욕구를 더욱 자극시키게 되었다.

육상에서는 고속도로의 확장과 개발 그리고 고속버스 등의 현대화에 힘입어 여행객 수요가 계속 증가하고 있다. 특히 육상교통 분야에서 간과할 수 없는 사실은 최근의 자동차교통 발달인데 이는 과거 철도시대에서는 찾아볼 수 없었던 여행패턴과 소비형태를 낳게 하였으며, 새로운 관광지의 성쇠와 관광시설의 등장을 초래하고 있다.

EVENT MANAGEMENT

제3장

이벤트의 의의

제1절 이벤트의 역사

1. 이벤트 제례론

고대 사회에서의 이벤트의 역사와 유래는 자연의 예기치 못한 현상, 초자연적인 현상들을 일상 속에 끌어들인 행위로, 원시시대에 수렵활동에서 얻은 포획물을 획득했을 때 벌이는 잔치와 함께 치러졌을 제례의식을 이벤트의 기원으로 볼 수 있다.

이 당시의 제례의식은 종족의 모든 문화를 표현함으로써 종합예술, 즉 원시적 총체예술로 발현되었을 것이다. 이는 이벤트의 광의의 해석으로 고전적, 본질적 의미의 해석이 된다.

2. 카니발 행사

우리말로는 카니발을 사육제(謝肉祭)라고 번역하는데, 라틴어의 카르네 발레(carne vale : 고기여 그만) 또는 카르넴 레바레(carnem levare : 고기를 먹지 않다)가 그 어원이다. 기원은 로마시대로서 그리스도교의 초기에 해당된다. 새로운 종교인 그리스도교를 믿도록 사람들을 회유하기 위하여 로마인들의 농신제(農神祭 : 12월 17일~1월 1일)의식을 인정한 것으로 그리스도교로서는 이교적(異敎的)인 제전이었다. 이것이 그리스도교도에 의하여 계승되어 매년 부활절 40일 전에 시작하는, 사순절 동안은 그리스도가 황야에서 단식한 것을 생각하여 고기를 끊는 풍습이 있기 때문에 그 전에 고기를 먹고 즐겁게 노는 행사가 되었다. 12월 25일부터 시작하는 신년 축제와 주현제(主顯祭, 12월제 : 1월 6일)를 합하여, 유럽의 북쪽 지방에서는 종교적 의의를 가지는 크리스마스가 되었고 남국에서는 야외 축제인 카니발로 발전하였다.

카니발행사는 가장(假裝)·가면행렬을 하고 종이 인형으로 된 우상을 장식으로 이용했는데 시대와 나라에 따라 그 모습이 다르다. 농촌에서는 카니발이 봄을 맞아 풍작과 복을 비는 축제가 되어 가면·가장행렬이 악령을 쫓아낸다는 의미를 가졌으나, 도시에서는 옥외의 놀이가 되어 종이 인형의 우상 따위를 함께 끌어내며 즐기는 행사가 되었다.

옛날에는 로마가 중심이었으나 현재는 이탈리아의 피렌체, 프랑스의 니스, 독일의 쾰른, 스위스의 바젤 등 로마 가톨릭을 신봉하는 여러 나라에서 성행한다. 이 밖에 미국의 뉴올리언스, 브라질의 리우데자네이루 등지에서도 성행하지만, 프로테스탄트 국가에서는 별로 행하지 않는다.

3. 고대 올림픽

기원전 776년 이후 올림피아에서 행해진 올림픽 경기대회에는 각 지역에서 많은 사람들이 참여하게 되는데, 이 때의 경기는 축제와 종교의식이 나누어지지 않은 채 혼재돼 있었다. 이것이 근대사회로 넘어오면서 고대사회에서의 부족간의 각종 경기는 여러 나라가 참여하는 글로벌 축제로 발전하게 되었다.

올림픽은 이벤트 형성기의 가장 큰 모델로 인간의 흥미를 유발시켜 인류의 화합과 산업발전에 이바지해야 하는 이벤트산업의 목적과도 부합됨으로써 이벤트 역사상 가장 큰 이벤트 모델이 되었다.

4. 박람회론

근대 산업발전단계로 넘어 오면서 소규모 축제와 의식들은 분화되어가고 부족국가들은 정치체제를 완벽하게 갖춘 하나의 나라들로 발전되어 가면서 이벤트와 박람회로 발전되어 왔다. 이후 이벤트는 이벤트로 발전되어 왔지만 때로는 박람회와 연계되어 오늘날에 이르고 있다. 전시회는 17세기 로마에서 개최된 미술전시회가 최초로 이 전시회는 exhibition이라는 단어를 사용한 전문전시회의 효시가 된다.

현대 산업사회가 발전함에 따라 이벤트도 분화발전 과정을 거치면서 독일의 메세, 일본의 견본시, 프랑스의 바자, 미국의 스테이트 페어 등 신생산업으로 발전되어 왔다.

5. 미디어론

현대사회로 넘어 오면서 이벤트는 협의적 해석으로 기업마케팅적 관점으로 출발하게 되었다. 이벤트는 기존 미디어에서 얻을 수 없는 쌍방 형성으로 참가자와 함께 시간과 공간을 공유하는 직접체험 외에 미디어에 의해 비참가자에게도 체험의 기회를 전달할 수 있게 되었다.

이벤트 직접참가자에게는 강한 충격을 주는 동시에 정보의 발신원이 되어 미디어에 파급시키는 간접효과가 있다. 따라서 전통적 제례행사로는 도저히 얻을 수 없는 광범위한 힘을 대중에게 발신할 수 있게 되었다. 사회가 다양해지고 정보화될수록 이벤트의 종류도 늘어나고 이벤트의 범위도 더욱 넓어지고 있다.

제2절 이벤트의 개념

1. 사전적·고전적 개념

먼저 사전적 의미의 개념을 살펴보면 이벤트(event)의 어원은 라틴어 e(out, 밖으로)와 venire(to come, 오다)라는 뜻을 가진 evenire의 파생어인 eventus에서 유래되었다. 이는 어떠한 일이 발생한다는 뜻을 의미한다. 영어로 event란 사건, 행사, 시합을 뜻하는 말이다. 따라서 보편적으로 사전적인 의미에서의 이벤트는 하나의 사건, 특별한 일, 중요한 경기라는 의미를 내포하고 있으며 어떤 사회적 행위 속에 포함된

부분적인 특별한 사건을 의미한다고 할 수 있다.

　다음으로 고전적 의미인 제례적 정의를 살펴보면 이벤트를 하나의 총체적 예술작품으로 보는 것이다. 즉, 자연의 예기치 못한 현상, 초자연적인 현상들을 일상생활 속에 끌어들이는 행위인 祭禮, 혹은 전통적 제례행사 속에 녹아있는 종합예술, 즉 원시적 총체예술로 이벤트를 이해할 수 있다.

2. 다양한 접근으로의 현대적 개념

　사회적 변화와 함께 21세기에는 이벤트의 개념도 보다 다양하게 변화되어야 할 것으로 보인다. 따라서 새로운 개념적 정의가 필요하다고 여겨진다. 우선 ① 산업적 정의로서 접근을 하는 경우인데, 이것은 이벤트가 활성화되고 종합적인 발전을 이루면서 하나의 산업으로 정착되어 갈 것을 예견해 볼 때 산업적인 측면에서 이벤트의 정의를 시도해야 한다는 것이다. 물론 이벤트가 하나의 서비스산업이긴 하지만 그것을 넘어서는 또 다른 측면에서의 산업적 정의를 시도해야 한다는 것이다.

　다음으로 ② 인류문명사적 정의로서 접근을 하는 경우인데, 이벤트는 현대사회에 갑자기 나타난 돌연변이가 아니라 인류문명의 초기에서부터 현대에 이르기까지 그리고 인류의 역사가 지속되는 날까지 우리와 함께 할 것이다. 따라서 인류문명과 이벤트와의 관계를 규명할 수 있는 연구와 이에 관한 정의가 함께 내려져야 할 것이다.

　다음으로 ③ 삶의 질적 정의로서 접근하는 경우인데, 사람들의 가치관 변화는 사회적 변화를 만들어낸다. 예전과 다르게 미래에 대한 사람들의 관심은 종합적인 측면에서의 삶의 질에 대한 관심이다. 많은 사람들이 다양한 이벤트에 대규모로 참여하는 사회현상을 볼 때 사람들의 행복한 삶을 위하여 필요한 이벤트의 역할과 그에 관한 정의가 함께 내려져야 할 것이다.

　끝으로 ④ 미디어적 정의를 살펴보면 이벤트가 참여자들에게 강한 인상을 심어주는 직접적인 효과와 동시에 정보의 발신자가 되어 미디어에 파급시키는 간접적 효과가 있기 때문에 미디어 자체를 이벤트 화한다고 보는 논리의 정의를 의미한다.

일본통산성 이벤트연구회는 "이벤트를 무엇인가 목적을 달성하기 위한 수단으로서의 행사"라고 정의하였고, 일본 이벤트 로데코스협회는 "이벤트는 목적을 갖고 특정 기간에 특정한 장소에서 대상이 되는 사람들에게 각각 개별적이고 직접적으로 자극을 느끼게 해주는 미디어"라고 정의하였다.

제3절 이벤트의 목적과 분류

1. 이벤트의 목적

이벤트의 목적은 주최자와 참여자라는 쌍방향의 의사소통과 기대하는 효과에 따라 여러 가지 형태로 나타낼 수 있다.

1) 삶의 활력제

사람에게는 틀에 박힌 일상생활에서 벗어나 새로운 체험을 맛보려는 욕구가 강하다. 따라서 이러한 무료함을 달래는데 있어서 이벤트는 많은 매력적인 요소를 구비하고 있다고 할 수 있다. 특히 여가시간의 확대(주5일근무제 도입)에 따라 여가시간을 좀더 의미있고 보람있는 시간으로 바꾸어 삶의 활력제를 되찾게 만드는 자극요소로 활용하여 삶의 새로운 가치를 추구하게 되는 것이다.

2) 지역특성의 이미지 부각

이벤트는 지역특성의 이미지를 가장 크게 부각시킬 수 있는 방안이 된다. 특히 지역특성에 맞는 캐릭터를 개발하여 지역의 이벤트와 더불어 공연된다면 커다란 지역 이미지 부각효과를 나타낼 수 있을 것이다. 따라서 지역특성의 이미지를 찾아내고 알맞은 캐릭터개발을 통해 지역에 도움이 되는 요소를 찾아내는 일이 무엇보다 중요하다.

3) 판촉 및 홍보

21세기에 들어서서 관광산업의 중요성이 커지면서 국가나 각 지방자치단체는 지역의 이미지를 널리 홍보하는 방편으로 이벤트를 널리 활용하고 있다. 일부에서는 무분별한 이벤트나 축제가 이루어지면서 소기의 목적을 달성하지 못하는 경우도 있지만 위에서 언급한 캐릭터개발과 더불어 판촉 및 홍보활동이 이루어진다면 소기의 목적을 충분히 달성할 수 있을 것이다.

4) 지역진흥 촉진

이벤트 개최로 인해 다양한 문화활동이 증대되고 고유의 독특한 문화의 발굴을 통해 지역주민의 전반적인 문화수준의 향상을 꾀할 수 있다. 또한 이벤트를 통해 지역기반시설이 재정비될 수 있다. 이벤트를 위한 제반시설의 확충, 도로의 정비 등은 지역기반을 견고하게 다질 수 있는 계기를 마련할 수 있다.

5) 교류 및 협력의 장

이벤트를 통해 지역의 문화와 풍습 등을 참가자들이 직접 공유함으로써 관습이나 문화적 차이를 이해하고 서로 교류하게 되어 결국 개인적 공감 및 국가간의 이해와 친선을 도울 수 있다. 따라서 이벤트는 서로간의 교류 및 협력의 장으로 발전할 수 있는 계기가 되는 것이다.

2. 이벤트의 분류 및 핵심요소

1) 이벤트의 분류

이벤트를 세대별, 형태별, 내용별로 나누어 보면 다음 표와 같다.

〈표 I-5〉 세대별 분류

분류	종 류	비고
세대별	1 세대 = 영구불변의 원초적인 인간미디어(Face to Face)	*이벤트는 1~5세대를 망라한다.
	2 세대 = 지면을 통한 시각미디어(활자인쇄)	
	3 세대 = 전파를 통한 청각미디어(라디오)	
	4 세대 = 공중파를 통한 시청각미디어(TV)	
	5 세대 = 멀티미디어를 통한 종합미디어	

〈표 I-6〉 형태별 분류

분류	종 류
형태별	유형 이벤트; HARD WARE적인 전시, 구조물, 인테리어, 장비, 신제품, 도구 등의 가시적인 이벤트.
	무형 이벤트; SOFT WARE적인 신기술과 기능 & 아이디어
	복합형 이벤트; HARD WARE + SOFT WARE적인 것의 혼합

〈표 I-7〉 내용별 분류

분류	종 류
내용별	국제 이벤트; 올림픽, 박람회, 국제 기술교류 등
	국가 이벤트; 전국체전, 인구조사, 국책사업 등
	사회 이벤트; 캠페인, 공익을 위한 각종 행사 등
	기업 이벤트; SP이벤트, PR이벤트, 고객과 사원들을 위한 이벤트 등
	개인 이벤트; 창작발표, 출판 기념, 소장품 전시 등

2) 이벤트의 핵심요소

이벤트의 핵심은 다음의 세 가지로 압축할 수 있다.

[그림 I-3] 이벤트의 핵심요소

동원	▶	이벤트에 있어서 인원동원이 안 되면 모두가 허사로 돌아갈 만큼 중요한 요소이다. 이를 위해 각종 홍보전략은 대상들로 하여금 참석동기를 강하게 자극해야 한다. 볼거리가 있는 홍보전략, 공짜심리를 이용한 각종 경품, 참석해야 되는 대외명분 등을 제공해야 한다.
감동	▶	인원동원에 성공을 했어도 실제 이벤트 행사에서 감동을 주지 못하면 반쪽짜리 행사가 된다. 이벤트의 본질인 새로운 감동과의 만남이 없다면 다음을 약속할 수 없다. 이를 위해 예측불허의 상황을 전개시켜야 한다.
효용과 비용	▶	이벤트는 상업성을 띠고 있기 때문에 철저히 이익기능이 있어야 한다. 효용이 비용을 앞지를 때, 비로소 이벤트 행사라 할 수 있다.

3. 한국과 일본 이벤트의 비교

1) 일본 이벤트

이벤트의 천국이라 할 수 있는 일본 이벤트는 이벤트가 지역사회와 국가 발전에 큰 도움이 된다는 판단 하에 정책적으로 육성하기 시작했다. 그 발전의 흐름을 살펴보면 다음과 같다.

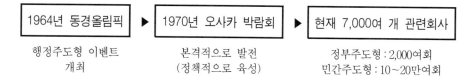

1964년 동경올림픽	▶	1970년 오사카 박람회	▶	현재 7,000여 개 관련회사
행정주도형 이벤트 개최		본격적으로 발전 (정책적으로 육성)		정부주도형 : 2,000여회 민간주도형 : 10~20만여회

일본은 박람회, 올림픽 등을 제일 큰 이벤트로 생각하고 있고, 국책사업에 이벤트를 활용하고 있다. 예를 들어, 간척사업을 하면서도 그곳에 박람회를 유치하여 민간자본을 영입함으로써 간척사업을 완수하는 적극성을 보이고 있다.

2) 한국 이벤트

초기의 우리나라 이벤트는 백화점 행사가 주종을 이룬 판촉이벤트, 그리고 치어리더 지원과 레크리에이션 지도자 제공 등의 체육대회 이벤트가 대부분이었다.

그러나 지금은 점차적으로 대규모의 라이브 공연(live concert), 박람회의 전시관 기획 운영, 광고관련 업종과 연결된 프로모션 이벤트, 그룹차원의 체육대회, 한마음 대행진, 보람의 일터와 살맛 나는 세상 만들기 등 기업문화운동 차원으로 점차 변모해 가고 있다.

'86아시안게임 이전	▶	'88서울 올림픽 이후	▶	레크리에이션 및 각종의 이벤트로 확대
백화점 행사가 주종을 이룬 판촉이벤트		본격적으로 시장이 활성화		대규모 라이브 공연 및 기업문화운동 차원으로 변모

제 4 장

이벤트의 구성요소와 효과

제1절   이벤트의 구성요소

많은 사회조직들이 이벤트를 이용하여 다양한 사회적 활동들을 전개하거나, 어떠한 목적 달성을 위한 수단으로 이용하고 있다. 이와 같이 이벤트를 활용하게 되는 이유는 이벤트가 가지고 있는 아래의 요소들이 사회조직들이 원하는 것을 제공해주기 때문일 것이다.

1. 현장성

이벤트가 가지고 있는 특성 중에서 가장 중요한 것은 현장성이다. 이벤트는 직접 현장에서 느끼고 경험하는 직접경험을 기초로 하고 있다. 따라서 이벤트에 참가하는 많은 사람들은 이벤트에서 현장감을 느끼기를 원한다.

많은 문화공연 중 매스미디어인 TV를 통해 관람함으로써 얻어지는 경험과 이벤트 현장에서 직접적인 참여를 통하여 얻게되는 경험과의 질을 비교해 보면 당연히 현장의 직접 참여를 통하여 얻어지는 경험의 질이 훨씬 높을 것이다. 이벤트의 다양한 현장성 이것이 바로 사람들을 이벤트 현장으로 끌어들이는 매력인 것이다.

2. 체험성

이벤트는 현장에서의 다양한 직접체험을 기본으로 하고 있다. 이벤트는 인간이 느낄 수 있는 모든 감각기능에 자극을 주고 그 자극의 종합적인 경험을 만족의 척도로 삼고 있다. 즉 보고, 듣고, 만지고, 냄새맡고, 느끼는 인간의 모든 감각을 통한 자극과 특별한 체험적 경험이 함께 영향을 주는 것이다.

체험을 통한 직접경험이라는 특성 때문에 사회조직들은 그들이 원하는 것을 참가자들에게 강한 감동으로 전달할 수 있는 것이다.

3. 상호교류성

이벤트를 하나의 정보교류라는 측면에서 살펴볼 때 지금까지의 모든 사회적 커뮤니케이션의 도구들은 주로 정보발신자의 주도하에 일방적으로 진행되었던 것이 사실이다. 따라서 정보 소비자들은 수동적인 입장에서 때로는 왜곡된 정보를 받아들일 수밖에 없는 나약한 상태에 놓여 있었다. 그러나 이벤트는 현장에서 직접체험을 통한 정보의 상호교류가 가능한 특성을 지니고 있다.

이벤트를 통하여 주최조직들은 그들의 정보를 솔직하게 전달하여 주고 참가자와의 상호교류를 통하여 이를 수정 보완하여 줄 수 있는 장점을 가지고 있으며, 이를 통하여 쌍방은 상호신뢰를 바탕으로 한 교류가 가능하게 된다.

4. 인간성

많은 기계적 사회매체들은 정보나 이미지의 전달 혹은 목적달성을 위한 수단으로만 활용될 경우 인간적인 감성은 배제되어 버린다. 따라서 인간적인 신뢰보다는 과학적이고 합리적인 기계적 전달매체로서의 역할만을 수행한다.

그러나 이벤트는 많은 사람들의 인간적 감성에 호소함으로써 목적하는 바를 이루려고 한다. 다양한 이벤트의 연출요소를 통하여 인간의 감성에 호소하고 그를 통해 감동을 이끌어내고자 하는 것이다. 이벤트에 참가한 많은 사람들은 이러한 이벤트의 환경 속에서 따뜻한 인간적 감동을 느끼며 그것을 삶의 에너지로 삼게 된다.

5. 통합성

이벤트가 가지고 있는 마지막 특성 중의 하나는 통합성에 있다. 많은 이벤트는 수많은 분야의 작업들이 함께 이루어진다. 인류가 만들어낸 많은 문화적 유산과 과학적 기술세계들이 각 영역을 넘어서 하나의 주제로 통합되면서 인류가 살아온 역사와 앞으로의 미래에 대한 방향을 제시해주는 역할을 수행하고 있다. 미래의 사회가 전문성에 기초한 통합적인 삶의 패턴으로 발전해 나간다고 전제할 때 이벤트는 이러한 미래를 가장 훌륭하게 이끌어 나갈 수 있는 사회발전요소인 것이다.

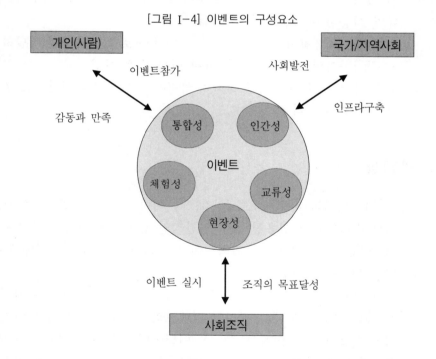

[그림 I-4] 이벤트의 구성요소

이상과 같은 이벤트의 요소 때문에 많은 사회조직체들은 자신들이 설정한 각자의 목적들을 달성하기 위한 수단이나 배경으로 이벤트를 선택한다고 할 수 있다. 이벤트에 참가한 많은 사람들은 그것이 어떠한 분야이든 관계없이 위와 같은 이벤트의 특성에서 얻어지는 종합적 요소들을 통하여 마음으로부터 우러나오는 감동을 체험하게 되고 그것을 삶의 에너지로 삼아 자신들의 미래를 개척해 나가는 하나의 분기점으로 삼게 되는 것이다.

제2절 이벤트가 사회발전에 미치는 효과

1. 경제활성화에 기여

이벤트를 통하여 얻을 수 있는 가장 큰 효과는 무엇보다도 경제활성화에 기여한다는 점이다. 특히 박람회이벤트, 관광이벤트 등은 경제적 파급효과가 즉각적으로 나타난다. 이벤트를 통하여 얻어지는 경제적 효과는 물건의 직접 구입이나 관광수입 등의 직접적인 효과 이외에 교통이나 숙박 등의 간접적인 측면에서의 효과도 큰 것으로 알려지고 있다.

이벤트가 가지고 있는 경제적 파급효과는 상당하다. 따라서 갈수록 치열해지는 무한경쟁시대에 다양한 분야에서 경쟁력을 강화하기 위해서는 이벤트의 적극적 도입이 시급하다. 특별히 지방자치단체들이 지역경제의 활성화를 도모하기 위해서는 그 지역의 독특한 문화와 산업을 배경으로 한 적극적인 이벤트를 실시하여야 할 것이다.

2. 친사회적 이미지 구축

어떠한 사회조직이든지 사람들에게 인정받지 못하는 단체는 그 존립근거를 상실하게 되고 만다. 경제단체들이 최근까지는 자기 제일주의나 강한 기업의 모습을 기업운영의 주요 이념으로 설정하였으나, 최근에 들어서는 좋은 기업, 지역과 국가에 봉사하는 기업, 이웃과 친근한 기업 등으로 그 이미지를 변신시키고 있는 형편이다.

이것은 비단 경제단체 뿐만이 아니라 정치행정조직을 포함한 모든 사회조직들이 받아들여야만 할 사회적 변화인 것이다. 따라서 각종 사회조직들이 긍정적인 이미지 구축을 위해 다양한 이벤트를 실시한다. 이것은 때로는 문화적 이벤트로 혹은 사회복지형태로 표출되는데, 후원형태는 간접적 방식이나 직접 이벤트를 주관하는 직접 참여방식 등으로 나누어지게 된다.

다양한 이벤트를 통하여 각 조직체들은 끊임없이 사회적으로 우호적인 관계 유지를 위해 노력하고 있으며, 이벤트를 통해 직접적인 감동을 고객에게 선사함으로써 자신들이 원하는 친사회적 이미지를 구축하려 하는 것이다.

3. 문화 · 예술 발전에 기여

대다수의 이벤트들은 그 내용적 요소로서 문화 · 예술을 선택한다. 많은 이벤트는 그 내용의 일부 혹은 전체가 문화 · 예술적 요소로 구성된다. 따라서 다양한 이벤트의 활성화는 문화 · 예술을 발전시키는 역할을 수행한다. 특별히 관광자원 요소로서 지역의 고유한 문화적 특성들을 기초로 한 지역문화관광 이벤트는 지역사회의 고유한 문화자원을 계승 발전시키는데 중요한 역할을 수행한다.

이벤트의 대중화는 그 동안 소수의 문화적 엘리트 계층만이 향유하던 다양한 문화 프로그램을 누구나 볼 수 있도록 하는 문화민주주의 정착에도 크게 공헌하고 있다.

4. 지역 · 국제간 교류를 촉진

이벤트에는 많은 사람들이 참여하게 된다. 특히 컨벤션이벤트나, 박람회이벤트, 국제적인 스포츠이벤트들은 많은 외국인들을 국내로 들어오게 함으로써 다양한 국제간 교류를 촉진시킨다. 또한 국내에서도 지역간에 활발한 교류를 활성화시켜 지역사회의 발전에 도움을 주고 있다.

이벤트를 통한 국제 · 지역간 교류는 관광사업 등을 통한 재정적 수입을 증대시키며, 다양한 정보교류를 통해 사회적 발전을 촉진시키는 등 다양한 이익을 우리에게 안겨다 준다.

5. 사회기반시설의 확충

국가적으로 대규모의 이벤트를 수행하기 위해서는 사회기반시설을 확충해야만 한다. 중요한 문화적 시설, 스포츠시설, 도로와 교통, 숙박 등의 다양한 분야에서의 준비가 되어 있어야만 이벤트를 개최할 수 있는 것이다. 따라서 이벤트의 활성화는 곧 사회기반시설을 확충하게 만들고 이벤트 종료 후에는 그러한 기반시설들이 지역사회에서 유용하게 활용되고 있다.

6. 산업발전의 촉진

전문적이고 다양한 이벤트들은 산업발전을 촉진시킨다. 특히 산업교류의 촉진을 가속화시키는데 견본시 이벤트와 전시 이벤트는 고객과의 직접적인 만남을 가능하게 해주고 다양한 인적자원의 교류를 촉진시켜 준다.

모터쇼와 첨단기술발표 등의 이벤트는 산업체의 기술개발을 촉진시켜준다. 박람회 등을 통하여 새롭게 소개되는 상품이나 소프트웨어 등은 소비패턴의 변화를 이끌어 내기도 한다. 이벤트는 기존의 상품유통경로 이외에 새로운 유통경로를 개발할 수 있는 계기도 제공하여 준다.

이러한 다양한 변화를 촉진시키는 이벤트는 궁극적으로 산업발전의 활력소로 작용하여 또 다른 산업발전의 원동력이 되는 것이다.

7. 국민적 에너지의 결집

이벤트는 참가하는 사람들 사이에 깊은 공감대를 형성하게 한다. 이러한 공감대를 기초로 하는 단단한 공동체적 유대감의 형성은 국가나 지방자치단체의 발전을 가속화시킬 수 있는 에너지로 승화될 수 있다.

아무리 좋은 사회적 운동이라 하더라도 사람들의 참여와 동참이 없을 때에는 운동을 지속시킬 수가 없다. 이벤트를 통한 사람들의 참여와 뜨거운 공동체적 신명성의 획득은 우리 사회를 변화·발전시킬 수 있는 아주 중요한 요소가 되는 것이다.

EVENT MANAGEMENT

이벤트의 종류 및 특성

제1절 관광 이벤트

관광 이벤트란 종전의 보는 관광에서 한 걸음 더 나아가 지역주민과 관광객이 같이하는 관광이 될 수 있도록 각종의 축제나 행사를 마련함으로써 관광객에게 마음의 풍요로움을 가져오게 하고, 궁극적으로는 관광이미지를 좋게 창출하는 것을 말한다. 즉, 관광이벤트는 주어진 관광자원에 특정한 연출을 가미해 부가가치를 극대화시키는 가치창조의 작업이라 할 수 있다.

최근 세계적인 문화관광 추세에서 특기할만한 사실은 이벤트를 활용하는 관광 이벤트가 성행하고 있다는 점이다. 즉, 종전과 같이 명승지나 유적지 등을 단지 보는 정적인 관광에서 벗어나 축제나 음악회, 예술공연, 퍼레이드 등을 관람하는 동적인 관광으로 바뀌고 있다.

1. 관광 이벤트의 특성

첫째, 이벤트가 창출하는 주된 수요는 이벤트 그 자체에 대한 수요가 아니라, 일련의 관련 서비스 분야이다. 국내의 경우 이벤트를 통한 직접적 수요, 즉 이벤트 현장에서 집객을 통해 얻어지는 입장권 판매라든지, 임대사업 등의 수익을 강조하는 경향이 있는데, 이는 이벤트의 속성을 제대로 파악하지 못하고 있는 결과라고 할 수 있다.

둘째, 이벤트가 창출해 내는 주된 수요는 미리 준비되어 저장된 것이 아니라 단기일 안에 응축되어 나타나는 것이다. 그러기 때문에 서비스 산업에서 이뤄지는 전형적인 피크(peak) 문제와 연결된다.

셋째, 관광 이벤트의 경우 국비와 지방비의 지원으로 개최되는데, 투입에 따른 실질적 효과는 비교적 적으며, 주된 이득은 주변 관광지의 자산과 서비스의 판매에 대한 바깥으로부터의 자금유입에서 생길 수 있다.

2. 관광 이벤트의 효과

1) 긍정적인 측면

(1) 경제적 측면

- 지역사회에 대한 지출을 유도함으로써 지역경제 활성화에 이바지
- 교통, 숙박, 음식, 소매에 대한 소비뿐만 아니라 1차산업의 활성화까지 기대
- 대규모 이벤트의 경우 막대한 예산투여로 인한 생산유발효과를 얻을 수 있음

(2) 정치적 측면

- 국제사회에서의 지위가 격상됨
- 개최국의 이미지를 개선
- 개최국 국민들의 자긍심을 높임
- 민간외교를 진흥시킬 수 있음

(3) 사회적 측면

- 도로망과 철도, 공항, 하수, 주택을 포함하는 기반시설 구축을 위한 개발을 통해서 지역사회를 변모시키며 발전전략을 세울 수 있음
- 낙후된 도시개발을 의도적으로 추진하기 위해 세계적 대형 이벤트를 유치
- 지역과 국가의 문화에 대한 교육적 효과가 있으며, 정체성을 형성하는데 도움을 줌

(4) 지역산업적 측면

- 지역의 특산물을 소재로 한 이벤트의 개최는 유통과 판매촉진에 기여함
- 지역에서 생산되는 농·수산물, 민예품 등을 테마로 한 이벤트의 개발은 지역의 이미지를 높일 수 있음
- 전시회나 박람회에서 이뤄지는 산업발전을 통한 기술과 정보의 교

류는 소비패턴과 유통체계를 변화시킬 수 있음
- 지역의 각종 산업발전을 촉진시킬 수 있는 계기를 마련함

(5) 지역문화의 계승과 발전
- 지역주민들로 하여금 점차적으로 자긍심을 갖게 하기 위한 노력의 일환으로 지역문화에 대한 관심과 재정립의 욕구가 일기 시작
- 지역적 소재로 포장된 관광 이벤트는 향토역사와 문화를 지키고 정체성을 확인함으로써 새로운 문화창출에 이바지함
- 지역에서의 문화를 주제로 한 이벤트는 지역주민의 문화적 수준을 향상시킬 뿐 아니라 참여를 통해 삶의 질을 높여주는 계기를 부여함

(6) 지역주민의 연대감 조성
- 지역주민들의 이벤트 참여를 유도해 민주시민으로서의 자질을 향상시키고 화합하고 연대하는 분위기를 조성함
- 지역의 문화와 역사를 테마로 한 이벤트는 지역주민들의 자긍심을 고취시키고 결속하는 계기를 마련함
- 이벤트에 참여하는 지역민들의 결속은 관광객들에게 수준 높은 서비스를 창출하는 중요한 계기가 됨
- 이벤트는 주민들 스스로가 연대하고 조직화할 수 있는 제도적 장치가 됨

(7) 국제교류의 증진
- 인적·물적 정보기술의 국제화가 빠른 속도로 이루어지고 있는 관계로 무역이나 국제교류, 친선도모에 많은 도움을 줌
- 이러한 실정으로 인해 지역간은 물론 국가간의 상호 이해증진과 홍보에 도움을 줄 것으로 보임
- 본격적인 지방자치 이후 모든 지방자치단체가 3차산업을 주요한 지역의 기간산업으로 내세우면서 그 대응을 모색하고 있음
- 이벤트에 의한 국제교류는 인과관계나 산업관계를 개선시키기 위한 주요한 역할로서 자리매김하는 계기가 될 것으로 여겨짐
- 새로운 비즈니스의 창출이나 타업종으로부터 신기술을 도입하며, 기술이나 정보를 교류할 수 있는 수단으로서의 이벤트 기능이 강조됨

(8) 고품질 관광을 통한 지속가능한 관광개발

- 대부분의 이벤트의 경우 인간과 자연을 주요 소재로 한 경우가 많으며 새로운 하드웨어적 발상에서 이루어지는 경우가 적으므로 환경친화적인 소재로 지속화시켜 나갈 수 있음
- 재생 불가능한 자원을 소비하지도 않고, 환경오염을 일으키지도 않는 관광개발의 철학을 통해 지속적인 관광편익을 도모할 수 있음
- 관광자원을 보호하며, 일반 관광자원에 비해 오히려 더 가치있는 체험을 심어 줄 수 있는 관광 이벤트는 지속가능한 관광개발을 바라는 욕구를 충족시킬 수 있는 고품질의 관광자원임

2) 부정적인 측면

(1) 경제적 측면

- 경제적 편익을 받는 집단이 있다는 것은 곧 피해를 보는 집단이 있다는 것도 명심해야 한다. 가장 효율적인 대안이 무엇인지를 파악하는 것이 중요하리라 여겨짐
- 지역주민들에게 물질만능주의를 확산시킬 수도 있으며 소비지향적인 태도를 형성시킬 위험이 도사리고 있음

(2) 사회적 측면

- 낙후된 지역개발을 함에 있어 긍정적 측면도 기여를 하나 기반시설이나 재개발이 행정편의적인 발상으로 인해 일방적으로 주도돼 나갈 수 있음
- 이익을 보는 층과 피해를 보는 층이 발생하여 지역사회의 공동체 구조가 붕괴되는 현상이 일어날 수 있음

(3) 문화적 측면

- 문화적 고유성이 퇴색될 수 있음
- 전통과 보전이라는 가치관과 대중화·통속화라는 상충된 가치관이 공존함으로써 많은 갈등의 소지를 지역사회에 불러일으킬 수 있음

(4) 환경적 측면

- 어느 관광지나 골머리를 앓고 있는 것 중의 하나가 관광객 유입에 따른 수용력의 한계인데, 이벤트 개최 또한 수용력의 한계를 극복하지 못해 종종 자연환경을 훼손시키는 경우가 있음(생태계의 교란 및 쓰레기 문제 등)

제2절   문화·예술 이벤트

문화·예술 이벤트는 문화·예술을 담당하는 사회조직이 자신들의 사회적 입지 강화와 문화·예술을 확대시키기 위한 하나의 방법으로 실시하는 이벤트나, 다른 사회조직들이 친사회적 이미지 구축을 위한 방법으로 문화와 예술을 주된 내용으로 실시하는 이벤트를 말한다. 문화와 예술은 그 중심 공간이 일정한 공연능력을 갖춘 전문 공연장을 중심으로 하여 진행되기도 하며, 때로는 거리나 공원 등의 야외에서 이벤트 공간을 조성하여 진행할 수도 있다. 또한 일방적인 공연뿐만이 아니라 참가자와 공연자가 서로 협력하여 어떠한 문화행위를 실시할 수도 있다.

자치단체와 공공단체의 경우도 문화·예술 이벤트를 통해 지역주민들과의 커뮤니케이션을 구축하고 지역문화를 육성하는 한편, 지역활성화를 위한 수단으로 이용하고 있다.

문화산업이 새로운 21세기 미래산업으로 등장하고 있는 현 시점에서 문화를 통한 우리 사회의 발전전략을 추진하기 위해서는 무엇보다도 문화적 인프라를 구축하는 일이 선행되어야 한다. 다양한 문화적 인프라를 토대로 전국 각 지역의 독특한 문화적 유산을 기초로 한 문화·예술 이벤트를 개최함으로써 국가의 문화·지식산업 발전을 도모하고, 해외의 관광객을 유치하며, 문화적 감수성을 기초로 한 창의적인 사회 분위기를 조성하여 21세기의 새로운 사회모델을 완성해야만 하는 것이다.

제3절 산업 이벤트

산업 이벤트는 포괄적으로 볼 때 각 경제단체들이 자신들의 미래 지향적 발전을 도모하기 위해 실시하는 이벤트를 말한다. 여기에는 각 기업의 고유한 문화적 이미지를 구축하기 위한 전략으로부터, 고객과의 친밀한 관계를 유지하기 위한 고객서비스 차원의 이벤트도 있으며, 각 기업의 신기술을 발표할 수 있는 신제품 발표 이벤트, 새로운 판매경로 확대를 위한 유통관련 이벤트가 있다. 또한 기업의 구성원들의 총력적 에너지 결집을 위한 이벤트도 만들어질 수 있다. 이러한 이벤트들은 궁극적으로는 각 기업들이 새로운 경영이념을 구체화하고 친사회적 이미지를 강화하면서 국제적인 경쟁력을 갖출 수 있게 하는 기업발전 전략과 함께 추진되어야만 한다.

21세기 새로운 사회적 흐름에 적응하고 생존해 나가기 위해서 기업들은 다양한 산업 이벤트를 실시해야 한다. 이것은 기업의 수익 증대를 위한 부차적인 목표에서가 아니라 기업이 담담해야 할 기본적인 목표인 것이다. 그 이유는 기업이 원하든 원하지 않든 간에 이미 고객들이 그것을 요구하고 있기 때문이다.

제4절 여가·레크리에이션 이벤트

1. 여가 · 레크리에이션 이벤트의 의의

여가나 레크리에이션은 최근에 들어서 사람들의 삶의 질 향상을 위한 사회적 욕구 때문에 그 필요성이 점차 증대되고 있다. 사람들은 이제 여가를 자신들의 권리로서 당당히 요구하고 있고 국가나 지방자치단체들은 이러한 시민들의 요구에 적절히 반응하지 않을 수 없게 되었다. 여가 · 레크리에이션 이벤트는 이렇게 사람들의 삶의 질 향상을 위한 여가활동의 중요성을 알리고 이를 사회적 운동과 활력소로 활용하기 위해 실시하는 이벤트를 의미한다.

내용적인 측면에서는 스포츠, 문화, 관광 등 다양한 내용들이 포함되지만, 궁극적인 목표는 여가를 통한 자아의 실현에 있는 것이다. 새롭게 변화되는 사람들의 여가에 대한 욕구변화에서 알 수 있듯이 앞으로의 여가는 리조트 중심의 휴양문화와 테마공원 중심의 시설놀이 활동, 자기 주도적이고 가벼운 평생스포츠 프로그램 등이 그 주류를 이룰 것이다.

따라서 여가 · 레크리에이션 이벤트는 이러한 사회적 흐름 속에서 많은 사람들이 여가를 건강하게 즐길 수 있도록 하며, 바람직한 여가정보를 제공해 줄 수 있는 측면에서 이벤트를 준비해야 할 것이다.

2. 레크리에이션의 이론

1) 욕구충족으로서의 레크리에이션

슬라브손(S. R. Stavson)은 기술하기를 '레크리에이션은 욕구충족을 위한 경험'이라고 말하였다. 사람은 어떤 내적인 욕구에 대한 만족을 찾으려 하는데, 레크리에이션은 즐거움을 찾는 인간의 이러한 열망에 대한 반응이라고 말할 수 있다.

2) 여가시간 활용으로서의 레크리에이션

뉴메이어(Newmeyers)는 레크리에이션을 개인 혹은 집단에 있어서 그들의 여가시간 중에 추구하는 어떤 행동이라고 정의하였다. 그가 주장하는 기본적 요소는 여가를 통한 행동의 표현과 레크리에이션 활동에는 가치가 있어야 하며, 활동과 사회·문화적인 상태에서 찾아진 어떤 보상에 의해 동기가 자극된다고 주장하고 있다.

3) 재창조로서의 레크리에이션

호메오스타시스(Homeostasis)의 레크리에이션 이론을 구축한 쉬버스(J. S. Shivers)는 사람은 심리적 욕구를 만족시킴으로써 정신적인 균형이 유지된다고 하였다. 그는 레크리에이션의 가치와 레크리에이션 활동의 근복적인 차이는 그 정도에 있는 것이 아니고 시간에 있다고 하였다.

레크리에이션 활동은 어느 곳에서나 레크리에이션을 경험하는 시간의 순간에 발생하는데 반하여, 레크리에이션의 가치는 경과된 이후에 나타난다고 하였다. 그는 또한 사람의 정신과 신체의 조화를 레크리에이션의 통합개념으로 인식하였다.

4) 사회적 과정으로서의 레크리에이션

머피(J. Murphy)는 레크리에이션이 잠재적인 성취감으로서 신체적·심리상태적으로 사회와 인간의 교육적인 가치에 감동을 준다고 하였다. 그는 자기각성, 상호작용, 새로운 도전, 다양성, 모험, 주체성 등을 향한 과정으로서 레크리에이션을 인식하였다. 레크리에이션은 자유와 활동을 필요로 하며, 완전하게 어떤 일에 관여하여 참여함을 뜻한다고 하였다.

5) 사회적 제도로서의 레크리에이션

레크리에이션은 사람의 여가욕구에 부합하기 위하여 형성된 모든 사회적 제도로 간주될 수 있다. 그것은 모든 레크리에이션의 기회를 제공하는 정부차원의 여러 기관, 학교, 교회 그리고 사업체들을 포함한다.

정부기관과 공공단체 혹은 지역사회의 많은 기관들이 레크리에이션 활성화의 책임을 인식하게 되었다. 이와 같이 레크리에이션은 집합적인 사회환경에서 그 가치와 전통, 구조와 조직 그리고 전문적인 그룹, 숙련된 레크리에이션 종사자가 함께하는 사회적 제도로 인식되고 있다.

레크리에이션은 여가시간에 행하여지는 활동이며, 레크리에이션 경험은 레크리에이션 활동을 통하여 경험하는 감정 및 기분으로서 그 만족도를 나타낸다.

3. 레크리에이션의 역할

1) 신체적 역할

레크리에이션은 균형된 신체발달을 도모하며 근육, 호흡, 신경계, 순환계의 능력을 강화시켜 신진대사를 왕성하게 함으로써 보다 활력이 넘치는 생활인이 되게 한다. 또한 미세한 부분까지 이르는 조정력, 협응성을 발달시켜서 작업능률의 향상을 가져다 준다. 그리고 부족한 신체적 결함을 보충하고 교정시킬 수 있는 기회를 제공하고 있다.

2) 정서적, 심리적 역할

인간은 각종 레크리에이션 활동을 통하여 만족감을 얻음으로써 정신적 건강을 얻게된다. 생활의 한 부분으로서 여가활동을 이해할 때 항상 밝고 희망적인 생활태도를 가지게 한다.

스포츠적인 레크리에이션에서는 격정과 긴장 등의 감정을, 스포츠이외의 레크리에이션에서는 인내성과 끈기를 반복 경험함으로써 감정의 정화를 가져다준다. 그러므로 모든 일에서 침착한 성품을 조성하고, 건전한 인격함양을 가져와 정서함양에 이바지한다.

3) 사회적 역할

레크리에이션의 사회적 역할은 각기 다른 개인, 단체의 여러 사람이 만나 함께 즐기고 협동하며 생활하는 가운데 건전하고 바람직한 사회성을 함양하는 것을 말한다.

규칙적인 생활습관을 기르고 자주성, 평등사상, 희생과 봉사, 준법정신 등의 공덕심을 양성하여 사회생활하는 데 큰 도움을 줄 수 있다. 단체생활을 통하여 사회생활을 이해하고 적응력을 배양시켜 건전한 사회문화를 창출해 나가게 만든다.

제5절　판촉 이벤트

1. 판촉 이벤트의 의의

판촉 이벤트는 특정 장소에서 참가자를 대상으로 하여 판매 및 판매촉진을 목적으로 실시하는 이벤트다. 판매는 판매캠페인의 한 수단으로 행해지며 이 캠페인은 정해진 기간 중 어떤 특정의 의도된 목적을 위해 수행되는 광고, 선전, POP, 프리미엄 등의 미디어 및 용구를 사용하여 조직적으로 행하는 프로모션인 것이다. 판촉 이벤트를 실시하는 경우에는 다음의 사항들을 파악하여 적절한 대응책을 강구해야 한다.

우선 고객동원이 가능한지를 간파하고 다음으로는 이벤트 현장에서 판매로 연결시킬 상품구성이 가능한지를 파악한다. 그리고 상품・기업에 대한 퍼블리시티(publicity)를 어떻게 전개할 것인가를 파악하고 상품・기업에 대한 호감의 기회를 어떻게 포착할 것인가도 알아내야 한다. 지역 및 주민의 특성과 계절성 등이 소비자를 끌어당기는 매력성이 있는지 등에 대해서도 살펴야 한다.

2. 판촉 이벤트의 목적 및 효과

다음의 세 가지(커뮤니케이션, 차별화, 내부효과)는 이벤트의 기본적인 목적 및 그에 따른 효과를 갖고 있다. 이 목적을 바탕으로 판촉 이벤트와 관련해 살펴보면 다음과 같다.

1) 커뮤니케이션

판촉 이벤트는 고객과의 대화 계기·연결의 시작으로 다소 어색한 사이에서 친숙한 사이로 전환시키는데 있어서 결정적인 역할을 한다. 따라서 가끔 찾아오는 고객을 더 자주 오게 하고 좀더 자신있게 자신의 상품을 널리 알릴 수 있는 계기를 마련해 준다고 하겠다.

(1) 이야깃거리 창출

판촉 이벤트를 함에 있어 가장 중요한 사안 중의 하나는 고객을 집객하는 일이라 할 수 있다. 그러기 위해서는 이야깃거리를 만들어 유도한다든지, 입에서 입으로의 확산을 통한 방법, 그리고 PR의 효과를 노리는 방법 등을 강구할 필요가 있다.

이러한 이야깃거리 창출은 당연한 내용으로 꾸며선 안된다. 의외성(한국축구의 월드컵 4강 진출)을 가진 내용이나 계절감(무더운 여름철 도심에 크리스마스 할아버지 출현)과는 맞지 않는 내용, 적절한 타이밍(금 모으기 행사, 평화의 댐 건설, 한국축구 월드컵 4강진출 후 유소년 축구 육성기금 운동) 등을 통해 전달하는 방법이 필요하다.

(2) 서비스와 팬의 형성

팬이 생긴다는 것은 이유가 있는 것이다. 예컨대 최면에 이끌려 연예인을 좋아한다든지 운동선수를 좋아하지는 않을 것이다. 어떤 탤런트의 순수함과 발랄함에 이끌려 그를 좋아할 수 있게 되며, 터프한 특정 운동선수의 깔끔한 이미지로 인해 그의 팬이 형성될 수 있는 것이다. 특히 판촉에 있어 이러한 팬의 형성은 지속적인 발전의 가능성을 내포하는 요소 중의 하나라고 하겠다.

모 방송국에서 '게릴라 콘서트'라는 명목 하에서 시행하였던 방법 등이 대표적인 사례라 할 수 있다.

2) 차별화

매년 같은 시기에 같은 이벤트를 개최함으로써 고정 팬을 확보하고 자사 고유의 판촉을 통해 타기업에서는 흉내낼 수 없는 개성의 형성·창출을 이끌어내야 한다.

(1) 고정고객 형성 조직화

흔히 타 지역을 탐방할 때 물어보는 것들 중의 하나가 "유명한 음식점이 어디에 있지", "무엇을 잘 하지", "손님이 많이 가는 곳은 어디지" 등으로 각 지역에 같은 메뉴가 있는 식당들은 수없이 많지만 유독 그 집에 손님들이 많이 모이는 이유는 바로 다른 곳에서는 맛볼 수 없는 독특함으로 인해 고정고객을 확보하고 있기 때문이다.

(2) 타기업과의 차별화(CI효과)

1998년 1월 SK가 CI를 통일하기 전 선경은 주로 학, 선비, 장학퀴즈, 사회공헌도가 높은 기업으로 호의적인 이미지를 가지고 있었다. 그러나 이런 이미지와 함께 '도대체 뭘 만드는 회사인지 모르겠다'라는 부정적인 이미지 또한 혼재하였다.

이것을 극복하기 위해 선경은 에너지화학 분야의 No.1인 유공을 SK주식회사로, 정보통신 분야의 No.1인 한국이동통신을 SK텔레콤으로 사명을 단계적으로 변경한 후 1998년 1월에는 전 계열사명을 SK로 통일하였다. 그러면서 '고객만족'이라는 컨셉트와 'OK! SK'라는 슬로건으로 대대적인 기업 PR을 전개하여 호의적인 반응을 대중들로부터 불러일으켰다

3) 내부효과

자칫 등한시 할 수 있는 경우가 고객만을 대상으로 한 모든 조직의 움직임으로 인해 내부사원에 대한 관리를 소홀히 하는 것이다. 조직 내부에 대한 효과도 중요하게 다루어야 할 요소 중의 하나다.

전통있고 실력있는 기업일수록 사원들의 자신에 대한 자긍심과 기업에 대해 믿음이 강하다는 것은 누구나가 알고 있을 것이다. 그리고 떳떳하게 "나는 ○○맨이다. 이 회사에 대해 긍지와 자부심을 가지고 있다" 라고 외칠 수 있는 것은 내부적으로 그만큼 사원들을 위한 사기진작 차원에서 충분한 보상이 이루어지고 있다는 증거라고 할 수 있다.

사서(四書) 중 하나인 <대학(大學)>에 나온 말로서 '수신제가 치국평천하(修身齊家治國平天下)'라는 말이 있다. 이는 '몸이 닦여야 그 후에 집안이 가지런해 지고, 집안이 가지런해 져야 그 후에 나라가 다스려지고, 나라가 다스려 져야 그 후에 천하가 편안해진다'는 말로서 기업도 여기에 비추어 보면 기업내부의 조직을 원활하게 만들지 않은 상태에서 어찌 다른 기업하고 경쟁에서 이길 수가 있겠는가. 이는 내부효과가 얼마나 중요한 지를 보여주고 있는 내용이다.

제6절   스포츠 이벤트

스포츠 이벤트는 스포츠를 담당하는 사회조직들이 자신들의 사회적 역할을 증대시키고 평생체육의 활성화를 도모하고자 실시하는 이벤트를 말하나, 스포츠조직 이외에 다른 사회조직들이 자신들의 조직강화를 위한 수단으로 스포츠를 선택하여 실시하는 이벤트도 포함된다.

일반적으로 스포츠 이벤트는 기업을 중심으로 한 텔레비전 등의 매스미디어, 스포츠단체, 광고회사, 스포츠 프로덕션이 유기적으로 연결되어 만들어 가는 "관전" 스포츠와 지방자치단체 또는 공공단체가 주최하는 주민참가형의 "행하는" 스포츠로 나누어진다. 전자는 주로 상업적인 목표가 강한 이벤트이고, 후자는 공공의 목표가 강한 이벤트라 할 수 있다.

1. 스포츠 이벤트 분류

스포츠 이벤트는 크게 둘로 나누어 생각할 수 있다. 하나는 일반인의 참가가 가능한 이벤트이며, 다른 하나는 특정선수가 경기하는 것을 일반인들이 참관하는 이벤트이다.

1) 참가형 스포츠 이벤트

참가형 스포츠 이벤트는 일반인이 참가·출전할 수 있는 이벤트로서 참가자 모집형태의 각종 스포츠 대회를 말한다. 조깅 대회, 마라톤 대회, 테니스 토너먼트, 팀대항 소프트볼 대회, 야구 대회, 주부 탁구 선수권, 꼬마 수영 대회, 여대생 스키선수권, 지역대항 게이트볼 대회, 직장대항 볼링 대회, 아마추어 골프 대회 등 전통적인 스포츠 이벤트가 중심이 된다. 이 중에는 기술적인 폭이 넓으며 프로에 가까운 기술을 겨루는 것도 있다.

기업이나 상점가의 이벤트로 실시하는 경우에는 참가하기 쉽고 위험이 적은 것을 선택해야 할 것이다.

2) 참관형 스포츠 이벤트

참판형 스포츠 이벤트는 프로 또는 프로에 가까운 수준의 체력과 기술을 가진 사람들이 경기하는 것을 보고 즐기는 형태의 이벤트이다. 월드컵과 올림픽, F1 자동차경주대회 등이 대표적인 참관형 스포츠 이벤트라고 할 수 있을 것이다.

엘리트 스포츠라 불리는 높은 수준의 선수들의 스포츠 테크닉을 구경하고 즐기는 것으로, 이벤트적인 발상으로 보면 기업이 자금을 원조하여 빅게임을 개최하는 경우가 점차 늘어날 것으로 보인다.

2. 스포츠 이벤트의 발전방향

사회의 발전속도에 따라 스포츠 이벤트는 하나의 산업으로 하나의 인간운동으로서 그 발전속도가 더욱 가속화될 것이다. 스포츠 이벤트의 바람직한 발전방향은 다음과 같다고 할 수 있다.

첫째, 시대의 요구에 부응해야만 한다. 특히 고령자와 여성, 아동을 위한 건강과 패션성 지향을 염두에 두어야 한다.

둘째, 참가형 스포츠 이벤트는 스포츠 시설이 완비되어 있지 않으면 안 된다.

셋째, 도시형 스포츠 이벤트에서 지방형 스포츠 이벤트로 이행해야만 한다.

넷째, 스포츠 이벤트를 직접적인 기업이념을 실행하고 광고하는 장소로서 활용해야 할 것이다.

다섯째, 프로선수를 주체로 하는 관전형 스포츠 이벤트에서는 화제를 불러일으키고, 게임수준을 향상시키기 위해서도 국제적인 수준의 최고 선수를 육성하는 것이 필요해짐에 따라 아마추어 선수를 우선적으로 육성해야 한다.

이와 같은 점들을 인식하면서 스포츠 이벤트를 통한 사회발전 전략을 모색할 때 미래 스포츠 이벤트의 개념은 라이프 스타일을 창조하는 동시에, 새로운 스포츠의 문화적 향수모델 즉 전체적인 인간성의 향수개발의 모델인 "전체적 휴머니티 향수 모델"을 추구하는 스포츠 이노베이션을 추구해야 할 것이다.

3. 스포츠 이벤트의 특색

스포츠 이벤트는 행사개최 일정상 충분한 준비기간을 두어 확정되고, 사전에 참가자와 관람자 등 수요량이 확정되는 등 철저한 사전계획 아래 추진이 이루어진다. 또한 한번 유치를 하게 되면 회를 거듭해서 유치를 하든가 아니면 몇년 주기로 지속적 유치 및 개최가 가능하다.

따라서 관광시설물들을 연중 안정적으로 활용함으로써, 유휴화 방지가 가능하고 이로 인한 관광소득원 창출, 고용효과 등 지방경기 부양에 도움을 준다.

스포츠 이벤트의 경우 참가자뿐만 아니라 동행 관람인들도 많은 관계로 인해 이들의 결속을 다질 수 있는 공통된 언어와 상징을 갖고 있다고 할 수 있다. 이들에게는 또한 행사활동에 영향력을 행사하는 규칙, 관습 및 전통이 있다. 스포츠 드라마는 올림픽이나 월드 시리즈처럼 반복되는 경향이 짙어서 매년 돌아오는 행사이듯이, 스포츠 이벤트도 매년 사람들이 경기장을 찾아 관전하거나 TV를 통해 즐기는 연례행사가 되었다는 특징을 갖고 있다.

2002년 한일 월드컵을 우리의 안방에서 직접 즐기면서 각본 없는 생생한 장면을 볼 수 있었던 것도 스포츠 이벤트가 갖고 있는 매력이라고 할 수 있다. 또한 스포츠 이벤트는 서비스 중심의 산업으로 서비스 제품이 갖는 일반적 특성을 갖고 있다.

제7절 정치·행정 이벤트

정치·행정 이벤트는 국가나 지방자치단체가 지역주민들에게 서비스하는 일종의 행정서비스로 제공되는 이벤트를 주로 의미하나, 지역발전과 국가발전을 위한 하나의 홍보수단이나 주민들의 참여를 유도하기 위한 유인방법으로서의 이벤트를 의미하기도 한다.

이러한 정치·행정 이벤트는 지역발전이라는 대전제 하에서 실시되어야 하며 전체 지역주민들을 그 대상으로 하여야 할 것이다. 정치·행정 이벤트에 특별한 영역은 없고 일반적인 이벤트를 모두 포함하고 있다고 보면 된다.

정치·행정조직들은 이러한 이벤트를 통하여 자신들의 정책을 사람들에게 알리고 조직에 관한 지지를 끌어내고자 하며, 지역이 당면한 여러 가지 문제들을 해결해 보고자 노력한다. 올림픽이나 월드컵, 엑스포 같은 대규모의 이벤트들은 모두 정치·행정조직의 지원이 있어야만 가능한 이벤트다. 이벤트를 통한 지역과 국가의 발전도모에 정치·행정 이벤트의 목표가 있는 것이다. 정치·행정 이벤트의 대표적 사례는 미국의 대통령 예비선거와 우리나라 각 정당의 전당대회 등을 꼽을 수 있다.

제8절   전시형 이벤트

전시형 이벤트는 크게 문화적 성격이 강한 박람회, 견본시 등으로 구분하는 것이 일반적이다. 전시회를 포함한 국제박람회는 세계적으로 연간 1,500회 이상이나 열리는 것으로 알려지고 있으며, 전시회 기간 중에 일반대중도 많이 참여하지만, 다수의 기업경영자, 구매담당자, 엔지니어, 마케팅요원 등이 참가하기 때문에 이러한 전시회는 수출을 증대시킬 수 있는 좋은 계기가 되며 관광산업을 활성화할 수 있는 중요한 기회가 된다.

1. 박람회

국제박람회 협약 제1조에 의하면 "박람회란 일반대중의 교육과 계도를 주된 목적으로 하는 것으로, 인류노력에 의하여 성취된 발전성과를 전시하고 미래에 대한 희망을 보여줌으로써 인류의 새로운 발전을 추구하는데 목적이 있다"고 되어 있다. 즉, 박람회는 한 시대가 달성한 인류문화와 문명의 성과를 확인하고 미래를 전망하는 무대라고 말할 수 있다.

문화적 요소를 기반으로 한 전시회의 대표적인 사례로는 파리박람회, 오사카박람회, 대전EXPO 등을 들 수 있다.

20세기에 들어서서는 세계 여러 나라에서 박람회가 빈번하게 개최되었기 때문에 세계 35개국이 모여 B.I.E(Bureau International Expositions)를 설립하게 되었다. 이 조직은 박람회의 횟수, 조직, 운영방법에 관한 국제적인 조정을 목적으로 탄생되었다. 이 B.I.E의 허가 없이는 국제박람회를 열 수가 없다. 우리나라에서 개최하였던 대전EXPO와 여수EXPO는 국가적 규모의 박람회로 B.I.E의 공식적인 승인을 획득한 박람회다.

2. 견본시

견본시는 주로 정기적인 개최형태를 띠고 있는데, 개최목적은 상거래 촉진을 주요 목적으로 하고 있다. 국가에 따라서 견본시의 특징이 다르게 나타나기도 한다.

일본은 기계부품 등 산업재 관련 견본시 및 환경관련 견본시가 주류를 이루고 있으며, 유럽은 미술, 공예, 가구, 패션, 인테리어 등 문화적 요소가 강한 견본시가 활성화되고 있다. 반면에 미국은 자동차, 항공기, 장식품, 음료, 선물 및 경영관리, 컴퓨터관련 견본시가 주로 개최되고 있다. 이처럼 견본시 이벤트는 그 나라의 문화적 환경과 주도적 산업분야에 의해 그 성격이 다르게 나타나고 있다.

제9절 국제회의 이벤트

국제회의란 통상적으로 공인된 단체가 정기적으로 주최하고 3개국 이상의 대표가 참가하는 회의를 의미한다. 회의내용에서는 국가간의 이해조정을 위한 교섭회의, 전문분야의 학술연구 결과를 토의하기 위한 학술회의, 참가자간의 우호증진을 위한 친선회의, 국제기구나 민간단체의 사업계획 검토를 주목적으로 하는 기획회의 등 그 종류가 매우 다양하다.

국제회의의 개최효과는 국가경제발전에 기여하며, 국민의 세계화에 도움을 주고, 국제적 지위 향상이 이루어지며, 관광산업의 활성화를 도모하는 등 실로 막대한 이익을 개최지에 안겨다 준다. 특히 체재형의 회의가 열리면 호텔 및 커피숍, 관광레저업, 금융업, 병원, 전신전화, 매스컴업 등에도 상당한 도움을 준다. 이러한 경제적 효과 이외에도 국제회의 이벤트는 연구, 비즈니스, 첨단기술, 예술 등의 정보축적과 교류에 의해 기술적·문화적 측면에 큰 영향을 미치면서 우리 사회의 발전을 도모하는데 공헌한다.

국제회의 이벤트에 관해서는 이 책의 제2편에서 자세히 살펴보기로 하겠다.

이벤트 기획

제1절 이벤트 기획의 필요성

　이벤트뿐만 아니라 무엇인가를 새로 시작함에 있어 예컨대 집을 짓기 전에 설계도를 그려야 하는 것은 당연한 일이 되듯이, 이벤트에서도 기획서는 그러한 기본적인 것 외에 특별한 필요성이 요구된다.

　이벤트를 의뢰 받았을 경우 기획서는 기업으로부터의 수주를 결정하는 가장 중요한 요인이 된다. 이벤트의 준비는 기획이고, 기획에 의해 시작되고, 기획에 의해 흐르고, 기획에 의해 끝난다. 기획에서 성공해야만 이벤트가 성공한다.

　의뢰자는 기획서를 통해 행사의 질과 무게를 판단하며 이벤트 의뢰 여부를 결정하게 된다. 뿐만 아니라 행사진행의 배경이 되는 스폰서를 유치하는 경우에도 기획서 제출과정이 뒤따르며 광고주 또한 기획서를 보고 스폰서에 대한 결정을 하게 된다.

　이외에 출연진이나 출연기업의 섭외와 언론매체의 보도자료 등 여러 가지 일들에 기획서가 요긴하게 사용되어진다. 이렇게 중요한 기획서는 여러 가지 형식이 있고 구성내용 또한 천차만별이다. 기획서를 만드는 사람, 회사에 따라 기본 폼이 다르게 된다. 따라서 이것이 표준이라고 할 만한 것이 없는 만큼 개성 있게 구성하는 것이 필요하다.

제2절 이벤트 기획서 형식

기획서는 소설이나 논문이라기보다는 좀더 개인적인 편지나 일기에 가까운 것이라 생각하면 좋다. 중요한 것은 읽는 사람이 충분히 이해를 하느냐의 여부에 달려 있는 것이지 형식이 중요한 것은 아니다. 이벤트 기획서 형식에 있어 특별한 형식을 갖추어야 한다는 것은 없지만, 일반적·보편적인 기획서의 필수사항을 살펴보면 다음의 사항들을 갖추어야 한다.

1. 이벤트 기획서 꾸미기

보통은 6하 원칙(5W 1H)에 의하나, 이벤트는 6W 3H에 입각해 기획서를 꾸민다.

▌6W

- When(실시 날짜와 시간) ···· 주최측의 사정, 관련분야의 상황(바쁜 시기, 결산기), 장소의 형편, 참석자의 편의, 경합 이벤트의 유무 등을 반영
- Where(계절별, 요일별, 날짜별 장소 선정) – 지역적인 문제 및 장소선정은 이벤트 기획에 큰 영향을 줌
- Who(주최측을 명확히) ···· 일반적인 주최자 형식은 주로 공공단체·기업체·언론사 등이 되지만, 또 다른 주최형식도 있음
- What(구체적인 내용) ···· 전문가만을 위한 경우라도 일반인이 쉽게 알 수 있도록 설명되어야 하며, 그 의미·내용, 특히 어떤 메리트(merit)가 있는가에 대해 명확히 설명되어야 함
- Whom(대상을 분명하게)
- Why(대외명분 확보)

▌3H

- How(실시 가부의 결정사항) ····· 전문업자에게 위탁할 부분과 자신들이 직접 작업해야 할 부분도 명확히 해두어야 함
- How Long(실시 기간)
- How Much(비용 산출)

2. 기획서 작성법

일반적인 기획서 구성 및 순서는 다음과 같이 개략적으로 정리할 수 있다.

<표 I-8> 기획서 구성 및 순서

크기	주로 A4 세로 사이즈, 또는 B4 가로 사이즈가 많이 사용된다.
표지	이벤트의 제목 및 부제목, 제출회사명, 기획회사명, 날짜 등
2page	기획서의 목차
3page	취지, 서문, 기획의도 등 전체의 개념을 설명한 부분으로 너무 길게 작성되면 대부분이 읽지 않고 넘어가게 되므로 간결한 문장을 사용하도록 한다.
4page	행사개요 부분으로, 주제, 일시, 장소, 대상, 인원, 주최, 주관, 협찬, 후원 등을 기재한다.
5page	행사장의 전경을 그린 그림이나 출연자, 출품물의 사진 등 시각적인 부분을 삽입한다.
6page	콘서트라면 상세한 공연 프로그램을, 전시회라면 전시장 설치 약도 등 이벤트 행사장의 모습을 구체적으로 전한다.
7page	홍보와 관련된 기획안
8page	이벤트 행사장의 분위기 고조를 위하여 별도로 생각한 부대적인 아이디어를 쓴다.
9page	본 행사 외에 가능한 옵션기획을 쓴다. 해당 이벤트에 절대 불가결한 부분을 명확히 하며, 식전행사 같은 것도 여기에 소개한다.
10page	기획사의 연혁과 프로필, 주최자 프로필 등
11page	상세한 견적서를 만든다. 임대료, 출연료, 운송료, 장치 장식료, 음향, 조명, 행사장 대관료, 경비, 보험, 인건비, 기획비 등을 기재한다.
12page	행사와 관련된 자료를 첨부한다.

3. 기획서 내용

1) 행사명

이벤트를 기획할 때 가장 중요하게 생각해야 되는 것은 어떻게 사람들의 관심을 끄느냐 하는 일이다. 이러한 관심을 유발하게 하는 것이 바로 행사명을 결정하는 일이다. 행사명은 기대감이 있도록 해야 하며, 무엇을 어떻게 하겠다는 것인지 애매모호한 작명은 곤란하다. 행사명을 꼭 한 가지로 해야만 되는 것은 아니고 기획서 행사명과 대외용 행사명이 다를 수 있다. 예를 들어 기본기획서에는 '개업 10주년 기념 특별 기념품 증정행사'라고 기획서용 행사명을 사용하더라도 대외적 행사명은 '고객에게 감사의 마음을'로 해도 무방하다.

2) 주제와 부제

최근에는 행사기획서에 '슬로건' 형태의 주제나 부제를 사용하는 것을 많이 볼 수 있다. 주제를 대외적인 행사명의 형태로 사용하는 경우도 있으며 행사의 개요가 별도 항목으로 사용되지 않을 때에는 주제 및 부제가 그 행사의 concept을 대신하기도 한다. 행사의 주제나 부제도 행사 전체를 한 마디로 표현할 수 있도록 작성한다.

3) 목적 및 의의

이벤트를 기획함에 있어서는 명확한 목적이 요구된다. 목적이 선명하면 이벤트 진행자들이 일의 추진방향을 명확히 이해하게 되고 돌발적인 상황이 발생하거나 문제가 일어났을 때에 신속하고 정확하게 대처할 수 있다. 목적은 배가 항해를 할 때 키와 같은 역할을 하며, 기획 의의는 왜 항해를 해야 되는지를 설명하는 것이기 때문에 아무리 강조해도 지나침이 없다. 처음 이벤트를 시작하는 사람들은 보통 이벤트의 기술이나 장치에 치중을 하는 경향을 보이지만 이벤트 분야에 오래 몸담을수록 의의나 목적, 또는 목표에 고심하는 경향을 보인다.

4) 방향 및 방침

방향이나 방침이 기본기획서에 필요한 경우도 있고 그렇지 않은 경우도 있다. 필요가 없는 부분이라면 과감하게 삭제하는 것이 좋으나 필요하다면 철저하게 갖추어야 한다. 기획에서의 방향은 의의나 목적을 보다 더 구체화시키고 개념을 정해 주게된다. 최근 기획서의 방향은 concept으로 정리되기도 한다. 방침은 방향보다는 행사에 대해 더욱 구체적으로 어떤 상황에 대한 기준을 제시해 주기 때문에 실무자가 이벤트를 진행할 때 판단의 기준(guide line)이 된다.

5) 일시 및 기간

기간을 표시할 때 메인이벤트의 일정만을 작성하는 일이 있는데, 이벤트의 기본기획서에 부대행사 일정도 표시하는 것이 좋다. 이벤트의 기간이 하루 또는 몇 시간일 경우도 있고 어떤 경우는 시작시간과 종료시간을 명확히 표시하여야 하며, 준비 및 철수기간이 있을 때에는 이를 표시해야 한다. 이벤트 기간이 길 때에는 기본기획서에는 중요한 내용의 일정만을 표시하고 그 외는 별도 일정표를 작성하는 것이 바람직하다.

6) 장 소

이벤트의 현장이 한 장소일 수도 있지만 동시에 여러 장소에서 실시되거나 아니면 장소를 이동하면서 실시할 수도 있다. 또한 장소가 포괄적인 지역에서 각 아이템별로 별도 장소가 있는 경우 전체적으로 행사지역을 표기하고 아이템별 행사장소를 표기하여야 한다. 이벤트의 장소는 모두가 인지할 수 있는 유명한 지형지물을 이용하여 착오를 일으키지 않도록 표시하여야 한다. 필요한 경우 행사장의 약도나 행사장 일람표를 첨부하도록 한다.

※ 장소선택의 10가지 체크 포인트
　① 행사장이 있는 지역의 이미지

② 원거리 손님의 교통편(행사장의 지명도)
③ 근거리 손님의 교통편
④ 행사장 근처의 유명한 건물 밀집 상황
⑤ 행사장 근처의 상가 현황
⑥ 정보전달의 편리성(예: 공중전화 등)
⑦ 행사장이 지니는 화제성
⑧ 행사장의 이미지
⑨ 관객의 행사장 방문경험(곧바로 행사장을 찾아올 수 있는가)
⑩ 행사장의 부대시설(예: 회의하기 적당한 장소가 있는가)

7) 추진체계

이벤트 참가자가 추진체계를 보고 혼선 없이 바로 알 수 있도록 정리되어야 한다.

이벤트의 참가자들이 일을 할 때 추진체계를 보고 어디로 가서 업무협조를 받아야 할 지를 모른다면 조직체계를 과감히 변경하거나, 조직명칭을 바꾸어 보는 것도 생각해야 한다. 이벤트에서 일반적으로 사용하는 추진체계는 주최, 주관, 후원, 협력 등의 용어를 사용하는데, 주최는 행사의 대외적인 책임을 지는 의미로, 주관은 실제로 그 일을 실행하는 조직을 말하며, 후원이나 협찬은 행사를 도와주는 조직체계를 의미한다.

8) 구성내용

세부 실행계획에 해당하는 부분으로 공연의 경우 공연 프로그램일수도 있고 회의 이벤트의 경우는 회의내용이 될 수 있으며, 전시 이벤트의 경우 전시구성에 해당하는 것이다. 그 내용이 가장 잘 표현될 수 있는 다양한 방법으로 형태에 구애받지 말고 작성하면 된다.

9) 비상대책

발생이 예상되는 모든 비상상황과 대책, 화재 및 응급환자의 발생에 대한 대책, 기후의 영향으로 행사진행이 어려울 때, 참가자의 과다 참가에 대비한 비상조치 등은 경우에 따라 별도의 대책을 수립하여 유지하고 실시하기도 하지만 운영 및 진행계획에 포함시키기도 한다.

10) 운영 및 진행

행사일정 관리, 개장 및 폐장, 행사장 관리, 운영 진행요원 교육 및 배치, 초청인사 대책 및 안내계획, 관람객 유도 및 동선계획, 청소, 쓰레기 처리, 경비관계, 위생 및 의료관계, 차량유도 안내 및 주차장 관리 등 행사에 관한 세부 진행방법을 말한다.

11) 예 산

기본기획서의 예산편성은 수입예산과 지출예산을 함께 편성하여야 한다. 이벤트 중에서도 흥행성 이벤트의 수입예상은 가늠하기 힘들지만 예상수입을 계산하여야 한다. 이벤트 실시경력이 쌓이게 되면 이벤트 지출예산의 오차를 줄일 수 있으나, 항상 상황이 바뀌고 똑같은 경우가 없는 이벤트의 예산은 예산항목을 빠짐없이 설정하였는가가 매우 중요하다.

우리나라에서 이벤트 주최자가 세금의 원천징수자가 되는 경우에는 출연료, 전시물 임대료, 외국인의 체재비, 항공료 등은 세금을 원천징수해야 하므로(계약서 작성시 이 부분을 명기) 별도항목을 설정해야 한다. 만약의 경우를 대비해 보험료도 책정하는 것이 좋다. 행사에 사용되는 고가품에 대한 도난, 훼손에 대비한 보상보험이라든지, 참가자의 상해에 대한 상해보험 등 이벤트 진행 중 일어날 수 있는 위험이나 손해에 대비하여 보험료 항목을 책정하여야 한다. 필요한 경우 원작사용료, 저작권료 등도 검토하여야 하며 동일한 내용이 없는 이벤트의 특성을 감안하여 예비비 항목을 전체예산의 10% 범위에서 확보하는 예산편성을 하도록 한다.

12) 관련기관 협조관계

이벤트를 실시하고자 하면 다양하고 수많은 대외적 협조가 필요하다. 예컨대 수원문화예술회관에서 무용공연을 하려할 때 경기도와 수원시의 지원을 받으면 대관료와 쓰레기 처리, 교통통제 등에서 많은 협조를 얻을 수 있을 것이다. 또한 이벤트 홍보를 위해 언론사의 협조나 후원을 얻는 것도 필요하다. 그러나 주의할 것은 신문사끼리 혹은 방송사끼리 중복 후원을 얻는 것은 피해야 한다. 이벤트의 규모가 커지면 커질수록 정부나 지방자치단체 등의 협조가 유리할 때가 많으며, 이들 기관의 협조를 구하는 방법은 각 기관별 전담부서를 통하도록 한다.

제3절 기획능력을 위한 길라잡이

1. 정보능력

정보능력은 머리 속의 planning(기획)을 구체적인 문서로 작성할 때 필요한 정보를 수집하고 효과적으로 가공할 수 있는 능력을 말한다.

〈표 Ⅰ-9〉 기획서 작성시 정보능력

정보능력	정보 수집력	기획에 필요한 정보를 여러 방면에서 빠짐없이 수집하고 그 본질을 파악하는 능력으로 정보내용의 필요성 여부를 잘 구분하고 관련정보의 의미를 잘 선택하는 것 등을 말한다.
	정보 가공력	수집한 정보를 평가, 분석, 해석하여 함축되고 진보된 2차정보로 가공, 생산하는 능력
	과제 탐색력	과제를 탐색하고 발굴하는 능력, 다각적인 탐구가 필요함
	분석력	테마, 목표, 요구를 정확하게 파악하는 능력
	선견력	미래를 전망하고 예측하여 그 후의 전개를 예측하는 능력

발상능력	착안력	지금까지 무심코 그냥 지나치던 일에서까지 착안하는 능력으로 직감력, 판단력, 실행력이 복합된 것
	창조력	새로운 가치있는 생각, 방법, 물건 등을 만들어 내는 능력
	발상력	고정관념을 탈피하여 자기만의 고유한 수단, 방법을 발견하는 능력

2. 기획서 작성능력

<표 I-10> 기획서 작성능력

기획서작성능력	구성력	테마에 관련되는 것을 전체적으로 파악하고 조립하는 능력 과제의 탐색, 분석, 정보수집, 착안, 발상의 결과를 종합하여 제시하는 능력
	표현력	기획의 목표, 방법 등을 알기 쉽고 정확하게 표현하는 능력
	문장력	발표할 내용을 정확, 간결, 알기 쉽게 작성하여 대상자가 쉽게 이해할 수 있게 만드는 능력

제 7 장

이벤트 아이디어 발상법

제1절 아이디어 개발

1. 아이디어 개발기법 및 창조적 발상의 자세

　　기획의 성공 여부는 얼마나 좋은 아이디어를 도출하느냐에 따라 크게 좌우된다. 발상력은 흔히 천부적인 것이라고 생각하는 사람도 있지만, 훈련과 노력을 통하여 어느 정도 발상력을 가질 수 있다.

　　이러한 발상력은 첫째, 명상상태에서 아이디어를 도출하여야 하며 둘째, 다른 것에서의 자극(착안능력)을 힌트로 새로운 아이디어를 생각해낸다. 셋째, 다양한 창조기법을 사용하는 것 등이 있다.

〈표 I-11〉 아이디어 개발기법의 5단계

단계	개발기법	내　용
1단계	자유롭게 연상	제한을 전혀 두지 않고 자유롭게 연상의 고리를 넓히면서 문제해결의 힌트, 또는 아이디어를 얻으려는 것이다.
2단계	다른 것과 결합	사물이나 사고를 그 구성요소까지 분해하지 말고 그대로 다른 것과 결합시키는 방법이다.
3단계	나누어 하나하나를 체크	사물을 그 구성요소까지 분할하고 그 요소가 가지는 기능을 하나하나 검토해 나가는 방법이다.
4단계	나누고 다시 짬	분해한 구성요소를 앞 단계와는 다른 방법으로 다시 짜서 전혀 새로운 기능을 만들어 내는 방법이다.
5단계	유비(類比)에 의하여 새로운 것을 만듦	현존하는 어떤 것이라고 하더라도 질적으로 상이한 기능원리의 면에서 새롭게 창조해내는 것이다.

[그림 I-5] 창조적인 발상을 위한 자세

자세1	▶	먼저 논리적으로 생각할 시간을 충분하게 갖고 모든 문제를 파악
자세2	▶	복잡한 문제는 미리 논리적으로 생각하고 포인트를 잡음
자세3	▶	현장에서 고객 또는 관계자와 대화함
자세4	▶	기묘한 현상은 본질과 어떠한 관계가 있는지 충분하게 검토
자세5	▶	때로는 논리적이거나 이성적인 것보다 감성적이고 낭만적인 생각을 할 때 새로운 생각을 도출할 수 있음
자세6	▶	기획자는 논리와 감성이 적절히 조화를 이룰 수 있도록 자신을 계발할 필요가 있음

2. 발상을 잘하기 위한 방법들

기획에 있어서는 당연하다고 생각되는 과제나 테마에서 시작하는 경우와 스스로 자주적인 과제를 가지고 제안해 가는 경우가 있다. 전자는 자신의 의사나 일반적인 안목과는 다른 것에서 아이디어가 나오는 것으로 일상적인 관심영역이 어느 정도인가에 따라 결정된다. 후자는 자신의 관심분야가 무엇이고 그에 대한 확신이 어느 정도인가에 달려 있다.

1) 여러 사람의 능력을 다양하게 활용한다.

기획자는 모든 분야를 다룰 줄 아는 전문가가 아니다. 자신의 능력이 미치지 못하는 분야가 있거나 감각이 낡았다고 느껴지는 경우에는 전문가의 조언을 받는다거나 타인의 의견을 들어보는 것이 좋다. 그러기 위해서는 평소에 다양한 분양의 사람들, 즉 센스가 있는 사람들과의 교제를 가능한 한 많이 하는 것이 좋다.

2) 신제품에는 재빨리 도전한다.

화제가 되고 있는 상품, 히트한 상품, 전례가 없는 상품에는 흥미를 가지고, 가능하다면 구입해 보도록 한다. 그것이 불가능하다면 대형점포에서 그 상품이 팔리는 모습을 바라보는 것도 좋다. 히트상품의 개념이나 판매방식을 자신의 전문분야에 응용시킬 수 있도록 검토하는 가운데 힌트를 얻을 수 있기 때문이다.

3) 자신만의 '가설'을 세운다.

매스컴을 무시한 정보만으로는 힘을 가질 수 없다. 기획은 정보를 재편성하고 확대시켜서 연관지어 나가면서 하나의 가설을 세우는 작업이다. 따라서 가설을 많이 비축하고 있는 사람일수록, 또는 그러한 사람이 많은 집단일수록 독특한 기획이 만들어진다.

4) 환경이나 시기가 적합한지 생각한다.

히트상품이나 성공한 기획에는 반드시 시기적인 요소가 있다. 받아들일 수 있는 환경이나 조건이 갖추어져야만 비로소 성공할 수 있게 되는 것이다. 새로운 것을 생각해 내는 것도 중요하지만 시기를 잘 맞춘다는 것 역시 중요하다.

3. 발상의 유효성 진단

기획을 입안할 때에 발상이 유효한지 그렇지 않은지를 생각해 보아야 한다. 이 경우에 어떤 단면만 보고 전체를 파악하지 못하거나, 입장의 차이에 따른 사고의 차이를 예상치 못하거나, 근원이 되는 정보가 확실한지 아닌지 생각하지 못하는 등의 함정에 빠지지 않도록 유의하면서 사고를 진척시켜 나가야 한다.

1) 중심을 파악하면 구조를 알 수 있다.

지엽적인 문제에 너무 신경 쓰지 말고, 중요하지 않은 것은 차단한 채 생각하는 자세가 중요하다.

① 사물은 단순화시키려는 노력이 있어야 한다.
② 사물의 핵심을 파악하도록 노력한다.
③ 일부분만을 보고 중심을 파악했다고 생각하지 않는다.
④ 서로 다른 사물을 관찰하는 가운데 공통사항을 발견할 수 있다.
⑤ 전략적인 사고를 몸에 익힌다.

2) 언제나 측면에서 생각한다.

눈에 보이는 것만으로 판단하지 말고 본질적인 것을 꿰뚫어보는 통찰력을 익히도록 한다.

① 긍정적인 면뿐만 아니라 부정적인 면도 생각한다.
② 양쪽 가운데 어느 쪽이 주류인가를 규명한다.
③ 한 가지 생각만이 절대적이라는 고정관념을 버린다.
④ 단정적인 말투를 사용하지 않는다.
⑤ 인상이나 상식만으로 사물을 판단하지 않는다.
⑥ 단점을 점검하는 동시에 장점을 확인한다.
⑦ 일이 순조롭게 진행되지 않을 때에는 반대로 일을 풀어본다.

3) 입장의 차이, 희망의 차이를 파악한다.

입장이나 희망을 같이하는 동질 그룹의 의견만으로 사물을 판단하는 것은 지극히 위험한 발상이다. 우선은 그 의견이 상대방의 어떤 입장에서 나온 것인지를 먼저 꿰뚫어 보도록 한다.

① 반대의견이나 소수의견에도 주목한다.

② 발언자의 입장과 희망을 충분히 알고 난 후에 분석을 한다.

제2절   이벤트 아이디어 발상법

1. 브레인스토밍법

브레인스토밍법은 가장 일반화된 아이디어 개발방법으로 집단적인 발상법이다. 일정한 테마가 주어지고 나면 여러 사람이 모여 하나의 목적과 목표, 그리고 거기에 따른 컨셉을 가지고 아이디어를 창출해내는 것으로서 매우 효과적인 방법이다. 다만, 서로 자유스럽게 의견을 교환할 수 없는 멤버 구성으로는 효과가 없다. 또한 지나치게 많은 인원수도 바람직하지 못하다. 발전적인 사고방식을 가진 사람, 안면이 넓은 사람, 교양·지식이 풍부한 사람, vitality가 넘치는 사람 등으로 구성하는 것이 이상적이다.

이때 회의는 매우 자유스러운 분위기로 진행되어야 하며 어떤 의견이라도 그것을 부정하는 식의 발언은 하지말아야 한다.

1) 4대 원칙

① 오직 아이디어에 관계되는 의견만 말해야 하며, 다른 사람의 아이디어에 대한 비판이나 설명은 금물이다.

② 자유로운 분위기 속에서 발언하도록 한다.

③ 아이디어의 질보다는 다양한 아이디어가 모아질 수 있도록 유도한다.

④ 다른 사람의 아이디어를 긍정적으로 받아들이고 이를 개선하여 새로운 아이디어의 소재로 활용한다.

2) 진행방법

① 리더는 위의 4대 원칙들이 잘 지켜지도록 운영하여야 하며 구체적인 문제제기와 상황을 설명할 수 있어야 한다.

② 참가자들에게 사전에 과제를 알려줌으로써 참고자료나 기초적인 아이디어를 준비한 후에 참석하게 한다.

③ 참가자들로 하여금 자유 분방하면서도 독창적인 아이디어를 제안할 수 있도록 한다.

④ 회의 시간은 2시간을 넘지 않도록 하고 참가자 인원은 5명에서 10명 이내로 하는 것이 적합하며 회의 내용에 대한 기록자가 필수적이다.

3) 새로운 아이디어창출을 위한 체크리스트법

- 다른 사용방법은 없는가?
- 응용 불가능한가?
- 수정해 보면?
- 축소해 보면?
- 대용해 보면?
- 변용해 보면?
- 반대로 하면?
- 조합해 보면?

이러한 원칙과 진행을 통하여 제출된 여러 가지 아이디어를 정리하여 최종 단계에서 분석·집중하는 것을 반복하여 수정작업을 한다. 이벤트의 기획회의에서 기획입안의 포인트인 6W 3H에 기초하여 브레인스토밍발상법을 쓰면 정리하기 쉽고 매듭짓기가 쉽다.

2. 제임스 웹 영의 단독발상법

제임스 웹 영은 그의 저서 아이디어 창출법(A Technique for Preclud

ing Ideas)에서 "단독발상법은 각계 각층의 사람이 살아가는데 있어서
늘 당면하는 갖가지 문제를 어떻게 하면 새롭고 창의적인 방법으로 처
리할 것인가 하는 지적과정을 담고 있다"고 말하고 있다. 이 방법은 인
생설계로부터 사회적 책임, 광고의 창작, 과학의 발명, 이벤트의 창조 등
에 이르기까지 모든 문제의 새로운 창조를 위해 널리 활용되고 있는 아
이디어 창출법이다.

제임스 웹 영은 좋은 아이디어를 낳는 재능을 개발시킬 수 있는 절
차와 방법, 그리고 기술을 제시하였는데 그 내용은 다음과 같다.

첫째, 아이디어 창출의 원칙으로 아이디어는 낡은 요소의 배합이므
로 이의 배합능력과 상호의 연관성을 응용하는 방법, 그리고 목적에 따
라 열쇠를 찾을 수 있어야 하며 그 결과로서 아이디어가 창출된다는
것이다.

둘째, 아이디어 창출의 방법으로는 위의 원칙에 입각하여 그 방법과
절차를 거쳐야 되는데 다음의 다섯 단계의 과정을 제시하고 있다.

① 자료수집단계: 특정 자료수집은 도움이 될만한 정보 및 자료를
수집하여 서로 연관성을 찾는다. 제목별로 카드를 작성하고 내용
별로 분류카드로 재구성하여 체계적으로 정리한다. 일반적 자료
수집은 스크랩이나 파일로 작성하고 기사 및 각종 서적의 글, 자
신의 관찰 등을 정리한다.

② 마음의 소화단계: 마음의 눈으로 수집된 자료를 감지하고 그 자
료들이 서로 관련되어 있으면 그 연관성을 즉시 메모한다.

③ 혼돈상태의 단계: 많은 자료수집을 연관시키다 보면 혼돈상태에
이른다. 이런 경우는 일단 모두 잊고 휴식을 취한 다음 다시 시작
한다.

④ 아이디어 출현단계: 기대하지 않은 순간에 아이디어가 불쑥 떠오
르는데 이 때는 즉시 메모하여야 한다.

⑤ 현실화단계: 떠오른 아이디어를 잘 다듬어 정리한 후 목적과 연
관시키면서 보완하여 활용한다.

3. 브레인 라이팅법

브레인 라이팅법은 독일의 호리겔이 창안한 발상법으로 6.3.5법이라
고도 하는데, 6명의 참가자가 3개씩(A.B.C.)의 아이디어를 5분 안에 써
서 옆 사람에게 침묵으로 전달하면 옆 사람도 역시 침묵으로 받아 보
고 그 사람의 아이디어가 좋으면 '0' 표시하고 그렇지 않으면 옆 사람의
아이디어를 보고 생각해 낸 자기의 아이디어를 적어 의견을 개진하는
방법이다. 이러한 브레인 라이팅법은 발언에 미숙한 사람도 참가하여
다른 사람의 의견을 같은 수준에서 받아들이고 생각해 낼 수 있는데,
서식을 이용하여야 하며, 논리적 사고 타입의 사람들에게 적합하고, 특
히 제품개발이나 마케팅전략 등에 적용할 수 있는 효과적인 방법 중의
하나라고 할 수 있다.

4. 아이디어 뱅크 수집법

아이디어 뱅크 수집법은 우리가 평소 아무렇지도 않게 그냥보고
지나치는 신문·주간지 속에서 이벤트의 힌트를 얻는 방법이다. 정
보가 축적된 기사, 마음 훈훈한 이야기, 갖가지 데이터 등을 통하여
이벤트화 하려는 생각과 연결시키게 되면 이벤트의 힌트가 떠오를
수 있다.

신문에서 재미있는 기사를 보면 스크랩해 두는 노력이 필요하다. 그
리고 필요할 때 그 스크랩북을 꺼내어 기획자료로 활용한다.

예를 들어 '감을 이용해 갈 옷 만드는 기술을 활용하여 여름철에 시
원한 갈옷을 제작, 인근지역에 공급하고 있는데 이 옷은 통풍이 잘될
뿐만 아니라 질겨서 오래 간다는 장점이 있다. 우리는 이점을 이용해
이벤트 개최에 대한 아이디어를 얻어낼 수 있다. 직접 감을 이용해 자
신이 원하는 유형의 갈옷을 만들어 낼 수 있고 갈옷을 이용한 패션쇼
프로그램도 기획할 수 있을 것이다.

신문기사를 스크랩 할 때, 순간적으로 떠오르는 아이디어도 함께 메모해 두는 습관을 갖어야 한다. 특히 주의할 점은 기사가 게재되었던 시점과 상황이 현실적으로 맞지 않은 자료는 폐기하도록 한다.

5. 연간 스케줄법

1년 12달 우리나라는 물론 그 어느 나라에서든 각종 행사 및 축제 등이 개최된다. 이러한 1년 동안의 月, 日, 계절의 움직임 등을 파악하여 이벤트의 아이디어 발상으로 연결시키는 방법이 연간 스케줄법이다.

이 방법에서는 이벤트 캘린더를 참고하면 크게 도움이 된다. 이벤트 캘린더는 1년 동안의 갖가지 행사라든가 기념일, 축제, 사계절 변화 등 많은 자료들을 이벤트의 힌트로 삼기 위해 수집, 구성한 것이기 때문이다. 이를 잘 활용하면 이벤트기획시 많은 힌트를 얻을 수 있다.

성인의 날에는 사진 촬영 프레젠트, 발렌타인 데이에는 궁합 맞추기 등 그 날에 맞는 이벤트가 연구되는가 하면, 새로운 기념일 및 축제일도 끊임없이 만들어지고 있다. 그리고 각 업계에서는 그것을 새로운 이벤트 데이로 활용한다. 그 전형적인 예로서 성공을 거둔 경우가 '발렌타인 데이'이며, 최근에는 '화이트 데이', '블랙 데이' 등 연속적으로 이벤트 행사가 기획되고 있다.

우리나라의 경우, 제2의 발렌타인 데이로 칠석(七夕)날을 생각할 수 있다. 견우와 직녀의 만남으로 알려진 칠석날의 낭만을 클로즈업시켜, 연인들의 데이트 데이, 사랑의 선물을 주고받는 날로 정하여 활동을 전개해 나갈 수 있다.

또한 2002년 한일 월드컵에서 4강이라는 기적 같은 신화를 창조한 6월을 기념해서 각종 축구와 관련된 행사를 개최할 수도 있을 것이다. 특히 국내에 있는 10여 개의 월드컵 경기장을 활용하여 지역의 축제를 월드컵경기장에서 행한다면 성공 가능성이 높다.

월드컵 참가선수들을 기념해 지역에서는 예컨대 태백시 — 이을용배 축구대회, 제주도 — 최진철배 축구대회, 대전시 — 황선홍배 축구대회 등의 타이틀을 내걸고 행사를 만들어 간다면 2002년 그 날의 월드컵이 감동으로 다시 전해져 오리라 여겨진다.

계절의 변화가 뚜렷한 풍토에서 사는 우리나라 사람에게는 이러한 월일 및 계절의 움직임·변화를 제때 파악하여 실시하는 이벤트가 매우 효과적이다. '연간 스케줄법'이 잘 활용되는 연유가 바로 여기에 있다고 하겠다.

6. 무역적(貿易的) 발상

흔히 "먼 친척보다 가까운 이웃이 낫다"고 말한다. 이는 평소에 가까이 지내다 보면 먼 데 사는 친척보다 이웃이 더 의지가 된다는 말이다.

그러나 이벤트 아이디어 발상의 경우는 그 반대다. 멀리 떨어져 살고 있는 친척이나 친구가 귀중한 아이디어의 샘이 되어 주고 정보의 원천이 되어 준다.

즉, 이쪽에는 없는 신기한 것, 이벤트거리(재료)가 그쪽에는 많이 있을는지 모르는 법이다. 예컨대 판다 곰이나 코알라, 목도리도마뱀도 현지에서는 별로 신기한 것이 아니다. 최근에는 많이 알려졌지만 2층버스도 런던이나 홍콩에서는 흔히 볼 수 있는 버스다.

이처럼 그 곳에는 있지만 이 곳에는 없는 진귀한 것(동물·춤·기술 등)을 가져오겠다고 생각하는 무역적 발상도 이벤트 아이디어를 도출하는 하나의 방법이다.

제 8 장

이벤트 프로듀서의 자질과 업무

제1절 이벤트 프로듀서의 자질

프로 이벤트 기획자라면 어떤 계층의 사람과도 폭넓게 인맥(人脈)을 형성하고 있어야 한다. 그렇지 못하면 프로라 할 수 없다. 또한 많은 정보를 확보하고 있어야 하고, 확보한 정보들을 처리·정리·가공하여 잘 활용될 수 있도록 데이터화해 놓아야 한다. 대중이 왜 움직이고, 어떻게 하면 대중을 움직일 수 있는지를 알아야 한다. 정보를 음식재료라 한다면 데이터는 요리에 해당한다. 따라서 이벤트가 성공적으로 치루어지기 위해서는 종합예술 연출가로서의 자질과 경영적 안목을 소유한 프로듀서를 선정하는 것이 필수적이다.

1. 기획력

이벤트 프로듀서는 이벤트의 목적과 목표를 달성하기 위한 정보수집은 물론 조사분석을 자료화하고, 여러 가지 네트워크를 최대한으로 활용하여 많은 이벤트를 성공적으로 이끌 수 있는 기획력을 갖춰야 한다. 그러기 위해서는 폭넓은 지식과 시대의 흐름을 읽을 수 있는 안목과 이를 이벤트에 접목시킬 수 있는 논리적 사고가 필요하다. 특히 관광이벤트 프로듀서는 지역의 특이한 소재를 발굴하여야 되기 때문에 평소에 지역의 역사와 문화, 환경적 풍토 등에 대한 다양한 지식을 습득하고 있어야 한다. 또한 시대적 변화에 따라 주민과 관광객들이 무엇을 요구하는지에 대해서도 파악할 수 있어야 하며, 이벤트의 결과에 대해서도 어느 정도까지는 예측할 수 있는 안목을 갖고 있어야 한다.

2. 감성의 소유자

대중적 종합예술인 이벤트는 보다 재미있고 흥미가 있을 때 대중적 지지를 얻을 수 있다. 따라서 이벤트 프로듀서는 보다 진한 감동을 연출할 수 있어야 한다. 즉 자기 스스로가 감동할 수 있는 감성의 소유자라야 한다.

3. 완벽을 추구

이벤트의 특성 중 하나는 라이브(live)에 있다. 이는 곧 방송의 녹화나 영화제작처럼 다시 반복할 수 없다. 즉 어떠한 상황이 벌어지면 그게 잘된 것이든, 잘못된 것이든 간에 그대로 넘어갈 수밖에 없다. 따라서 이벤트는 기획단계에서 실행단계에 이르기까지 완벽을 기해야 한다. 또한 일을 치러나가는 과정에서 발생하는 문제점을 토대로 다음에 일어날 수 있는 문제를 사전에 예측함으로써 위험요소를 제거해 나가야 한다. 따라서 이벤트 프로듀서는 자신이 하고 있는 업무에 대한 확실한 주관과 철학을 갖고 있어야 한다.

4. 통솔력

이벤트에서는 여러 분야의 전문가들이 참여해 하나의 목적과 목표를 위해 업무를 수행해 나간다. 이벤트에 참여하는 전문가들은 예술의 속성이 그렇듯 자유분방하거나 갖고 있는 생각도 가지각색일 수 있다. 따라서 이벤트를 창출해 나가는 과정에 있어 의견이 맞지 않은 관계로인해 수많은 충돌이 발생할 수 있다.

프로듀서는 이러한 마찰을 잘 조정해서 목적과 목표를 향해 일관되게 조직을 이끌어 나갈 수 있어야 한다. 여러 분야의 전문가를 통솔하기 위해서는 우선 이벤트 프로듀서 스스로가 각 분야에 대하여 전문적 지식과 소양을 갖고 있어야 한다.

5. 관중동원 능력

이벤트를 실시함에 있어 가장 신경 쓰이는 것은 어떻게 하면 사람들을 현장으로 많이 모을 수 있을까 하는 문제다. 이벤트 프로듀서는 관중을 동원할 수 있는 여러 가지 방법을 체득하고 있어야 한다. 따라서 다음과 같은 관중동원 요인을 인지하고 있어야 한다.

첫째, 이벤트 프로그램의 질적 수준을 높여서 관객을 끌어 모을 수 있어야 한다.

둘째, 다른 이벤트와의 차별화로 대중들의 관심을 끌 수 있어야 한다.

셋째, 이벤트의 인지도를 고조시킬 수 있도록 홍보수단을 잘 선택할 수 있어야 한다.

넷째, 관광 이벤트의 경우 수준 높은 관광상품으로 세팅하여 이를 판촉하고 판매하는 마케팅의 길목을 파악할 수 있어야 한다.

다섯째, 이벤트의 개최장소를 잘 선택함으로써 집객을 극대화할 수 있어야 한다.

여섯째, 여러 협력기관과 긴밀한 협조체제를 유지함으로써 관객동원을 극대화할 수 있는 친화력을 갖고 있어야 한다.

이상과 같은 관중동원 요인을 제대로 파악하는 것도 중요하지만, 무엇보다 중요한 것은 좋은 이벤트를 만드는 일에 최선을 다하는 자세가 필요하다.

6. 경영적 사고

대형 이벤트는 투자금액이 큰만큼 이에 따른 위험요소가 많은 사업이다. 이벤트 프로듀서는 주어진 자금의 한계를 잊지 말고 불가능도 가능케 하는 경영적 능력을 갖고 있어야 한다. 최소의 비용으로 최대의 효과를 얻는다는 경제활동의 논리에 입각하여 우선 소모적인 예산의 누출을 막아야 한다. 이벤트에 소요되는 음향, 조명, 효과, 기타 시설에 따른 임차료도 예산이 적정하게 책정되고 있는가를 정확하게 파악할 수 있어야 한다. 또한 어떻게 하면 보다 많은 협찬을 통해 자금을 충분히 조달할 수 있을 것인가에 대해 그 방법을 모색할 수 있어야 한다. 프로그램 구성이나 홍보의 특수성을 이용한다면 얼마든지 스폰서를 유인해낼 수 있다.

7. 관객입장에서 판단하는 자세

이벤트의 목적은 특정한 시간과 일정한 시간에 많은 사람들을 모아놓고 어떠한 정보를 전달하거나 유익한 활동을 하기 위한 상호 커뮤니케이션에 있다. 예술의 영역으로 따진다면 영화나 방송의 쇼와 같은 대중예술 영역에 속한다.

이벤트를 실험의 장이 아니라 실전이라는 측면에서 생각한다면 이벤트 프로듀서는 보다 감동적인 연출을 통하여 집객을 성공적으로 이끌어야 할 책임과 의무가 있다. 집객이란 영화의 흥행을 의미한다. 영화에서 흥행이 이뤄지지 않으면 소리 없이 상영이 종료되는 것처럼 이벤트 역시 관객 집객이 이뤄지지 않으면 적자로 이어지고 결과적으로 그 이벤트는 실패한 것으로 낙인이 찍히게 된다.

이벤트는 그 내용의 질이 중요하지만 이렇듯 집객도 중요하다. 그렇기 때문에 이벤트 프로듀서는 항상 관객입장에서 프로그램을 만들려는 노력을 기울여야 한다. 객관적인 입장에 서서 프로그램을 선택하고 보편적인 잣대로 모든 일을 결정하고 판단해야 한다. 자신이 좋아하는 성향으로 일방적으로 고집하거나 편향적으로 일을 처리하게 된다면 결국 관객들이 외면할 수밖에 없다. 이벤트 프로듀서는 가급적 이러한 편향된 사고와 아집을 버려야 한다.

제2절   이벤트 프로듀서의 업무

이벤트 프로듀서의 업무범위는 기획과 연출업무가 주를 이루지만, 이밖에도 여러 인과관계에 따른 조정자로서의 업무가 포함된다. 이벤트 총감독의 업무를 단계별로 압축해보면 다음과 같다.

1. 기본계획 수립단계

1) 자료분석과 이벤트 기획

이 단계는 주최자와의 협의를 통해 왜 이 이벤트를 개최하는지에 대한 논의과정이다. 이때 자료를 분석하고 이벤트 개최의지를 담은 목적과 목표를 설정하게 된다. 이벤트 프로듀서는 주최자와 충분한 의견조율을 통해 무엇을 할 것인지에 대한 소재의 선택과 또 이에 따른 테마와 컨셉을 설정해야 한다. 특히 테마와 컨셉의 설정은 이벤트의 시작과 끝을 유기적으로 연결하여 개최의지를 참여자들에게 이해시키는 주요한 요소이기 때문에 보다 명확하고 간결하게 논리화시켜야 한다.

2) 아이디어 도출과 프로그램 구성

다음 순서는 설정된 테마와 컨셉에 따라 프로그램을 구성하는 준비과정이다. 이벤트를 어떠한 장르로 이끌어 갈 것인가에 대한 논의와 메인 프로그램, 부대 프로그램, 스페셜 프로그램을 무엇으로 할 것인가에 대한 세부적 검토가 이루어진다. 중요한 것은 이벤트 프로듀서는 설정된 테마와 컨셉을 모든 프로그램에 유기적으로 연결시키면서 보다 관객들에게 많은 흥미를 제공하고 참여를 유도할 수 있는 보편적인 아이디어 창출을 하여야 한다.

3) 프로그램 확정

이 단계에서는 이벤트를 맡은 프로듀서가 주최측 또는 관련 전문가들에 의해 제안된 여러 가지 프로그램을 두고 과연 어떠한 프로그램이 적합한가를 최종적으로 결정하게 된다. 이 작업에는 주최측과 스태프, 관련 전문가로 구성된 자문위원들이 참여하게 된다. 이벤트 프로듀서는 설정된 테마와 컨셉에 대한 확신을 갖고 논의에 임해야 하며 편향적 자세는 금물이다.

4) 기획서의 작성

마지막 단계는 이벤트의 개최의지를 담은 기획의도에서부터 테마와 컨셉, 그리고 프로그램 구성, 홍보와 마케팅방법 등 이벤트 실시를 위한 모든 분야를 수용하는 기획서를 작성하는 과정이다. 이벤트는 일종의 과정의 산물임으로 이벤트 프로듀서는 무엇보다도 과정을 소중히 하는 자세로 기획서 작성에 임해야 한다.

2. 프레젠테이션 단계

이벤트 프로듀서는 주최측 관계자와 자문위원들에게 이벤트 실시에 따른 설명을 실시하여야 한다. 준비된 기획서에 의거하여 이벤트 프로듀서 혹은 관리스텝이 프레젠테이션을 하게 된다. 프레젠테이션의 내용은 무엇보다도 논리적 일관성을 유지하는 것이 중요하며, 단편적인 사실을 나열하는 식이 아니라 핵심을 파고 들 수 있어야 한다. 또한 프레젠테이션을 맡은 사람은 충분한 사전연습을 통해 아이디어가 채택될 수 있도록 관계자들을 설득할 수 있어야 한다.

3. 준비 및 부문실시 단계

전체 기획내용과 프로그램이 프레젠테이션에 의해 수정·협의되면 이벤트를 전개하기 위한 준비작업과 실시단계에 들어가게 된다. 조직을 구성하고 행사장과 프로그램을 준비해 나가야 하며, 관련업체를 선정해야 한다. 또한 이벤트의 인지도를 확산시켜 나가고 붐 조성을 위한 홍보마케팅을 부분적으로 실시해 나가야 한다. 이 때 홍보의 경우는 언론매체에 의한 기획기사를 유도하는 것이 바람직한데, 이벤트 프로듀서는 평소 언론관계자들과 원만한 인간관계를 유지함으로써 효율적인 홍보효과를 얻어낼 수 있어야 한다.

1) 행사장 조성과 현장 설치단계

준비 및 부분 실시단계의 첫 단계는 행사장의 조성, 무대설치, 안내사인 설치, 편의시설을 설치하는 것이다. 이벤트 연출을 위한 음향, 조명, 효과에 따른 위치 설정과 실제적 세팅작업이 이 때 이루어진다.

이벤트 프로듀서는 만능일 수 없다. 따라서 부문별로 관계 전문가와의 충분한 의사소통으로 보다 편리한 행사장의 조성과 감동적인 무대 연출을 이끌어낼 수 있어야 한다. 음향이나 조명, 효과를 담당하는 업체관계자들은 이벤트 실시과정상 스텝의 역할을 맡게 됨으로 이벤트 프로듀서는 이들을 효과적으로 관리·감독할 수 있는 지식과 통솔력을 갖고 있어야 한다.

2) 행사요원 배치와 총연습 단계

행사장이 조성되고 이벤트 연출에 따른 여러 가지 시설이 마무리되면 행사요원들과 자원봉사자의 현장배치가 이루어진다. 행사요원의 배치와 업무숙지는 여유를 두고 반복적인 리허설을 실시하는 것이 바람직하다. 행사를 앞두고 당일에는 출연자들과 스텝들 간에 프로그램 리허설이 실시된다. 이벤트의 전개는 생방송 성격이 강하기 때문에 이벤트 프로듀서는 사전 리허설을 통해 노출되는 문제점을 충분히 파악해서 보완하며, 진행과정에서 어떠한 문제점이 일어날 것인가에 대한 예측을 할 수 있어야 한다.

4. 실시 단계

이벤트에 있어서 가장 중요한 사항은 감동을 창출해 내는 일이다. 이벤트에 참여하는 관객들은 이벤트를 이끌고 있는 여러 가지 요소에 대해 90%를 만족한다 해도 어느 한 부문에서 실망한다면 이벤트 전체에 대한 불만족을 하게 된다. 따라서 이벤트의 프로듀서는 나무를 보고 숲을 보는 안목으로 이벤트 전체를 조망해 나가야 한다. 현장을 둘러보면서 관객들의 불만이 제기되는 요인들을 찾아내어 수정하고 보완해 나감으로써 보다 많은 감동을 만들어내는 이벤트를 창출해 내야 한다.

5. 사후정리 단계

이벤트 프로듀서는 행사결과의 성패에 따라 여러 가지 감정이 교차될 수 있다. 이벤트는 과정이 중요한 만큼 결과에 너무 집착하지 않는 것이 좋다. 따라서 이벤트 집행을 위해 노력을 아끼지 않았던 관계자들에게 치하를 보내고 스텝들과 출연자들에게 격려하는 것도 프로듀서의 몫이다. 이러한 고무된 분위기 속에서 행사장 정돈을 신속히 할 수 있어야 한다.

6. 자체 평가회

모든 이벤트가 계획대로 되어 성공적으로 마쳤다면 별문제가 없겠으나, 그 중에는 계획대로 되지 않았던 부문도 나타나고 실패했다는 결론에 이르게 되면 보상문제나 계약의 불이행 등에 대한 법적인 문제가 발생하기도 한다. 관련된 업체나 출연자들과의 협의를 통해 문제가 확대되지 않도록 노력을 기울여야 한다. 또한 사후평가에서 제기된 여러 가지 문제점을 겸허하게 받아들이고 유용한 자료로 활용할 수 있어야 한다.

EVENT MANAGEMENT

관광과 이벤트 연출

제1절 관광연출의 의의
제2절 이벤트 연출과 관광지

제1절 관광연출의 의의

관광이 점차 대중화되면서 관광에 참여하는 사람은 급격히 증가하고 있다. 반면에 관광객이 제공받는 관광대상물은 관광객들의 욕구를 따라가지 못하고 있다. 국내의 경우 관광지는 계속하여 개발되고 있으나 관광객에게 감동을 제공하는 관광연출에 대한 관심은 아직 미미한 실정이다. 관광지를 개발하는 모습을 보면 우선적으로 숙박시설을 짓고, 도로를 개설하며, 안내판을 시설하는 등의 하드웨어적 접근에 머물러 있는 실정이다.

관광지로서 그 지역의 문화적·환경적 특성은 어떠하며, 이를 바탕으로 관광객을 감동시킬 매력물을 어떻게 창출할 것인지에 대한 관심은 전무한 실정이다. 관광지는 어떻게 연출하는가에 따라서 그 품위가 엄청나게 달라지고 관광객들이 느끼는 매력의 정도가 달라진다. 따라서 특성을 살리지 못하는 관광지 개발은 관광객들로 하여금 어디를 가더라도 유사한 분위기를 감상하도록 강요당하게 만든다.

우리나라의 관광지는 건물이나, 환경조성, 즐길 거리 등 어디를 가나 비슷비슷하다. 이러한 무미건조한 관광지에 이벤트 연출을 대입시킨다면 그 분위기는 엄청나게 달라질 수 있다. 보는 느낌, 이용하는 시설물의 느낌, 체험하는 느낌의 정도가 달라질 수 있다. 특히 정적인 자연경관에 문화·역사적 스토리나 여러 가지 체험적 요소를 심어주는 연출을 시도한다면 그 분위기가 더욱 살아 움직일 수 있다.

이제 관광지는 어떠한 시설을 하고 무엇을 조성하기에 앞서 어떻게 하면 관광객들에게 보다 감동적인 매력을 제공할 수 있을 것인가에 대한 창의적 접근이 필요하다. 즉 사람들의 오감에 호소하는 예술적 행위가 요구되고 있는데, 이것이 바로 관광연출의 의의라 할 수 있다.

제2절 이벤트 연출과 관광지

선진 관광지의 관광의 중심에는 이벤트가 있다. 우리나라의 경우 단순히 관광객을 유치하기 위해 개최하는 공연형태의 이벤트가 성행하고 있는데 반해 유럽과 미국 등지에서는 관광지의 매력을 증대시키는 창조적 기능으로서의 이벤트가 강조되고 있다. 현대관광의 흐름은 종래의 단순한 유람형태의 관광에서 벗어나 관광객들의 오감에 호소하는 감동적 종합예술로서의 기능이 요구되어지고 있다. 이러한 종합예술로서의 접근, 즉 관광지에 혼을 투여하고 흥미와 궁금증을 불어넣는 작업은 바로 여러 가지 이벤트 연출로 가능한 것이다.

1. 참여 이벤트

외국의 관광학자들이 강조하는 이벤트 관광상품의 성패는 이벤트에 동원된 지역주민들의 자발적인 참여에 달려 있다고 한다. 우리나라 축제와 문화 이벤트의 관광상품화가 제대로 이루어지지 못하는 것도 지역 주민들의 참여가 부족하거나 관 주도성의 행사로서 인원동원 관점에서 마지못해 참여하기 때문이다. 외국의 경우 주민들의 자발적 참여 이유가 순수한 봉사동기도 있지만, 무엇인가 유형적·무형적으로 장단기간에 걸쳐 혜택이 주어지기 때문에 참여하는 것이다.

따라서 이벤트 개최지역 주민들에게 이벤트 관광의 중요성과 효과를 교육·설득시킴으로써 주민의 자발적 참여를 유도해야 한다. 예를 들면 영국 에든버러의 시민들도 막연하게 느꼈던 축제의 효과가 864억원이나 된다는 구체적 수치로 나타나자 새로운 축제를 자발적으로 만들어 내게 되었다.

2. 장소 이벤트

샌프란시스코에서 제1의 명소인 '피셔맨스 와프'는 과거 이탈리아 어부들의 선박지였는데 지금은 관광객들이 가장 찾아가고 싶은 곳 중의 하나가 되었다. 그 곳에는 특별한 조형물 같은 것은 없지만, 무명의 예술가들이 재즈 음악 및 팬터마임, 미술품의 거리 전시 및 노상에서의 작업 등을 보여 주면서 관광객을 보면 항상 웃는 낯으로 대함으로써 진정한 문화·예술의 광장이 되었다. 또한 부담 없이 살 수 있는 물건을 판매하는 즐비한 쇼핑센터, 누구든지 몇 푼 안 들이고 즐길 수 있는 간식거리, 마차를 이용한 해안산책 등 종일 구경해도 질리지 않고 관광객이 기분 좋게 활보할 수 있는 광장으로 활용되고 있다.

각 지역에는 그 지역을 대표하는 광장들이 한두 군데씩은 있을 것이다. 따라서 이러한 지역의 대표적인 광장들을 환경친화적인 예술의 광장으로 만드는 것이 필요하다. 광장의 특성에 따라 공연장으로 활용하면 아마추어 예술가들이 자신들의 첫 무대로 삼아 마음껏 재능을 펼칠 수 있을 것이다. 또한 그 지역의 전통문화뿐 아니라 행위예술 등 현대미술에서 음악에 이르는 다양한 퍼포먼스를 해준다면 이것은 새로운 세기를 맞이하는 광장의 이벤트로서 역할을 해낼 수 있을 것으로 보인다.

그리고 한 곳에 자유토론 지대를 선정해 놓고 종교, 정치, 사회, 문화 등 모든 분야의 사람들이 모여서 언제든지 자신의 심정을 피력할 수 있는 곳으로 만들어주면 그 지역의 명물로 발전해 나갈 수 있을 것이다.

3. 스포츠 이벤트(2002 한·일 월드컵을 중심으로)

21세기 첫 지구촌 축구축제가 한국과 일본에서 공동 개최되어 전 세계를 흥분의 도가니로 몰아놓았던 월드컵경기가 화려하게 막을 내렸다. 태극전사들이 불굴의 투지로 유사 이래 최고의 국민 대통합을 보여줬던 붉은 악마들의 응원에 힘입어 4강진출이라는 위대한 업적을 거두는 선전을 보여줬다.

우리나라는 월드컵 4강에 힘입어 대한민국이라는 국가의 브랜드 이미지를 세계에 널리 알림으로써 돈으로 환산할 수 없을 정도의 경제적 효과를 올렸다고 언론매체들이 연일 보도하였다. 기업들은 브랜드 로열티가 높아져 수출에 큰 힘이 되었고 실제로 월드컵 기간 중에는 외국관광객이 줄었으나 월드컵이 끝난 후 외국관광객들이 몰려오고 있다고 한다.

하지만 월드컵 대행사인 영국의 바이롬사의 운영 미숙과 월드컵 조직위의 적절치 못한 대응으로 인해 약간의 매끄럽지 못한 사태가 발생한 것도 사실이다. 그러나 국민들의 질서의식과 각 지역의 전통과 어우러진 월드컵경기장(지역을 대표하는 상징물을 형상화)은 세계언론들의 감탄을 자아내게 했다. 지역의 삶을 그대로 재연한 경기직전 이벤트 행사는 외국언론의 찬사를 받았고 매스컴을 통해 각국으로 전파되어 장기적으로 봤을 때 한국의 이미지를 한 단계 높여 주었다.

몇 천억원이라는 어마어마한 재원을 투입해 건설한 월드컵경기장들은 이제 전 세계의 언론들로부터 가장 아름다운 경기장이라는 호평을 받았다. 이 호평에 걸맞은 대책을 강구해야 만이 국민의 세금으로 건설된 경기장을 헛되게 하지 않는 길일 것이다.

일례로 서귀포시에서는 프로축구팀 유치, 아이맥스 상영관과 이마트 등을 경기장 활용방안으로 내세우고 있다. 또한 히딩크 감독이 보여준 경영철학 ― 실력과 실용 ― 에 따라 멀티플레이어 선수를 키우듯 월드컵 경기장도 멀티스포츠 센터로의 전환이 시급할 것이다.

복합 스포츠문화 센터로 탈바꿈시키기 위해서는 스포츠컨벤션 센터로 활용해 거시적으로는 국제 스포츠회의 및 세미나를, 미시적으로는 국내 스포츠회의 및 심판 연수회 등을 유치하는 등 21세기 스포츠회의 메카로 발돋움시켜야 한다.

IT산업과 연계하여 스포츠 시뮬레이션을 개발해 각종 스포츠의 간접 체험장을 조성하고, 월드컵을 재현할 수 있는 장치를 마련해 월드컵을 실감나게 체험할 수 있는 장소로의 활용방안이 마련되어야 한다. 또한 미국의 스포츠 명예의 전당(Hall of Fame)과 같은 공간을 마련해 월드컵의 영광과 월드컵 스타들의 체취를 느끼게 할 수 있어야 할 것이다.

지역의 토속문화를 보여줄 수 있는 문화 한마당을 상시 공연하고 소위 W세대인 청소년들이 마음껏 끼를 발휘할 수 있는 예술의 공간을 마련해줌으로써 전통과 현대가 어우러진 복합문화공간 장소로 제공해야 한다.

월드컵 개최도시로 이미지가 높아진 국내를 세계인이 다시 찾게 하는 방안은 월드컵 기간에 보여준 질서의식과 단결력을 초석으로 산·학·관이 아이디어를 결집시킬 때에 가능할 것이다.

4. 저비용 이벤트

효과적인 이벤트의 가격전략은 무료적인 측면과 유료적인 측면을 적절하게 복합시켜야 한다. 또한 입장료를 부과하는 축제와 이벤트의 조직자들은 지역주민들의 참여를 얻어내는데 신경을 써야 할 것이다. 축제와 이벤트가 무료로 개최되는 경우 그 자체가 매력의 일부가 되는데, 지역주민들에게는 더욱 그러하다. 무료로 개방된 이벤트나 참가비용이 거의 들지 않는 이벤트는 잠재수요의 참가결정을 부추김으로써 이 지역은 항상 무엇이든지 떠들썩하게 벌이고 있구나 하는 인상을 심어 주게 된다. 전문적인 공연단이 출연하는 축제이거나 시설 기자재 운영비가 많이 소요되는 이벤트의 경우에는 적어도 투자액 회수 수준에서 가격을 결정해야 한다.

미국 텍사스 캘베스톤의 "디킨스 온더 스트랜드"는 주민들이 빅토리아 시대의 복장을 입고 오는 경우 무료입장을 시켜줌으로써 지역주민들의 지지와 참여를 얻어내었을 뿐만 아니라 축제의 분위기도 훨씬 고조시키고 있는 성공적인 사례가 되고 있다.

5. 지방색을 갖춘 이벤트

최근 세계의 많은 축제 조직자들이 가장 경계해야 하는 사항을 보면, 프로그램이 매너리즘에 빠지는 것을 들 수 있다. 고유성이 명확한 경우에는 100회가 넘게 기본내용이 같아도 문제가 없지만, 그렇지 못한 경우에 프로그램 내용과 구성에 변화가 없이 똑같은 내용을 복제·반복한다는 것은 축제 방문객들의 만족도를 낮추는 지름길이 된다.

우리나라의 경우에는 전국 어디에서나 거의 유사한 종목들을 서로 모방하면서 짧은 기간에 행사를 치르기에 급급하다. 따라서 축제 이름은 다르나 각 지역 문화제의 프로그램 내용들은 대동소이하다. 각종 이벤트를 마구 끌어들여 종합예술제 형식으로 전개하고 있는 실정인데 이는 시정되어야 한다. 특히 각종 체육행사를 문화축제 프로그램에 집어넣는 것을 가급적 줄이고 지역특성에 맞게 토착화시키는 작업이 필요하다.

축제나 이벤트의 주제는 지역의 문화와 지역주민들의 열망을 반영하여 그 지역만이 갖는 향토적인 것이어야 한다. 주제는 간결하고 기억하기 쉽고 인상적이어야 한다. 그래야 방문자가 돌아가서 많은 사람들에게 소문낼 가능성이 높다. 국제적으로는 영국 에든버러의 군악대축제, 오스트리아 찰스브르크의 음악축제, 독일 뮌헨의 맥주축제로 불리는 10월축제 등이 주제설정에서 성공한 대표적 사례이며, 국내적으로는 이천 도자기축제, 진해 군항제, 금산 인삼제, 진도 영등제 등이 지역성을 잘 반영한 경우가 된다.

6. 영상문화와 이벤트

관광지는 관광객에게 흥미를 유발시킬 수 있는 자연적인 것과 인위적인 것을 절묘하게 조화시켜 기억될 만한 추억의 관광상품을 창출해 내어야 한다. 왜냐하면 관광은 꿈을 파는 상품이기 때문이다. 영화 및 드라마 촬영지는 관광객의 흥미를 이끌어 낼 수 있는 관광지로 새롭게 거듭날 수 있고 영화나 드라마가 주는 강한 이미지로 인해 그 지역의 관광 파급효과도 크게 될 것이다.

특정 지역이 영화나 드라마 촬영지가 되면 영화회사 및 관계자들이 적지 않은 경비를 그 지역에 투자하게 될 것이므로 그 지역은 비용을 들이지 않고도 엄청난 홍보효과를 보게 될 것이다.

특히 영화나 TV드라마가 성공하게 되면 배우들에 대한 동경과 배경이 된 무대를 찾아가고자 하는 욕구로 인해 촬영지를 관광하게 됨으로써 장·단기적으로 지역경제에 미치는 영향은 대단할 것이다. 1994년에 최민수와 고현정을 주인공으로 하여 방영된 SBS드라마 '모래시계'의 선풍적인 성공에 힘입어 강원도 강릉시에 있는 정동진이 무명의 도시에서 관광명소로 탈바꿈한 것은 드라마가 시청자들을 관광객들로 변모시키는 놀라운 효력을 발휘한다는 것을 잘 보여준 사례가 된다.

캐나다에 있는 벤쿠버는 주정부에서 영화촬영 적격지로 홍보해 지금은 L.A, 뉴욕과 더불어 영화촬영지로 유명세를 탈 뿐 아니라 관광객 유인효과를 한층 강화시키는 계기가 되었다. 또한 케빈 코스트너 주연의 '늑대와 함께 춤을'을 찍은 캔자스주의 한 지역은 영화가 상영된 후 관광객이 무려 25% 이상 증가하였다고 한다. 이렇듯 영화와 TV드라마가 성공한 후 촬영지는 그 지역의 대표적인 관광지로 탈바꿈되고 있다.

자연환경과 주변경관이 뛰어난 제주도도 '쉬리', '이재수의 난', '연풍연가', '여명의 눈동자', '대장금' 등 영화 및 TV드라마 촬영지로 많이 활용되고 있지만, 그것을 이용한 관광개발 전략은 부족해 보인다. 이는 관련기관이나 단체들이 대규모의 관광개발에만 집중적인 노력을 기울이고 구체적인 소프트 프로그램 개발을 간과하고 있다는 것을 보여준다.

이러한 영상문화를 지속적으로 발전시켜 나가기 위해서는 촬영 후, 촬영장소 및 세트를 보존해 영상 및 영화를 전공하는 학생들의 졸업여행지로 유도하고 또한 일반관광객들을 위한 테마코스로 개발해 나가는 방법을 강구해 볼 필요가 있다.

7. 체험 이벤트

■ 사례 1

강원 태백에서 석탄산업을 이용한 축제를 기획해 볼 만하다. 일본 홋카이도의 유바라시는 폐광을 이용한 탄광 역사촌을 건립하여 이곳을 배우는 장소, 즐기는 장소, 쉬는 장소로 탈바꿈시켰다. 박물관, 탄광, 풍속관, 탄광 기계관 등을 만들고, 석탄을 캐내던 지하갱도도 관광코스로 만들어 관광객이 직접 탄층을 만져 볼 수 있도록 하였고, 그 외 밀랍인 형과 장비 등을 시설하고 음향효과까지 갖추어 작업실황과 장비 변천 사도 전시함으로써 관심을 끌고 있다.

탄광의 흔적을 없애는 작업에 앞서 이를 보존해 광부들의 땀과 열정을 후세에도 남겨주는 역사적인 이벤트로 추진하는 일도 중요한 이벤트 기획이 된다.

● ▌사례 2

제주도는 깨끗한 공기와 물이라는 천연자연환경을 이용하여 건강의 중요성과 무병장수를 기원하는 이벤트를 생각해 볼 수 있다. 청정자연 환경과 장수는 불가분의 관계이고 이것은 곧 또 하나의 제주관광전략 으로 활용할 수 있는 것이다.

장수마을을 선정해 무병장수 축제 이벤트를 개최해야 할 것이다. 장수마을 지역의 노인들의 생활태도와 식생활 등을 참가객들로 하여금 체험하게 하고 장수비결을 느끼게 할 뿐 아니라 제주도의 관문인 공항과 항구 등에는 장수하는 노인들의 사진과 생활습관을 전시해 청정자연은 곧 장수한다는 평범한 진리를 깨우치게 해야 할 것이다.

8. 지역간 연계 이벤트

여름시즌에 강원도 삼척에서는 동굴엑스포를 개최하였다. 여름 성수기를 겨냥함으로써 많은 피서객들이 동해안 해수욕장을 이용함과 동시에 동굴엑스포를 찾게되어 수용력에 한계를 들어낼 정도로 성황을 이룬 적이 있다.

이러는 가운데 태백에서는 태백산 도립공원 당골에서 한여름의 Cool Cinema가 이뤄지고 있다. 성수기라는 시기도 많은 영향을 주고 있지만, 지역의 특색과 어울리는 축제를 연계성을 갖고 개최하고 있다는 점에서 상당히 긍정적인 점수를 주고 싶다.

　이렇듯 각 지역의 특색을 내세워 연계 프로그램을 만들어 이벤트를 개최한다면 각 자치단체뿐만 아니라 방문객들에게도 다양한 볼거리를 제공하게 된다.

　하나의 이벤트를 개최하면 그 지역 이벤트만으로 끝나는 것이 아니라 관광의 지역적 확대의 효과를 높일 수 있게 된다. 예컨대 지방의 고유축제를 대도시와 연계된 이벤트로 개최하여 관광지역을 확대한다거나 인근 대도시의 주민을 겨냥한 이벤트를 개최하면 외래관광객의 유인을 꾀할 수 있게 된다. 즉, 이벤트를 통해 관광자원 및 관광지를 이벤트상품화 시킬 수 있다.

제1O장

이벤트 무대의 운용

제1절 무대의 종류와 디자인

1. 무대의 종류

1) 프로시니엄 무대(Proscenium Stage)

프로시니엄이라는 말은 원래 '천막 앞에서'라는 의미를 지니고 있는데, 손님이 있는 객석과 공연하는 무대를 갈라놓는 뚫린 벽이라는 개념으로 쓰인다. 말하자면 하나의 '사진틀'이라고 할 수 있는데 관객은 이 사진틀 너머로 무대에서 벌어지는 행위들을 관람하게 되는 것이다. 즉, 관객이 정면에서만 볼 수 있도록 설계된 무대를 말한다.

객석의 의자는 영화관과 같이 모두 같은 방향을 향해서 배치되어 있고 뒤는 높고 무대 쪽으로 가면서 경사지어 내려가게 되어 있다. 무대는 관객의 시야를 고려하여 객석 바닥에서 몇 자 높게 설치되어 있다.

무대의 중간쯤에 발코니가 허리띠처럼 둘러져 있고 3층이 있는 극장이라면 그 위에 좀 더 작은 발코니가 하나 더 있다. 무대 뒤에는 복잡한 장치를 쉽게 교체할 수 있도록 뒷부분에 깊숙한 공간이 있고 천장에는 무대장치를 미리 올려다 놓을 수 있는 다락같은 공간(Fly Lot)이 있다.

이 무대의 장점과 단점은 다음과 같다.

(1) 장점
- 배우의 등장과 퇴장이 용이하다.
- 시각적인 효과를 높일 수 있다.
- 사실적인 장면(거실, 사무실 부엌 등)을 효과적으로 표현할 수 있다.
- 관객의 시선을 다른 곳으로 분산시키지 않아 집중도를 높일 수 있다.

(2) 단점

- 무대와의 거리감, 무대와 객석 사이의 거리가 가장 멀다.
- 시각적 장치가 많게 되면 오히려 현실과 격리된 느낌을 받게 할 수 있다.

[그림 I-6] 프로시니엄 무대

2) 아레나(Areana) 무대/원형 무대

아레나 무대는 가장 오래된 형식의 무대로서 사실상 프로시니엄이나 돌출 무대도 원형 무대에서 출발하였다고 볼 수 있다. 중앙에 원형 또는 사각형의 무대가 있고 그 둘레 전체에 관객의 자리가 놓여 있는 무대를 말한다. 권투, 농구, 축구 등 스포츠 경기장과 흡사하다고 할 수 있다.

무대는 객석보다 조금 높거나 아니면 그냥 바닥에 두고 대신 객석 뒷부분을 경사지게 올려 놓기도 한다. 객석의 앞줄이 무대 가까이에 있을 때 대개 연기장소와 객석 사이에는 경계선이 그어져 있다.

이 무대의 장점과 단점은 다음과 같다.

(1) 장점

- 관객과 연기자와의 거리가 좁아지기 때문에 관객에게 훨씬 친근감을 주게 된다.
- 관객이 원형으로 둘러앉기 때문에 공동체 의식이 생긴다.(예, 모닥불)
- 무대와 객석 간의 공간배치를 작품에 따라 쉽게 변화시킬 수 있다.
- 프로시니엄 무대보다 건축비가 저렴하고 무대장치의 배제로 공연비가 절감된다.

(2) 단점

- 사방으로 공연하여야 하는 필요 때문에 연기가 중복될 수 있고 배우의 뒷모습이 보일 수 있어 표현력이 약하게 된다.
- 무대장치의 설치가 용이하지 않다.
- 착시효과 등의 시각적 효과를 내기가 어렵다.
- 배우가 객석을 지나 등장과 퇴장을 할 수 밖에 없기 때문에 자연스러운 연기가 어려울 수 있다.

[그림 I-7] 아레나 무대

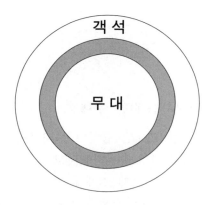

3) 오픈스테이지 무대(Open Stage)/돌출 무대

돌출무대는 무대가 객석으로 튀어나와 있어서 3면 또는 반원형으로 객석이 무대를 둘러싸고 있고 연기 장소 뒤편에는 배우의 등장과 퇴장, 그리고 무대장치를 설치할 수 있는 공간이 있다.

이 무대는 프로시니엄 무대와 원형 무대의 특징을 결합시킨 것으로 두 무대의 장점-관객에게 친밀감을 준다는 점과 단일 배경에 무대를 설치하는 점-을 두루 가지고 있다.

이 무대의 장점과 단점은 다음과 같다.

(1) 장점

- 관객은 현실감 있게 공연관람을 할 수 있고 배우들과의 일체감을

느끼기에 좋다.
- 무대장치를 설치할 때 경제적 효율성이 있다.
- 특수한 무대효과를 만들어 낼 수 있다.

(2) 단점
- 무대의 뒷면 근처에만 큰 무대장치를 둘 수 있고 다른 면들에는 관객의 시야를 가리지 않도록 설치되어야만 하기 때문에 무대장치 설치시 공간의 제약을 받는다.
- 관객에게 어느 정도 무대와의 거리감을 형성한다.

[그림 I-8] 오픈스테이지 무대

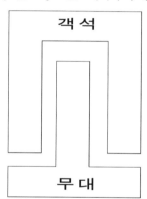

4) 가변형 무대(Adaptable Stage)

가변형 무대는 객석의 크기, 모양, 배열 등의 상호관계가 한정되지 않고 필요에 따라서 변화시키는 무대를 말한다.

이 무대는 작품의 성격에 따라서 연출에 적합한 공간을 만들 수 있으며, 다양하게 변화를 줄 수 있다.

2. 무대의 디자인

무대 제작에 있어 이벤트 기획자는 무대의 제작업자에게 무대구성에 대한 기본적인 구상을 잘 설명해 주어야 한다. 즉, 어떠한 무대가 만들

어져야 하고 무대 위에 얼마만큼의 장비와 인원이 올라가고, 무대지면
은 어떠한지, 그리고 특수한 장비가 사용되는 경우 이에 대한 메모도
남겨야 한다.

1) 무대 제작시의 체크리스트

- 작품의 내용에 대한 디자인의 기여도
- 무대 디자인의 스타일은 결정되었는가.
- 디자인 요소의 우선순위는 적절한가.
- 세트와 소품은 적절한가.
- 의상과 조명은 조화로운가.
- 예산의 범위 내에서 설치가 가능한가.

2) 무대의 설계

- 뒷배경의 구조물 유무에 따라서 입체무대와 평면무대로 나눈다.
- 무대의 높이는 60cm, 120cm, 180cm 등으로 한다.
- 무대 바닥재는 천, 카펫, 인조가죽, 아크릴판 등을 공연의 성격에
  맞춰 사용한다.
- 입체감을 줄 수 있도록 무대를 설치한다.
- 조명과 스크린을 고려하여 무대를 꾸민다.

제2절 무대의 조명

이벤트 현장의 조명은 이벤트의 목적과 장소에 따라서 다양하게 구
성된다. 색상과 명암 등의 기준에 따라서 다양한 조명방법이 있을 수
있기 때문에 다양한 기구와 전구의 컬러와 명암을 배합시켜서 예술적

표현력을 높여야 한다.

무대조명에서 가장 신경을 써야 하는 것은 전기의 특성상 안전에 있다는 것을 명심하여야 한다.

1. 광원과 칼라필터

광을 만들기 위하여 사용하는 칼라필터(플라스틱 칼라)의 색채를 형광등이나 대낮의 태양광선에 비추어 볼 때 실제의 무대조명을 얻지는 못한다. 그 이유는 무대조명이 태양광선이나 형광등으로 만들어지는 것이 아니고 칼라필터 자체가 정확한 색깔이 되어서 나오는 것도 아니기 때문이다.

스포트라이트를 켜 놓고서 칼라필터를 선정하여야 하고 데스크프랜의 경우에는 반드시 백열전구 빛으로 보고 확인해야 한다. 이것도 전구 빛으로 보는 것과 스포트라이터로서 투광되어진 색과는 다소 차이가 있다.

빛(광)의 강약에 관계가 있기 때문에 비추어 보아서 적당하다고 생각되어도 사용해 보면 의외로 생각하는 색깔이 나오지 않는다. 이는 대상물의 색채에 따라서도 틀리기 때문에 여간 어려운 작업이 아니며 또한 그러기에 재미있다고 말할 수 있다.

백열전구의 광선 자체는 백광이 아니고 조금 오렌지색을 띠고 있으며, 전압을 강하시키면 붉은 오렌지색 (적등색)이 증가된다. 따라서 전압에 의한 색광의 변화도 고려하여야 한다.

이러한 사항을 쉽게 알기 위해서는 딤박스, 스라이닥스의 조광기구에다 스포트라이트를 접속하여 전압을 0의 눈금에서부터 100의 눈금까지 서서히 올려보면 색광의 변화를 기본적으로 알기 쉽게 된다. 이 경우 백지나 엷은 그레지의 커튼에 투사해야 한다.

2. 칼라필터의 용도

무대의 조명은 모두 색광으로 처리하는 것이라고는 말할 수 없다. 극조명의 기본은 백광인 것을 명심하여야 하며 칼라필터는 보조로서 취급되어야 하는데 이 두 가지를 기본으로 하지 않으면 안된다.

0 투영; 무대조명에서는 이것만을 사용하지는 않는다. 태지(밑에 끼는 종이)로서 다른 필터를 아무렇게나 또는 적절한 모양으로 붙여서 사용한다.

00 유색 반투영; 불투영 유리와 동일한 효과가 있다. 빛을 확산시키기 위해서 사용한다. 예컨대 강한 그림자(그늘)를 부드럽게 하고자 할 때, 비, 눈, 안개, 흐린 날의 경우에 다른 필터와 겹쳐서 사용한다.

11-13 짙은 핑크; 쇼나 무용, 음악 등의 무대조명에 곧잘 사용된다. 화려한 의상에는 효과적이나 연극조명에서는 잘 사용하지 않는다.

14-16 핑크; 음악, 무용 등에 압도적으로 많이 사용된다. 핑크계의 필터로서 가장 도색(핑크)의 색광을 얻을 수 있기 때문에 벚꽃, 복숭아꽃 등에 사용하면 효과적이다.

17-19 엷은 핑크; 아침 해나 아침의 지평선에서 로어, 호리존트나 스테이지스포트로서 사용하면 효과적이다.

22-26 짙은 적색부터 엷은 적색; 불을 표현하는 경우나 피, 전쟁, 태양 등 강한 인상을 주는 경우에 사용한다. 적색필터는 적색 자체만으로는 효과가 적다. 대비 색광으로서 짙은 청색을 사용하면 한층 효과가 오른다. 적색필터의 사용은 관객에게 강한 이미지를 주게 됨으로 그 효과를 잘 생각하고 사용하여야 한다.

34-35 암바 계통; 석양이나 저녁노을의 하늘과 자연광을 표현하는 경우, 촛불, 램프 등을 표현할 때 많이 사용된다.

36; 등색(오렌지)에 약간 황색기가 있는 엷은 램프, 촛불, 전등의 보조광선으로서 사용된다. 오렌지색으로서의 투영도가 적기 때문에 아름답게 보이게 하는 경우는 사용법이 어렵다.

37; 등색에 실내 적색계를 가미시킨 것이다. 무용과 음악에서 많이 사용하지만 연극조명으로는 사용하기가 어렵다. 봄에 가까운 따뜻한 저녁의 햇살이나 가을의 일몰에 가까운 붉은 저녁해 등에 사용되는 경우도 있다. 붉은 기가 많기 때문에 등색이라고 하기보다 적색 계통의 엷은 색으로 보이기 쉽기 때문에 주의하여 사용해야 한다.

38 붉은 기가 많은 암바; 37의 엷은색, 붉은색이 많아 저녁노을 37과

같이 선명하게 색승하기 때문에 사실적인 연극에는 사용하기 어렵다. 저녁 해, 아침 노을, 전등, 램프 등의 광선으로서 사용되기도 한다.

40-44; 황색 또는 레몬 계통의 황색이다. 무용과 음악에서 많이 사용된다. 연극조명으로서 사용하는 경우는 황색이 강하기 때문에 대상물 (세트, 커튼), 연기면 등을 고려하여 사용하여야 한다.

45 스트로; 황색기가 튀어나지 않기 때문에 전등의 보조색광으로서 많이 사용된다. 대낮의 빛, 저녁의 해 등에 사용하면 효과적이며, 연극조명에서는 기본의 하나가 된다.

46 레몬황색; 44를 엷게 한 색이다. 대낮의 광선으로서 사용되는 경우도 있고, 전등의 색광으로서도 사용된다. 선명한 레몬계통의 색이기 때문에 사실적인 조명으로는 어렵다.

52, 56 짙은 녹색; 음악과 무용 등에 곧잘 사용된다. 연극에서는 세트의 부분에 사용할 경우(예컨대 산림 속, 수중)는 연기자의 얼굴을 짙게 하기 때문에 사용하는 장소와 효과를 잘 생각하여 사용하여야 한다.

54, 57, 58 그린 청록색; 호리즌트 라이트나 지평선의 로어 호리즌트에 많이 사용된다. 음악, 무용, 연극에서 호리즌트 라이트의 특색을 이 색광으로서 많이 표현한다.

59, 55 밝은 그린; 59보다 밝은 색이 55이다. 투영도가 높은 녹색이기 때문에 59의 경우는 다른 색광과의 혼색은 어렵다. 55는 대단히 엷은 녹색이다. 이 색광을 사용하는 경우 다른 색광과 겹쳐 사용하면 효과적이다.

61-63 녹청색; 바다, 호수, 짙은 수목의 녹색 등에 사용된다. 음악과 무용에서 베이스 라이트로서 사용되고 있다. 다른 색광과의 적응성이 높기 때문에 많이 사용된다.

64-66 엷은 녹색기가 있는 청색; 64는 실내에서 백광과 혼합하여 사용되는 경우가 많다. 또 전구의 백색이 황등색이기 때문에 보정색광으로 사용된다. 연극조명에서는 45처럼 항상 사용되는 필터다. 65,66은 수평선, 하늘, 월광 등에 사용되고 있다.

71-77 녹청색; 밤의 장면에 사용된다. 짙은 색이지만 시각적으로 충분히 보이기 때문에 대단히 많이 사용된다.

78-79 담청색; 78은 월광, 밤의 장면의 연기나 후론트 스포트 등에

사용된다. 연극에서 밤에 방 이외의 등에서 효과적이며, 무용과 음악에서도 사용된다. 79는 78의 엷은 색으로 78과 마찬가지로 사용방법이 많다.

　81-85 자색(제비꽃색, 바이오렛트); 무용과 음악에서 주로 사용된다. 이 색은 짙은 자색이기 때문에 연극조명에서는 특별한 효과를 내기 위해서 사용되는 경우 이외에는 사용되지 않는다.

　86-88 자색; 비현실적인 무대의 색광으로서 효과가 있다. 이 색은 근본적으로 달콤한 느낌이 들기 때문에 연극조명에 사용되는 경우 그 효과를 잘 고려하여 사용해야 한다.

제3절   음향의 처리

1. 음향 시스템

　음향 시스템은 스피커의 위치에 따라 소리가 고조되고 방 전체에 반사될 수 있으며, 스피커가 관객의 시야를 가릴 수 있으므로 이 점에 주의하여 소리가 중앙으로 모이도록 하여야 한다.

　관객은 소리로 듣기 전에 먼저 본다는 점을 감안하여 스피커와 무대가 조화를 이루도록 커튼을 치는 것을 고려하는 것이 바람직하다. 또 실내 면적과 관객의 수에 맞는 스피커를 선택하는 것도 매우 중요하다.

　최근에는 연설자나 공연자가 사용 중에 관객이 듣고 있는 증폭된 자신의 소리를 들을 수 있도록 하여주는 시스템인 스테이지 모니터 스피커를 많이 사용하고 있다.

　음향 시스템에서 주의하여야 할 사항은 다음과 같다.
- 음향 기사가 이벤트의 상황을 가장 잘 보고 음량 수준을 조정할 수 있는 위치는.
- 뮤지션 등 공연자는 어떤 마이크를 몇 개나 필요로 할까.
- 어떤 타입의 스피커와 모니터를 행사장에 설치하여야 할까.
- 또 다른 기술자들이 필요할까.-일부 출연자들은 자기 몸에 붙어있

는 무선 마이크에, 또는 악기나 음성의 성량 때문에 마이크의 재
배치를 요구하기도 한다.

2. 잔향

실내에서 음을 일으킨 후 그 음을 급하게 끊을 경우 음이 바로 소멸
되지 않고 그 음이 서서히 소멸되어 가는 것을 잔향이라고 한다.

이 때 잔향이 많은 상태를 라이브라고 부르고 그 반대의 경우를 데
드라고 한다. 잔향은 벽이나 천정, 마루로부터의 반사음의 집합인데, 잔
향의 길이를 잔향시간이라고 부른다.

잔향시간의 최적치는 용도나 홀의 넓이에 따라 다르게 되지만 일반
적으로 거실에서는 0.2-0.5초, 스튜디오에서는 0.5-1초, 홀이나 극장에
서는 1.3-1.7초 정도가 적당하다고 할 수 있다.

1970년대 까지만 하여도 대단히 데드한 0.4초 이하의 스튜디오가 많
았으나, 최근에는 라이브 지향적인 스튜디오가 대부분이며, 하나의 스
튜디오에 라이브존과 데드존을 함께 응용하고 있는 곳도 많다.

3. 마스킹 효과와 하스 효과

인간은 일반적으로 조용한 방에서는 바늘이 떨어지는 소리도 감지하
지만 시끄러운 방에서는 말을 알아듣지도 못하는 경우가 많다. 이와 같
이 방해 음 때문에 목적 음을 듣는 것이 어렵게 되는 현상을 마스킹 효
과라고 부른다.

이 때 방해 음이 있을 때와 없을 때의 최소 가정치의 레벨차를 마스
킹 량이라고 부른다. 마스킹 량이 크게 되면 그 만큼 목적 음을 듣는
것이 어렵게 된다.

마스킹 효과는 방해 음의 성질에 따라서 다르게 되는데, 일반적으로
다음의 특징이 있다.

- 방해 음의 레벨이 올라가면 마스킹 량이 증가한다.
- 방해 음과 목적 음의 주파수가 가까울수록 마스킹 량이 증가한다.

● 저음은 고음을 마스킹 하지만 고음은 저음을 마스킹 하지 못한다.

하스 효과는 두 개의 스피커 A, B에서 같은 음을 동시에 내보낼 때 두 개의 스피커에서 2등변 삼각형 지점에 있는 사람에게는 음이 그 중앙으로부터 들려오게 되는데, 이 때 B 스피커의 음을 A 스피커의 음보다 약간이라도 크게 하는 경우 음은 B 스피커에서 들려오게 되는데 이러한 효과를 말한다.

4. 음향장비

오늘날에는 방송장비의 발달과 더불어 수많은 악세서리 장비들의 활용으로 인해 믹싱기술이 매우 향상되어 오디오맨(Audio Men)이 해당 작품의 성과까지도 결정짓게 되었다.

1) 마이크

마이크는 음향 에너지를 전기 에너지로 바꾸기 위하여 사용하는 전기음향 변환기를 말한다.

이러한 마이크는 그 동작의 원리와 형태에 따라서 다음과 같이 분리되고 있다.

① 다이나믹 마이크(Dynamic Mic) ② 콘덴서 마이크(Condenser Mic)
③ 무빙코일 마이크(Movingcoil Mic) ④ 리본 마이크(Ribbon Mic)
⑤ 크리스탈 마이크(Crystal Mic) ⑥ 와이어레스 마이크(Wireless Mic)
⑦ 진공관 마이크(Tube Mic) ⑧ 압전기 마이크(Piezoelectric Mic)
⑨ 목걸이형 마이크(Lavalier Mic) ⑩ 수중형 마이크(Underwater Mic)
⑪ 권총형 마이크(Gun Mic) ⑫ 손에 쥐는 마이크(Hand Mic)
⑬ 옷에 찝는 마이크(Pin Mic)

이러한 마이크들은 마이크 고유의 특성과 여러 가지 모델별로 제조회사 각각의 이름을 붙여 생산되고 있다.

마이크를 그 기능별로 분류하면 무지향성 마이크, 단일지향성 마이크, 양지향성 마이크 등으로 구분할 수 있다.

2) 오디오 악세서리(Audio Accessory)

오디오 악세서리는 각종의 음향효과를 만들어 주는 장비들을 말하는데, 다음의 것들이 있다.

(1) 에코 머신(Echo Machine)

에코 머신은 음의 잔향효과를 만들어주는 기계장치로서 여러 가지 형태의 다양한 방법이 있다.

(2) 이펙트 머신(Effect Machine)

이펙트 머신은 원음에 변질을 줌으로써 여러 가지의 효과음을 발생시키는 장비를 말한다. 동굴소리, 강당소리, 확성기 소리, 컴퓨터 음성, 우주인의 소리, 전화 목소리, 비오는 소리 등 여러 종류의 효과음을 얻을 수 있다.

(3) 이퀄라이저(Equalizer)

이퀄라이저는 음의 주파수 대역을 이동시켜서 음의 변화를 얻어내는 장비로서 파라메틱 이퀄라이저(Parametic Equalizer), 그래픽 이퀄라이저(Graphic Equalizer), 콤포지트 이퀄라이저(Composite Equalizer) 등이 있다.

(4) 컴퓨레셔 리미터(Compressor Limiter)

(5) 디레이 머신(Delay Machine)

디레이 머신은 원음을 시간적인 차이를 두며 지연시키는 장비로서 가수나 악기음에 주로 사용된다.

(6) 디레이 라인(Delay Line)

디레이 라인은 음의 입력과 출력 사이에 시간을 지연시키는 장비를 말한다.

3) 콘솔(Audio Mixing Unite)

콘솔은 음향 콘트롤 센터(Control Center)로서 마이크로부터 흡입된 여러 가지 음들과 녹음기, 턴테이블, VCR 등 다양한 이펙트 장비들로 부터 발생되는 음을 훼터(Fader), 노브(Knob), 스위치들을 조정하여 Input, Output, Moniter의 소리들을 조절 혼합하여 음의 앙상블(화음의 조화)을 이루게 만드는데 사용되는 기기를 말한다.

채널(CH)로 표시하며 100채널이 넘는 기기까지 그 모양과 종류가 사용 용도에 따라서 매우 다양하다.

제4절 특수효과의 처리

특수효과는 이벤트, 영화, CF, 음향, 조명 등에서 특별한 효과를 만들어 내는 것을 말한다. 이벤트에서는 이 효과를 표출하기 위하여 전기, 고압가스, 화약, 화공약품, 기계장치 등을 적절하게 사용하게 된다.

특수효과의 종류 및 특성을 살펴보면 다음과 같다.

① 무대효과용 화약; 각 인치별 분수불꽃(순간, 5초, 10초, 15초, 2-타임), 마인, 코메트, 나이아가라, 라인로켓, 플랙불 등
② 비누방울
③ 이산화탄소; 연기의 수직 상승
④ 포그머신; 공중으로 뜨는 연기
⑤ 드라이아이스; 바닥으로 가라앉는 연기
⑥ 스노우머신; 눈내리는 효과
⑦ 에어샷; 꽃가루 순간 발사
⑧ 불기둥; 불기둥의 표현
⑨ 빅블러스터; 꽃가루의 지속적 발사
⑩ 자이언트 파이어; LPG 가스 압축 후 순간 방사
⑪ 각종 기계 장치

제11장

이벤트의 영상기록

제1절 영상기록 기획서의 작성

방송 프로그램의 성공은 기획에 달려있다고 할 수 있다. 기획은 프로그램의 성격, 목적, 방향, 전략 등을 명확하게 하는 것으로서 프로그램의 기본적 골격이 된다.

수많은 프로그램에서 실패의 주요 원인은 대부분의 경우 기획의 잘못에 있다. 즉, 기획이 모호한 상태에서 프로그램이 출발하게 되면 나침반이 없는 항해처럼 끝이 보이지 않게 된다. 잘 짜여진 기획이 프로그램의 성공을 반드시 보장하는 것은 아니지만 잘못 짜여진 기획은 반드시 프로그램을 망치게 만든다.

좋은 기획은 타고나기도 하지만 그보다는 훈련에 의해서 이루어진다. 기획력을 키우기 위해서는 우선적으로 현실에서 기획의 유용성을 인식하는 것이 중요하며, 기획의 요소를 이해하는 것이 필요하다.

1. 기획서 작성시의 고려사항

1) 기획의 배경과 필요성

그동안 무수하게 많은 프로그램이 만들어졌는데, 바로 이 시점에서 이 프로그램을 만들려는 배경은 무엇인가. 그리고 이러한 배경 속에서 이 프로그램은 왜 필요하며 얼마나 절실한가. 이 프로그램은 누구에게 필요한 것인가. 바로 이러한 배경과 필요성의 인식이야말로 성공적인 기획의 중요한 출발점이 된다.

즉, 배경을 드러낼 때 그 필요성이 나타나고 필요성이 명확해지면 기획의 절반은 성공을 보장받게 된다.

2) 목적(의도)과 효과

배경과 필요성을 기반으로 하여 기획의 구체적인 목적이 무엇인가를 압축하여 분명히 하여야 한다. 그런데 그 목적은 '어떠한 변화를 일으키려 하는가'하는 실질적인 기대효과에 대한 고려 속에서 만들어져야지 단순히 구호로 드러나서는 안된다. 예를 들어 "질서를 잘 지킵시다", "친절합시다"하는 것은 캠페인의 직접적인 목적이 되겠지만, 그 캠페인의 기대효과까지 고려하면 미흡하다고 볼 수 있다. 즉, "질서를 잘 지킵시다", "친절합시다"라고 하는 식의 직설적인 구호보다는 오히려 "먼저 가시죠"라고 하는 적시 기대효과를 달성하는 것이 더 효과적일 수 있다.

이처럼 분명하게 정리된 목적가 효과는 나중에 프로그램을 평가할 때 평가의 기준이 될 수 있다.

3) 대상

프로그램 기획의 최종 목적은 "그 기획이 채택되고, 보게 되어 좋은 평가를 받는다"는 것이기 때문에 항상 능동적인 시청자들은 무엇을 원하며, 무엇을 필요로 하는가에 대한 고려가 필요하다. 즉, '과연 이 프로그램이 누구를 겨냥하고 있는가'가 명확히 정해져야 한다는 것인데, 효과가 제대로 달성되려면 가능한 한 목표대상을 아주 좁혀주어야 한다. 대상을 서로 특성이 다른 여러 집단으로 넓혀주면 더 많은 사람들로부터 더 많은 효과를 거둘 수 있을 것 같게 보이지만 그렇지 못한 경우가 더 많다.

타깃의 설정이 모호하면 제작물 역시 모호한 이야기가 될 수밖에 없고 그만큼 설득력도 떨어지게 된다.

4) 주제

한 가지 목적의 프로그램에도 주제는 여러 가지로 다양할 수 있다. 예를 들어, '시청자가 봉사활동을 많이 하도록 유도하자'는 기획 목적을 설정할 경우 이 목적은 몇 가지의 세부 주제로 나누어 볼 수 있다.

주제1; 그동안 사람들은 얼마만큼의 봉사활동을 하여왔는가.

주제2; 사람들은 무슨 이유로 봉사활동을 기피하는가.

주제3; 봉사하는 사람은 행복하다.

이 세 가지의 주제 중 주제1의 접근으로 제작된 프로그램이 기존에 많았고 시청자들이 많이 접해온 것이었다면, 이러한 주제로 다시 제작하는 것은 신선한 접근방식이 아니다.

그러나 만일 주제2와 주제3의 접근방식으로 제작된 프로그램이 거의 없었다면 이런 방식의 프로그램은 시청자들에게 신선할 수가 있다. 이와 같이 프로그램의 목적 내용은 여러 주제로 접근할 수 있는데, 이들 주제 중에서 하나를 잘 골라서 신선한 주제로 압축하여 제시할 수 있어야 한다.

주제가 모호하고 말이 많아지면 기획단계에서부터 설득력이 떨어진다. 주제는 노골적일 수도 아닐 수도 있으나 대개 감추듯이 그 모습을 드러내는 것이 좋다.

5) 차별화

이 기획은 다른 프로그램과 무엇이 다른가 하는 점을 깊이 고려하여야 한다. 어떠한 프로그램이든지간에 자세히 보면 다른 점이 있다고 말한다. 그러나 대동소이는 금물이다. 즉, 비슷한 점은 과감히 삭제하고 다른 점을 강조하고 확대시키는 것이 좋다.

차별성을 강화하고 구체화하여 그 요소를 프로그램의 부분이 아니라 전체로 확대하는 것이 좋은 프로그램을 만드는 방법이 된다.

6) 심도

심도는 프로그램 내용의 깊이를 말하는 것으로 개론적인 것이냐 아니면 각론적인 것이냐의 차원을 말하게 된다.

프로그램의 깊이는 소재의 인지도나 시청자의 수준에 따라서 적절히 결정되어야 한다. 만일 기획하고 있는 소재가 기존에 많이 알려진 내용이라면 프로그램의 심도를 보다 각론적으로 깊게 들어갈 수 있지만, 잘 알려지지 않은 소재라면 시청자가 이해하기 쉬운 개론적인 심도로 내용을 구성하는 것이 더 효과적이다. 여기서 심도 조절에 실패를 하면 공들여 만든 프로그램이 시청자들에게 제대로 어필되지 못하는 결과를 낳게 된다.

7) 형식과 스타일

프로그램의 형식과 스타일은 그 내용에 못지 않게 중요하다. 신선한 형식과 스타일은 그것만으로도 주의력을 집중시키는 효과가 있다.

8) 슬로건

프로그램의 컨셉, 가치, 의미, 성격 등을 한마디로 전달하는 선동적 구호를 찾아내는 일도 중요하다. 이는 주제를 한결 더 강하게 만드는 역할을 한다. 예를 들어 '삼성이 만들면 다릅니다', '대우 탱크주의', '이제는 말할 수 있다' 등도 좋은 슬로건이라고 할 수 있다.

슬로건은 말하기 쉽고, 듣기 쉽고, 기억하기 쉽게 만드는 것이 바람직하다.

9) 자료조사

기획은 아이디어로부터 시작하게 되지만 조사와 취재를 통해서 구체화된다. 자료조사가 없는 기획은 모래 위의 성곽과 마찬가지가 된다.

과거 우리나라의 방송 프로그램 중에는 일본의 프로그램을 모방하여 만드는 것이 많았는데, 이것은 우리나라의 제작자들이 일본의 제작자들보다 능력이 부족해서 라기 보다는 기획단계에 대한 투자(시간과 제작비)가 부족하기 때문이었다.

우리나라 방송사의 경우 프로그램의 제작시 조사에 투자하는 비율이 일본에 비해 떨어지는 것이 현실이다.

10) 예산

기획의 필요성과 효과가 분명하여야만 설정된 예산에 스스로 자신감을 가질 수 있다. 예산은 기획의 필요성과 기대효과에 입각하고 철저히 수치로 환산하여 제시되어야 한다. 그리고 그 산출된 수치는 분명한 이유를 지니고 있어야 한다.

상황에 따라서는 그 기획의 필요성과 기대효과와 관련된 분명한 이유가 있음에도 불구하고 현실적인 재정문제로 예산을 줄이려는 일이 많다. 그러나 기획을 전면적으로 수정하고 기대효과를 바꾸기 전에는 기본적으로 예산은 협상의 대상이 아니다. 즉, 예산을 양보하면 기획이 무너지기 때문이다.

2. 기획서 작성방법

1) 기획서의 주요 항목

기획서는 전체 프로그램의 간략한 설명서를 말한다. 이러한 기획서의 작성은 프로그램의 유형에 따라서 조금씩 다르게 된다. 다음에서는 일반적으로 명시되는 기본 항목을 설명하기로 한다.

(1) 프로그램의 제목

프로그램의 제목은 기획의 초기단계에서는 가제(假題)로 정해 놓고 분명하지 않게 시작하는 경우도 있다. 그러나 많은 제작자들이 기획서의 제목만 언뜻 보아도 히트할 수 있는 프로인지를 직감한다고 할 정도로 타이틀의 비중이 크다. 따라서 신선하면서도 관심을 끌 수 있는 타이틀을 찾는 노력이 필요하다.

내용과 거리감이 느껴지고 애매한 제목보다는 좀 더 구체적인 제목이 좋다. 특히 텔레비전은 시대를 비추는 거울이라고 할 만큼 현실성이 높은 매체이기 때문에 추상적이고 정적인 제목보다는 현재 진행형의 동적인 타이틀을 쓰는 것이 효과적이다.

(2) 기획의 의도

기획의 의도는 프로그램에서 기본개념의 표현이라고 할 수 있다. 프로그램이 존재하여야 하는 필요성과 효과를 제시하고, 기존 프로그램과의 차이점과 새로운 점을 기술하여야 한다. 이 때 독선적이 되어서는 안 되며 너무 장황하게 나열하는 것도 좋지 않다.

(3) 방송의 일시

프로그램의 기획에서는 방송되는 계절이나 계기성을 부여함으로써 프로그램의 효과를 높여야 한다. 또 같은 내용의 방송이라도 방송시간에 따라 다른 효과를 낼 수 있으므로 방송시간이 갖는 의미는 크게 된다.

요즘처럼 생활 시간대가 다양해지는 상황에서는 이러한 추세를 잘 반영하여야 한다. 즉, 젊은이를 위한 프로는 심야 시간대에, 비즈니스맨을 위한 프로라면 아침 시간대에 방송하는 것이 바람직하다.

(4) 제작의 형식

방송일시와 더불어 프로그램의 의도와 여건에 맞는 제작 포맷을 만드는 것이 중요하다. 기획서를 작성할 때 제작형식은 스튜디오물, ENG물(야외 리포터물 혹은 나레이션물), 스튜디오+ENG, 중계차 등으로 구분하여 기재하면 된다.

(5) 주요 출연자

구성 프로그램의 경우에 MC나 출연자를 예시하는 것으로, 이렇게 함으로써 프로그램의 포맷과 성격이 명확해지게 된다. 드라마의 경우는 배역의 성격과 배역간의 상관도를 예시함으로써 프로그램에 대한 이해를 넓혀주게 된다.

상황에 따라서는 프로그램에 꼭 필요한 소품과 도구를 명시함으로써 프로그램을 명확히 해주는 것이 좋다.

(6) 프로그램 내용 혹은 제작 방향

이 부분은 기획의도를 더욱 상세하게 설명해주는 것이다. "이런 것이 이처럼 재미있게 조정되어 내용이 전개됩니다" 등으로 시선을 집중시키는 것으로 해당 프로그램의 특징, 차별점, 전개방식 등이 포함된다.

(7) 소재의 예

이 부분에서는 기획된 주제를 구체적으로 어떤 소재를 통해 전달할 것인지를 제시하게 된다. 특히 일정기간 계속적으로 진행된 정규물인 경우 풍부한 소재의 예를 달아줌으로써 해당 프로그램이 일정기간 무리없이 제작될 수 있다는 예측을 가능하게 해준다.

(8) 방송효과 및 문제점

여기서는 방송시 예상되는 효과와 문제점을 잘 제시하고 이에 따르는 적절한 대책도 제시하여야 한다.

(9) 예상 제작비(총액과 내용)

모든 프로그램의 제작에는 예산이 따르게 된다. 예산은 프로그램의 필요성과 효과에 입각하여 합리적으로 집행되어야 하는 예상 제작비를 제시한다.

(10) 구성안의 예

구성안의 예에서는 프로그램이 구체적으로 어떤 방식으로 구성되는지를 한눈에 파악할 수 있도록 대략적인 구성안의 예를 1-2편 정도 제시한다.

2) 큐시트(Cue-Sheet)

큐시트는 프로그램의 개시에서 종료시까지 무엇을 어떤 타이밍으로 방송 또는 녹음, 녹화할 것인가를 일정한 형식에 의거하여 기입하는 진행표를 말한다. 각각의 스태프 즉, 카메라맨, VCR 담당자나 음향효과 담당자에게 구두로 지시할 내용을 시각적으로 도표화 한 표현수단을 말한다.

방송PD에게는 큐시드의 의미가 복합적이라고 할 수 있다. 즉, 프로그램의 단순 진행표, 스탭과의 약속된 진행, 구성의 흐름과 내용을 분석하는 보고서, 제작일지로서의 기능, 제작비 정산시 필요한 참고자료 등으로 쓰이게 된다. 큐시드 작성에 필요한 사항은 다음과 같다.

(1) 시간

시간은 한 꼭지 진행 시간과 누적 시간으로 기입한다. 녹화일 경우는 나중에 편집을 하기 때문에 어느 정도 여유가 있지만 생방송일 경우는 정확한 시간의 기입이 필수적이다. 그러나 녹화일 경우라도 코너별로 적절한 시간 안배를 하여야 하기 때문에 시간의 고지는 필요하다.

(2) 제목

제목은 전체 프로그램에서 코너별 혹은 항목별로 단락을 나눠주는 칸이다.

(3) 내용

이 부분은 각 항목별로 구체적으로 어떠한 내용이 들어가는지를 기록하는 것이다. 꼭 필요한 내용만을 추려서 간결하고 명확하게 전달되도록 기록한다.

(4) 구분(VCR, 음향, 무대)

이 부분에는 각 코너가 스튜디오에서 생방송으로 진행되는 것인지, 미리 찍어서 테이프로 준비한 영상자료를 보는 것인지 등을 기입하는 것이다.

(5) 비고

비고란은 스튜디오 준비물이나 출연하는 리포터들이 적어 놓게 된다.

제2절 다큐멘터리(Doucumentary)의 제작

1. 다큐멘터리의 구성

다큐멘터리의 구성을 성공적으로 이끌어주는 가장 성공적인 핵심 포인트는 하나의 컨셉을 강조하기 위하여 연결고리를 만들어 가는 일이다.

초보자들이 다큐멘터리를 구성할 때 가장 실패하기 쉬운 요인은 기본개념의 부족에서 오게 된다. 명확한 개념이 설정되지 않은 구성안은 각 요소들을 병렬적으로 연결한 뜻한 인상을 주게 된다. 이 경우 전달하고자 하는 구성요소는 많은데 정작 전체를 통해 무엇을 전달하고 싶어하는지를 알 수 없게 된다.

구성은 단순하게 해당의 요소들을 나열하는 것이 아니고 단일 컨셉으로 모든 요소들을 모으는 것을 의미한다. 한 작품의 성공은 제작자가 의도한 하나의 컨셉을 시청자의 머릿속에 설득적으로 각인시키는 것을 의미한다.

(1) 프롤로그(Prologue)와 에필로그(Epilogue)

프로그램을 구성할 때는 항상 시작과 끝을 먼저 생각하여야 한다. 이 것을 일명 '뚜껑 만들기'라고 한다. 프롤로그와 도입부의 시퀀스, 그리고 에필로그 시퀀스가 결정되고 나면 구성의 절반은 끝난 셈이 된다.

포롤로그는 전체 내용을 대표하거나 암시하는 단서가 들어가는 곳으로 프로그램에서는 첫 번째 승부처가 된다. 따라서 프롤로그는 앞으로 전개되는 내용에 대한 동기를 부여할 수 있어야 하며, 동시에 인상적이어야 한다.

모든 프로그램은 처음이 잘 풀리면 다음도 잘 풀리게 된다. 즉, '30초 안에 터지지 않으면 채널은 돌아간다'고 하는 말은 다큐멘터리에서도 그대로 통한다. 30초는 지나친 감이 있지만 시작 5분 안에 무언가 강렬함이 없다면 시청자는 흥미를 잃게 된다. 그렇지만 시작부터 가지고 있는 모든 것을 내보내고 나면 본편에서는 더 이상 재미있는 전개로 끌고 나가는 것이 쉽지 않게 된다. 따라서 시작은 인물의 특징적 성격(캐릭터)이나 사건의 단초를 제공하는 것이 바람직하다.

에필로그는 전체 내용을 복습하거나 음미하는 것이다. 에필로그에서는 지금까지 전개된 전체의 내용인 주제와 내용을 압축된 메시지로 전달하여야 한다.

(2) 시간의 설정

각 구성요소는 그 나름의 제공하려고 하는 정보가 다를 것이고, 각기 그 정보에 맞는 시간량이 분배된다. 따라서 구성요소 마다의 적절한 시간을 읽어낼 수 있어야 한다. 각 구성요소에 대한 시간의 분배에서는 목표로 하는 컨셉을 최대한 부각시키는 전략이 가장 중요하다.

시간이 부족하다면 웬만한 기타 요소들을 과감하게 삭제하는 것도 좋다. 따라서 편집은 버려할 것을 잘 버리는 작업이라고 말하는 제작자들도 있다.

(3) 갈등과 구조화

이것은 드라마에서와 같은 원리로 이해하면 된다. 드라마에서 주인 공은 목표를 이루기 위하여 구체적인 착수행위(관통행위)들을 시도한 다. 그러나 주인공을 둘러싸고 있는 환경 측에서는 주인공의 목표가 성 취되기를 원하지 않으므로 강한 장애물을 총 동원하여 방해하게 된다. 따라서 모든 드라마는 갈등이고, 갈등 없이는 드라마가 없다고 말한다.

드라마가 필요성-장애와 갈등-해결을 위한 전진-변증법적 상승(나 선형 상승)으로 이루어 지듯이 다큐멘터리도 갈등의 요소를 찾아내고 구조화 시키는 노력이 매우 필요하다. 이 때 등장인물이 추구하는 필요 성(초목표)이 강하게 작용하여야 갈등의 요소도 살아날 수 있게 된다.

(4) 주인공의 매력 부각

드라마와 마찬가지로 다큐멘터리도 인물, 사건, 배경이 이야기 전체 의 기본적 요소가 된다. 특히 휴먼 다큐멘터리의 경우 수많은 사람들 중에서 왜 하필 이 사람인가 하는 공감대 형성이 핵심과제가 된다. 따 라서 시작과 함께 인물(주인공)의 특징적 성격을 소개하는 일은 무엇 보다도 중요하다.

다큐멘터리에서 성격의 소개는 창조된 성격을 소개해서는 안 되고 있는 그대로의 성격적 특성을 강조하고 소개하는 요령이 필요하다.

(5) 시퀀스의 구성

드라마와 마찬가지로 다큐멘터리도 한 시퀀스는 전체 구성에서 하나 의 미니어처(Miniature)가 된다. 즉, 전체의 모습을 부분적으로 나타내 는 중층적인 구조체를 이루는 것이 된다.

전체 구성에서 뿐만 아니라 한 단위인 시퀀스 안에서도 작은 구성을 찾아볼 수 있으며 소 클라이맥스 역시 존재한다고 보면 된다.

(6) 휴식공간

시청자로 하여금 집중력을 유지시키려면 긴장과 이완을 반복하는 것 이 좋다. 적절한 이완은 긴장을 강화시키기 때문이다.

전체 구성 중에서 음악만이 존재하는 공간은 휴식공간이 될 수 있다.

따라서 긴장 직후에는 음악으로 적절한 휴식공간을 설정하여 이완시켜 주는 것이 시청자에 대한 서비스가 된다.

(7) 현장음

현장음 혹은 자연음을 충분히 살려야 한다. 리얼리티는 현장음에서 나온다. 현장의 바람소리, 차소리, 심지어는 침묵조차도 의미 있는 오디오 요소라고 할 수 있다. 따라서 이러한 오디오를 효과적으로 활용하는 것이 바람직하다.

(8) 기획의도-주제(테마)-소재(아이템)의 순

기획의도는 프로그램을 통하여 성취하고자 하는 방송의 목적을 말한다. 그리고 주제는 기획의도에 부합되는 핵심적 주장이고, 소재는 주제를 표현하고 구현시키기 위한 대상물이나 현장 혹은 현상이라고 할 수 있다.

기획의 과정에서 의도-주제-소재의 순서가 무너지면 과도한 경쟁 양태가 나타난다. 예를 들어 휴먼 다큐멘터리를 기획할 때 간혹 수많은 사람들 중에서 그럴듯한 소재(인물)만 선정하고, 그 사람을 있는 그대로 소개하는 것으로 한 편의 작품이 완성되는 것으로 막연하게 생각하는 경우도 있다. 그러나 의도나 주제에 대한 정립이 부족한 상태에서 단지 소재가 새롭고 흥미롭다는 것만 가지고 제작을 하다보면 무리가 따르게 된다. 이는 이렇다 할 인생관, 사회관, 역사관이 없이 어떠한 일을 도모하는 것과 마찬가지가 된다.

휴먼 다큐멘터리에서 가장 중요한 사항은 의도와 주제를 먼저 설정하고 여기에 가장 적합한 인물을 찾아내어 제작을 시작하는 것이 가장 무리가 없는 방법이 된다.

2. 해설(나레이션)

다큐멘터리의 해설은 사실감을 설득력 있게 전달하는 것이 좋다. 다음에서는 해설에서 주의하여야 할 사항을 구체적으로 설명하고자 한다.

(1) 해설은 화면의 중계(화면의 설명)가 아니다

해설에서 설명적인 글 혹은 중계방송 형태의 해설은 하나마나하다. 해설은 화면의 의미를 지적해 주어야 한다. 사실적 상황은 저절로 전개되기 때문에 작가는 상황을 따라가기 보다는 인물의 성격을 파고 들어가서 보다 깊은 내면의 울림을 읽어내는 것이 좋다.

화면 속에 의미가 있고 장면 속에 글이 있으므로 화면을 깊이 관찰할 경우 써야하는 글이 보이게 된다.

(2) 영상을 무기화 하라

모든 장면을 해설로 처리한다는 강박관념은 버리는 것이 좋다. 다큐멘터리의 해설은 어느 정도가 적절한가에 대한 원칙은 없으나 통례를 보면 화면의 1/2에서 2/3까지가 무난하다. 즉, 30초의 장면에 해설을 넣는다고 가정하면 가급적 20초 이하로 하는 것이 좋다.

기본적으로는 화면의 앞과 뒤를 5초 이상씩은 남긴다는 생각으로 작성하는 것이 좋다. 그러나 해설의 길이에 대하여 고정관념을 가질 필요는 없다. 화면 자체의 소구력이 강하다고 하면 좀 적게, 그 반대의 경우는 좀 많이 쓰는 것이 기본이다. 필요에 따라서는 해설을 전혀 쓰지 않을 수도 있다.

(3) 전지주의적(全知主義的) 해설은 피하라

해설을 전지주의적 관점에서 쓰게 되면 진실성이 없어 보이고 일방적이며 유치하게 보이게 된다. 따라서 상황과 행동을 묘사하는 것이 좋다.

(4) 오디오와 비디오를 정확하게 일치시킬 필요는 없다

오디오와 비디오를 정확하게 일치시킬 필요는 없으나 이것을 원한다면 해당 화면에서부터 해설을 시작하는 것이 좋다. 특히 화면과 일치되기를 기대하는 지시 혹은 지칭 대명사인 '이것과 그것', '여기와 저기' 등도 피하는 것이 좋다. 실제로 더빙을 할 때는 이런 단어는 화면과 정확히 일치시키는 것 자체가 어렵게 된다.

일반적으로 해설은 씬(Scene)의 중간 부분에 위치한다. 그러나 해설이 반드시 한 씬의 중간에만 있어야 할 필요는 없고, 두 씬의 중간에 있을 수도 있다. 때로는 이 경우가 해설을 쓰는데 훨씬 수월할 수도 있다.

(5) 구어체가 원칙이다

해설에서는 문어체가 아니라 구어체로 쓰는 것이 원칙이다. 즉, 글이 아니고 말을 쓰라는 뜻이다. 그러나 최근에는 이 원칙도 절대적이 되지 못 하고 있다.

해설을 쓰는 것에 대하여 종래에는 "말하듯이 쓰고, 한번 쓰면 고치지 말라. 자연스러움이 죽는다"라고 하였으나, 최근에는 시청자의 수준이 높아져서 구어체와 문어체의 벽도 허물어지고 있다. 따라서 사안별로 전달효과를 판단하여 선택하는 것이 현명하다.

그렇지만 방송문장은 궁극적으로 '말'이므로 소리내어 읽고 들으면서 쓰는 것이 좋다. 이 때 읽는 사람의 호흡단위(문장의 길이와 구절)와 음률에 신경을 쓰는 것이 좋다. 즉, 옛 시조처럼 리듬있는 문장이 좋다. 단어 역시 발음이 쉬운 어휘, 색깔이 밝은 단어를 선택하는 것이 좋다. 발음상으로 보면 '하여'보다는 '해서'를 그리고 '되어'보다는 '돼서'가 해설을 위한 단어에 적합하다.

(6) 시청자는 본 다음에 느낀다

해설이 화면의 상황을 앞서서는 안 된다. 그러나 때로는 일부러 해설이 선수를 칠 필요도 있다. 이러한 경우를 제외하면 TV를 보는 사람들은 귀가 아닌 눈과 가슴으로 무언가를 느끼고 싶어 한다는 점을 명심할 필요가 있다.

(7) 테마를 잊지 말자

전달하고자 하는 테마를 잊지 말아야 한다. 모든 작가적 해석은 주제가 안내해 주는 관점을 통하여 나오게 된다. 특정의 장면이나 상황에서 주인공의 반응을 어떻게 보여주느냐는 바로 주제의식에서 나온다. 따라서 단순히 사실을 전달하는 해설은 바람직하지 않다.

(8) 해설은 재확인할 수 없는 문장이다

방송의 문장은 재확인이 불가능하다는 점이 인쇄매체의 글과 다른 점이다. 따라서 방송해설은 쉽고 일회적이어야 하며 복문을 피하고 단문으로 써야한다.

듣는 글에서 긴 문장은 시청자의 집중력을 약화시키므로 문장의 길이는 10초를 넘지 말아야 한다. 이를 위해서는 정확한 어휘의 구사능력과 함축적 표현력을 갖추는 것이 요구된다. 형용사와 부사가 많아져도 좋지 않다.

(9) 해석이 사실 속에 녹아들어서는 안 된다

어떤 프로그램의 해설이든 '사실의 전달'과 '사실에 대한 해석과 평가'를 가하는 기능이 공존하게 된다. 이 때 중요한 것은 해석이 사실 속에 녹아들어서는 안 된다는 점이다. 뼈와 살이 화학적으로 결합되면 인체는 서 있을 수 없듯이 사실 부분과 해석 부분이 모호해서는 좋지 않다.

다큐멘터리의 해설을 쓰는 작가는 창작자와 저널리스트의 두 가지 관점을 계속 유지하여야 한다. 그러나 아름다운 표현보다는 정확한 표현이 중요하고 의미와 정보 사이에서 고민이 되는 경우에는 정보를 우선시키는 것이 좋다.

(10) 인칭의 효율적인 선택이 중요하다

3인칭의 해설은 객관적인 보고서라는 특성이 있다. 이에 비해 주인공이나 특정 등장인물의 시각에서 말을 하는 1인칭 해설은 얼마든지 주관적일 수 있다. 1인칭의 해설은 감정의 이입이 자유자재이고, 화면 밖의 사실을 끌어들일 수 있으며 얼마든지 섬세할 수 있다. 그러나 치밀하지 않으면 유치해지기 쉬운 점이 있다.

사실을 전달하는 경우 서술어로 '-했다'와 '-했습니다'의 표현이 둘 다 가능하지만 '-했다'는 제3자의 입장에서 말할 때 적합하고, '-했습니다'는 호소나 설득이 필요할 때 더욱 적합하다.

(11) 문약(文弱)에 빠지지 말아야 한다

개인의 감정을 강요하지 말고 감상에 빠지지 말아야 한다. 요즘 방송에 보이는 해설을 보면 마치 개인의 문학작품 발표회와 같은 인상을 주는 경우가 있다. 작가는 감정의 늪에 빠지지 말고 적당한 거리를 유지하여야 한다.

방송작가의 95% 이상이 여성이지만 사실상 작가는 여성적 취향보다는 중성적인 것이 좋다. 특히 프로그램에서는 나약함이 드러나지 말아야 한다.

(12) 글은 일정한 틀을 유지하여야 한다

글은 일정한 톤과 율이 있는 것이 좋다. 그래야만 귀에 닿는 문장이 된다. 만담조와 논설조가 산만하게 뒤섞어 있거나 감상투와 분석투가 오락가락하는 것은 바람직하지 않다.

(13) 접속사는 절제한다

'그리고', '그래서', '그러나' 등의 접속사는 기본적으로 다큐멘터리 해설에서는 필요가 없다. 다만 특별히 강조하거나 국면전환처럼 꼭 필요한 경우에 효과적으로 사용하는 것이 좋다. 불완전 문장은 성우의 연기력과도 관련된다. 문장이 불완전하게 끝나면 더빙시 성우들이 잘 소화를 해 내지 못하게 된다.

(14) 광고카피와 드라마 대사를 많이 읽고 들어라

좋은 다큐멘터리 해설을 쓰고자 한다면 광고카피와 드라마 대사를 많이 읽고 듣는 것이 좋다. 광고카피를 많이 읽고 들으면 압축의 요령, 조어능력, 어휘조합 능력이 향상된다.

절박감이 있고 토속적인 어휘가 우리 정서에 맞고, 상투적인 어휘, 배타적 어휘, 외래어, 외국어는 피하는 것이 좋다.

제3절   카메라의 조작

카메라는 크게 렌즈. 본체, 뷰파인더의 3가지 요소로 구성된다. 물체에서 반사된 빛은 렌즈에 의하여 모아진다. 모아진 빛은 렌즈의 면에서 광학적 영상으로 바뀌게 된다. 바뀐 영상은 다시 카메라 본체에 내장되어 있는 촬상장치에 의하여 전기적 신호로 바뀐다.

이 신호는 화면상으로 볼 수 있는 영상으로 다시 변환되어 카메라 뷰인상을 전기신호로 변환시키고 이 신호를 TV 등의 화면상의 영상으로 다시 변환시키는 일반원리에 의해 카메라가 작동한다.

1. 렌즈

렌즈는 카메라의 눈이라고 보면 된다. 촬영하는 사람의 피사체로부터 받은 이미지는 렌즈를 통과하여 전달된다. 따라서 성공적인 촬영을 위해서는 렌즈에 대한 이해가 중요하다.

카메라 렌즈는 크게 노출, 초점, 줌 등의 세 가지 조정기능이 있다.

노출은 렌즈를 통하여 들어오는 빛의 양을 말한다. 카메라에 들어오는 빛의 양은 조리개(Iris)에 의해 통제받는다. 조리개는 사람의 눈의 수정체에 해당하는 것으로 여러 장의 얇은 금속막을 다각형 구조로 중첩시켜서 렌즈를 통과하는 빛의 량을 제어하고 영상의 밝기를 조정하는 역할을 한다.

조리개에는 노출정도를 나타내는 F스톱 숫자가 표시되어 있다. TV 카메라에 사용되는 렌즈의 일반적인 F스톱 범위는 1.4, 2.0, 2.8, 4.0, 5.6, 8.0, 11, 16, 22이다. 숫자가 낮을수록 조리개의 구경은 크고 들어오는 빛의 양이 많게 된다. F스톱의 한 단계는 조명을 2배로 증감시킨다. 만일 F1.4에서 렌즈의 결상면에 도달하는 광량이 1이라면 F2.0에서는 1/2, F2.8에서는 1/4로 줄어들게 된다.

노출이 너무 많으면 콘트라스트가 강해지며 밝은 부분의 피사체는 색과 모양이 왜곡된다. 어두운 곳에서는 노출을 열어줌으로써 조명 없이도 촬영할 수 있으나(이것을 Gain이라 함) 화질이 좋지 않게 된다.

조리개는 적절히 이용하면 적당한 피사체의 심도를 얻을 수 있다. 피사체의 심도는 카메라가 특정 중심 피사체에 초점을 맞추었을 때 중심 피사체의 앞뒤로 어디서부터 어디까지 초점이 맞아 보이는가 하는 범위라고 할 수 있다. 이 범위가 넓은 것은 피사체의 심도가 깊다고 말하고, 좁은 것은 그 반대로 피사체의 심도가 얕다고 말한다. 조리개는 닫을수록 피사체의 심도가 깊어지고, 반대로 조리개를 개방할수록 피사체의 심도는 얕아진다. 조리개 이외에 피사체의 심도를 변화시킬 수 있는 요인은 렌즈의 초점거리(광각렌즈, 망원렌즈)와 피사체 간의 거리가 있다.

2. 렌즈의 종류

1) 광각렌즈

광각렌즈는 화각이 넓어지고 피사체 심도도 넓게 된다. 이 렌즈는 화각이 넓기 때문에 협소한 공간에서 촬영시 피사체 심도가 깊어서 초점조절이 용이하다. 따라서 웅장하고 깊이감 있는 영상을 표현할 수 있고, 마음의 심리상태나 기분까지도 표현시킬 수 있다.

그러나 화각이 넓어짐에 따라 화면왜곡이 생긴다. 따라서 가까운 것은 더 가깝게, 먼 것은 더 멀게 표현하게 된다. 일부러 코믹한 장면의 연출을 위하여 얼굴을 납작하게 찍는 경우가 아니라면 약간 줌인을 하여 찍거나 거리를 조금 두는 것이 좋다.

2) 망원렌즈

망원렌즈는 피사체의 심도(초점이 맞는 범위)가 얕고 화각이 좁다. 따라서 불필요한 앞뒤의 배경을 초점에서 나가게 한다든지 중요한 부분을 강조할 때 사용한다. 이 렌즈는 Z축 선상의 거리를 좁혀줌으로써 물체가 실재보다 더 가까이 있는 뜻한 느낌을 줌으로 멀리 떨어져 있는 피사체의 촬영에 적합하다.

그러나 찍으려고 하는 물체와 뒤 배경과의 거리가 좁혀져서 바로 뒤에 있는 것과 같은 착각을 일으키게 만든다. 그리고 피사체의 심도가 얕아서 조금만 촬영대상이 움직여도 초점이 나가게 되거나 카메라의 떨림이 과장되어 버린다.

3. 카메라 앵글과 샷의 종류

1) 카메라 앵글

(1) 로우앵글(Low-Angle)

로우앵글은 화면의 영상이 더 힘있고 더 중요하며 더 권위적으로 보이도록 만든다.

(2) 수평앵글(Eye-Level Angle)

수평앵글은 평범하고 사실적으로 보이게 한다.

(3) 하이앵글(High-Angle)

하이앵글은 화면이 힘이 없어 보이고 중요도도 떨어져 보인다.

2) 샷의 종류

(1) 익스트림 롱샷(Extreme Long Shot)

이 샷은 모든 샷 중에서 가장 원경으로 아주 멀리서 넓은 지역을 촬영하는 샷이다.

(2) 롱샷(Long Shot)

롱샷은 멀리 넓은 범위를 촬영하는 화면 사이즈이며 넓은 느낌을 주는 샷으로 피사체와 카메라 사이가 먼 것을 뜻한다. 풀샷보다는 멀고 익스트림 롱샷보다는 가까운 샷이다.

(3) 풀샷(Full Shot)

풀샷은 표현하고자 하는 피사체의 전부가 프레임 속에 들어오게 만드는 샷이다. 전체적인 분위기, 주된 피사체 상호간의 위치 관계, 피사체의 큰 동작 등을 표현하는 경우에 사용한다.

보통 인물상의 경우 화면에 전신이 들어가는 사이즈를 말한다. 촬영현장에서는 익스트림 롱샷, 롱샷, 풀샷을 특별히 따로 구분하지 않고 풀샷으로 부르기도 한다.

(4) 풀 피겨샷(Full Figure Shot)

이 샷은 발끝에서 머리끝까지 피사체가 서 있는 몸 전체를 프래임 내에 집어넣는 샷으로 발끝이나 머리까지와 프레임과의 사이에는 적당한 여유(Foot Room, Head Room)를 가진다. 주로 전신의 움직임을 보여주고 싶을 때 많이 사용한다.

(5) 니샷(Knee Shot)

니샷은 무릎 위의 부분을 촬영하는 인물의 화면에 사용하는 샷으로 무릎의 약간 위로 촬영하는 것이 좋다.

(6) 웨이스트샷(Waist Shot)

이 샷은 인물을 촬영하는 경우 기본적인 카메라 사이즈의 하나로서 허리에서 머리까지가 프레임에 들어오게 하는 사이즈를 말한다.

(7) 바스트샷(Bust Shot)

바스트샷은 가장 많이 사용되는 화면의 하나다. 가슴에서부터 상반신을 담는 샷으로 어떤 특정인을 촬영할 때 강한 이미지의 표현이 가능하게 만든다. 완벽한 삼각형 구도로서 인물을 촬영하는데 기본이 되는 샷으로 뉴스와 대담 프로그램에 많이 사용된다.

(8) 클로즈업샷(Close Up Shot)

클로즈업샷은 인물의 촬영시 얼굴만 크게 촬영하는 것으로 얼굴의 표정이 명확히 드러나기 때문에 감정표현에 사용하면 효과적이다.

(9) 익스트림 클로즈업샷(Extreme Close up Shot)

익스트림 클로즈업샷은 피사체와 카메라 렌즈 사이의 거리를 극단적으로 접근한 화면으로 미세한 특정의 피사체나 눈, 코, 입 등의 신체 부위만을 화면 가득히 채우는 샷이다. 사람 눈의 크로즈업, 꽃잎의 클로즈업 등과 같이 특정 부분의 명칭을 붙여서 부른다.

(10) 타이트샷(Tight Shot)

이 샷은 인물상과 화면 프레임과의 틈새가 적게 촬영하는 카메라 샷이다. 긴장감을 표현하는 구도에 사용되는 샷으로 화면의 사이즈에 따라 타이트 바스트샷(T.B.S), 타이트 웨이스트샷(T.W.S) 등이 있다.

(11) 원투쓰리샷(One Two Three Shot)

프레임 속에 한 사람만을 넣는 것을 원샷(1S), 두 사람을 넣는 것을 투샷(2S), 세 사람을 넣는 것을 쓰리샷(3S) 등으로 사람의 숫자에 따라서 명칭을 붙인다.

(12) 그룹샷(Group Shot)

그룹샷은 피사체의 인물 네 사람 이상을 한 화면 내에서 촬영하는 것으로 네 사람 이상이 한 화면에 들어가는 샷을 말한다. 피사체가 되는 인물이 매우 많은 경우는 군중샷이라고 부르고 있다.

(13) 오버더 솔더샷(Over the Shoulder Shot)

오버더 솔더샷은 드라마나 영화 등에서 많이 사용하는 샷으로 인물의 머리나 어깨를 걸치고 그 너머로 다른 피사체를 촬영하는 것을 말한다.

(14) 크로스샷(Cross Shot)

크로스샷은 두 사람이 마주보고 대화하는 장면에서 한 사람만을 타이트 하게 잡고 다른 사람은 프레임에서 제외시키는 샷을 말한다.

(15) 헤드룸(Head Room)

헤드룸은 인물의 상단과 화면의 상단 가장자리 사이의 공간을 말한다. 헤드룸이 없으면 화면에서 인물이 화면의 상단에 붙어있는 듯한 느낌이 들고 그 반대로 지나치게 여백을 두는 경우는 화면상의 인물이 화면의 밑으로 처진 느낌을 준다.

여기서 주의하여야 할 점은 촬영시보다 실제로 TV를 통해 볼 때 화면의 가장자리 부분이 약간 잘려진다는 것을 알아야 한다. 이 샷에는 피사체의 시선을 고려한 노스룸(Nose Room)과 움직이는 방향에 따른 리드룸(Lead Room)이 있다.

4. 화면의 구성

1) 삼등분 법칙

삼등분 법칙은 화면구성의 기본이 되는 오래된 법칙으로 지금까지도 널리 사용되고 있다. 이 법칙은 멋진 구도를 만들어 주지는 못하더라도 최소한 어떻게 구도를 시작하는 것이 좋은가에 대한 힌트를 주게 된다. 이 법칙의 원리는 프레임의 상하, 좌우를 가상의 선으로 삼등분한 뒤 피사체를 이 가상선상이나 화면의 인상적인 포인트를 가상선이 만나는 네 개의 꼭지점에 위치시키는 것이다.

2) 좋은 구도의 설정

카메라맨들이 흔히 저지르는 일반적인 실수 중의 하나는 촬영을 하기로 한 위치에 도착하여 널찍하고 장애물이 없는 곳에 카메라를 설치하고 그 자리에서부터 촬영을 시작한다는 점이다. 그렇지만 이런 식의 촬영은 카메라맨의 능력을 제한시키게 된다.

카메라를 설치하기 이전에 반드시 주위를 한번 둘러보는 여유를 갖는 것이 바람직하다. 이 때 주변을 걸어 다니면서 까치발도 서보고 몸을 낮추어 보기도 하고 이쪽저쪽으로 살펴보기도 하여야 한다. 이렇게 하면서 자신에게 가장 알맞은 앵글과 배경, 색깔 그리고 균형 등을 찾아내어야 한다.

자신에게 보이는 형태로 구도를 잡을 필요는 없으며 몇 분의 짬이 있다면 가구의 배치를 바꾸고 시선을 혼동시키는 사물들을 치우거나 흥미로운 사물들을 재배치하여 좋은 상황으로 만들어 촬영하는 것이 좋다.

모든 방법을 총 동원하여 화면구성을 효과적으로 한 후에는 자신이 할 수 있는 가장 객관적인 시선으로 다시 바라보는 것이 좋다. 인간의 눈은 덜 중요한 사물의 세세한 부분 등을 머릿속에서 쉽게 지워버리는 습성이 있지만 카메라는 모든 것을 공평하게 보고 기록한다는 점을 잊지 말아야 한다. 가끔 완벽하다고 생각하여 찍은 휴가 중의 인물 장면을 현상해 보면 프레임 한쪽을 가로 지르는 전화선 따위를 발견할 때가 있게 된다. 따라서 카메라의 셔터를 누르기 전에 늘어져 있는 전화선을 발견하고 치울 수 있을 때 당신은 비로소 훌륭한 카메라맨이 될 수 있다.

제4절 편집의 방법

1. 편집의 목적과 기능

편집은 촬영한 영상과 음향을 소재로 하여 정해진 콘티에 따라서 필요없는 부분을 삭제하고 필요에 따라서는 순서를 바꾸어서 새로운 영상물을 창조해 내는 작업을 말한다.

편집의 목적은 무엇보다도 전체 프로그램의 기획의도에 맞도록 촬영한 내용을 재구성하여 사용할 샷을 선택하여 결정하는 것이다. 다음에서는 편집의 네 가지를 소개하고자 한다.

1) 결합(Combine)

결합은 가장 간단하고 중요한 기능으로 편집시 적절한 순서에 의거하여 비디오테이프로 녹화한 것을 장면별로 짜 맞춤으로써 프로그램의 부분들을 결합시키는 것을 말한다.

2) 손질(Trim)

손질이란 불필요한 부분을 잘라내고 말끔히 정리하는 것을 말한다. 예를 들어 뉴스 리포트에서 인터뷰 시간은 보통 8-15초 이내이므로 2-3분을 인터뷰 하였을 경우에 인터뷰 내용을 가장 효과적으로 보여줄 수 있는 부분을 10여 초만 편집하고 그 나머지는 잘라내게 된다.

3) 수정(Corret)

대부분의 편집에서는 잘못 촬영한 것이나 별로 마음에 들지 않는 장면을 잘된 장면으로 대체함으로써 원하는 영상과 소리로 바꾸는 작업을 하게 된다. 이러한 수정을 하는 편집은 여러번 촬영을 한 경우에는 연기자가 실수한 부분이나 마음에 들지 않는 부분을 단순히 잘라내면 되지만 다른 것으로 대체하여야 하는 경우에는 적지 않은 어려움이 따르기 때문에 신중을 기하는 것이 좋다.

4) 구성(Build)

구성은 이미 촬영이 완료된 수많은 화면들을 갖고 다시 새로운 프로그램을 만들어야 하기 때문에 전체 프로그램의 구성작업은 촬영된 장면들을 세심하게 프리뷰하는 데서 출발한다.

따라서 편집은 제작의 보조적인 역할을 하는 것이 아니라 제작의 창의적인 주요한 부분이라고 할 수 있다. 화면전환과 음향부분도 이 때 고려하여야 한다.

2. 편집의 종류

편집은 편집하는 방식에 따라서 온라인 편집과 오프라인 편집, 선형 편집과 비선형 편집, 어셈블 편집과 인서트 편집으로 구분한다.

1) 온라인 편집과 오프라인 편집(On-Ling and Off-Line Editing)

오프라인 편집은 온라인 편집의 지침이 되는 비디오테이프나 편집용 큐시트(Edit Decision List)를 만드는 과정을 말한다.

오프라인 비디오테이프는 방송으로 나가지 않기 때문에 화질은 계획된 일련의 샷을 결합함으로써 나타나는 논리나 미학보다는 별로 큰 관심의 대상이 되지 않는다. 오프라인 편집순서는 다음과 같다.

① 각 테이프별로 몇 시 , 몇 분, 몇 초에 어떤 씬의 컷들이 수록돼 있는지를 체크한다.
② 각 씬과 컷을 어떻게 나열하여 작품을 구성해 나갈 것인지를 구성순서에 입각하여 생각한다.
③ 구성순서에 따른 작품의 완성시간을 산정한다.
④ 한정된 작품시간에 담기 위하여 어디를 삭제하거나 늘릴 것인가

를 결정한다.

⑤ 비디오 또는 오디오 인서트를 어느 부분에 몇 초 동안 쓸 것인가
를 결정한다.

⑥ 편집용 큐시트를 작성한다. 편집 큐시트에는 대개 어드레스 타임
이 기록된다.

⑦ 오프라인 편집은 작품의 내용에 따라 다르기는 하지만 일반적으
로 먼저 비디오와 오디오의 양쪽에서 편집을 하고, 그 다음으로
오디오 인서트를 하며, 최후로 비디오 인서트 순서로 한다.

온라인 편집은 방송용이나 다른 형태의 프리젠테이션 용으로 또는
배급용 복사본을 만들 목적을 가진 최종의 원본 편집 테이프를 만들어
내는 작업을 말한다.

이 편집의 과정은 오프라인보다 물리적 시간이 덜 걸리지만 편집기
의 초기화나 수록 테이프에서 기준신호를 수록하고 소재 테이프를 재
생한 기준 시스템에 맞게 조정하여야 하는 작업이 공통적으로 행하여
진다.

2) 선형과 비선형 시스템(Linear and Nonlinear Systems)

선형 시스템은 녹화기를 이용하는 것이고 비선형 시스템은 녹화기
대신에 대용량의 읽고 쓰기 디지털 레이저디스크나 컴퓨터 하드디스크
를 이용하는 것이다. 선형 시스템에서는 재생자료에 무작위로가 아닌
순차적으로 접근한다.

비선형 시스템은 아날로그로 된 재생용 테이프를 디지털 형태로 변
환시킨 후 그 정보를 대용량 컴퓨터의 하드디스크로 옮기게 된다. 일단
디지털 형태로 저장되면 원치 않는 자료들을 거치지 않고 곧바로 원하
는 샷들을 불러낼 수 있다.

3) 어셈블 편집과 인서트 편집(Assemble and Insert Editing)

어셈블 편집과 인서트 편집은 편집방식에 따른 분류다. 어셈블 편집
은 새로운 콘트롤 트랙을 기록하는 영상, 음향 소재를 안정된 품질로
이어가는 편집모드로서 반드시 어셈블 편집 직전에 CTL을 포함한 얼

마간의 신호를 기록하고 그 신호에 이어서 편집을 하는 것이다. 예전에 녹화된 영상자료가 있거나 이미 그 테이프에 녹화된 콘트롤 트랙을 갖고 있는지에 관계없이 어떠한 테이프라도 편집 원본 테이프로 사용할 수 있다.

반면에 인서트 편집은 비디오테이프에 원래 기록되어 있던 콘트롤 트랙을 지우지 않고 보존한 상태에서 필요한 영상, 음향을 선택하여 중간에 삽입하는 녹화나 편집모드를 말한다. 인서트 모드에서는 CTL트랙을 스스로 기록하지 못함으로 반드시 콘트롤 트랙 신호가 기록되어 있는 부분에 한하여 편집을 할 수 있다. 그러므로 인서트 방식의 편집에서는 재생용 테이프에서 녹화용 테이프로 콘트롤 트랙을 옮기지 않는다.

3. 비선형 편집 시스템

비선형 편집 시스템은 비디오테이프를 디지털 형태로 바꿔서 하드디스크에 보관하고 디지털 편집 프로그램을 이용하여 컴퓨터 모니터 상에서 편집하는 방식이다.

이 방식은 다음과 같은 장점과 단점이 있다.

1) 장점

- 필요한 장면을 즉시 불러내어 바로 이용할 수 있으며 어떤 컷의 길이도 즉시 편집할 수 있다.
- 편집내용의 수정과 변경이 자유롭고 동일 하드디스크 상의 롤일지라도 오버랩이 자유자재로 가능하다.
- 성능이 우수한 개인용 컴퓨터와 캠코더, 그리고 VCR만 있으면 편집이 가능하다. 또한 멀티미디어 제작환경을 갖고 있어서 영상과 음성 및 다양한 제작기법을 활용할 수 있다.
- 화질의 열화가 거의 없고 테이터베이스의 영상 이미지를 자유롭게 저장, 검색, 합성, 조작할 수 있다.
- 3차원 영상이나 소프트 이미지 등의 그래픽 프로그램에서 제작한

에니메이션 영상을 합성하거나 또는 단독으로 VCR로 출력이 가능하다.

- 기본적인 장면전환 효과 이외에도 플러그 인(Plug in) 프로그램을 설치하여 3차원의 트랜지션 효과나 필터를 활용한 다양한 영상효과를 낼 수 있다.
- 스틸 이미지 형태의 단순한 자막에서부터 3차원 에니매이션이 적용되는 특수효과의 입체적인 자막까지 가능하며, 다양한 형태의 입출력 효과를 적용할 수 있다.
- 눈으로 직접 영상을 보면서 편집하기 때문에 효율적인 편집이 가능하다.
- 트랙을 확장하여 최대 97개의 영상소스를 동시에 사용할 수 있으며 이미 사용된 영상 자료들을 반복하여 사용할 수 있다.
- 원음을 포함하여 효과음이나 나레이션, 배경음악 등의 사운드를 동시에 합성할 수 있으며 원음을 삭제하고 다른 사운드 자료만으로도 영상과 합성이 가능하다.
- 48Khz 16Bit 스테레오의 오디오 CD 이상의 음질로 캡처나 출력이 가능하다.

2) 단점

- 최초의 소스를 저장하기 위한 카피작업이 필요하다.
- 편집시스템은 독립성이 높지만 확장성에 제한이 있으며, 여러 종류의 영상 효과기기 등을 동일 시스템으로 묶는 것이 어렵다.
- 작업 도중에 다른 시스템으로 이동하거나 다른 프로그램을 편집하기 위하여 끼어들기가 어렵다.
- 소스의 기록 용량에 제한이 있으며, 용량을 초과한 작품은 편집할 수 없다.
- 사용하는 컴퓨터의 성능에 따라서 차이가 있긴 하지만, 고가의 장비를 제외하고는 영상 편집 후에 Export Movie를 실행하여 새로운 영상을 만드는 랜더링에 많은 시간이 소요된다.
- 컴퓨터 사용법을 비롯하여 프리미어 등의 편집 프로그램 사용법

을 별도로 공부하여야 한다.
- 컴퓨터의 리싸이클 주기가 짧아서 성능 향상을 위하여 정기적인 업그레이드가 필요하다.

4. 편집과정과 편집의 일반적 원칙

1) 편집과정

편집은 기본적으로 연출자가 원하는 것들을 선택하여 사용할 컷을 결정한 후 표현하고자 하는 순서대로 화면과 영상을 연결하는 작업이다.

일반적으로 프리뷰, 콘티작업, 편집의 단계를 거치게 된다. 프리뷰 (Preview)란 촬영한 비디오테이프를 검토하고 각 부분의 시간을 체크하고 기록하는 일이다. 프리뷰가 끝나면 그 다음으로 편집할 순서와 목록을 기록한 편집콘티를 작성한다. 편집콘티는 인서트 자료의 목록을 기록하고 삽입부분과 삭제부분을 검토한 후 재구성한다. 이 때는 프로그램의 목표도 다시 생각하여야 한다. 이러한 과정을 거친 후에 본격적인 편집작업을 하게 되는데, 편집시에는 재구성한 대로 영상을 연결하는 것이 효율적이 된다.

2) 편집의 일반적 원칙과 주의할 점

(1) 편집의 일반적 원칙

편집은 한마디로 드러나지 않는 기술이다. 잘 된 편집은 시청자들이 편집한 것을 느끼지 못한 채로 작품의 내용 속에 빠져들게 된다.

편집의 일반적인 관행은 수많은 시간동안 변화되고 개발되면서 후배들에게 전수되고 있다. 다음에서는 이러한 편집의 일반적 원칙들을 살펴보기로 한다.

가. 연속성

편집에서의 연속성이란 개념은 편집대상인 주체의 확인과 주체의 위치, 움직임, 색과 소리들이 일관성을 유지해야 함을 말한다.

나. 복합성

복합성은 뮤직비디오처럼 강렬한 인상과 감정적인 농도를 증가시키기 위하여 복합적으로 샷을 사용하는 것을 의미한다.

다. 연관성

연관성은 편집시 각 장면이나 샷이 상황의 진실을 왜곡시키지 않도록 연관성 있게 화면과 음향을 연결시켜야 함을 말한다.

라. 윤리성

윤리성은 편집을 통해 사건의 진실이 가감되지 않도록 객관적이고 균형있게 편집해야 함을 말한다.

(2) 편집작업에서 주의할 점

- 음향과 영상은 동반관계가 된다. 따라서 프로그램의 시작부분에서는 음향이 영상을 선도하도록 하고 프로그램의 말미에서는 음악도 마지막 부분을 사용해 편집하도록 한다.
- 새로운 샷의 연결에는 반드시 새로운 정보가 담겨져야 한다.
- 모든 편집에는 합당한 이유가 있어야 한다.
- 피사체가 움직이는 방향에 대한 안내, 즉 '라인'을 점검한다.
- 적절한 화면전환이 되도록 편집을 한다.
- 헤드룸(Headroom)이 잘못된 샷을 제대로 된 샷에 커트 연결하지 않도록 한다.
- 어색한 물체가 피사체의 머리부분에 너무 가깝게 찍힌 샷은 피한다.
- 화면 양편에서 사람들의 몸이 잘려나가는 샷은 피한다.
- 반응샷(Reaction Shot)은 대사 끝보다 중간에 넣어서 자연스럽게 편집한다.
- 적절한 커트 지점을 찾을 때 너무 지나치게 대사에 얽매이지 않도록 한다.
- 세 사람이 대화하는 경우 2인샷에서 또 다른 2인샷으로 커트 연결되지 않도록 한다.
- 단일 인물의 경우 똑 같은 카메라 앵글의 샷에 커트 연결하는 것

은 가능한 한 피한다. 또한 단일 인물의 롱샷을 동일 인물의 클로
즈업샷으로 액션장면을 편집하지 않도록 한다.

- 일어서는 장면을 커트할 경우 가능한 한 피사체의 눈이 화면에 담
기도록 한다.
- 팬이나 트랙에서 커트할 경우 팬과 같은 방향으로 움직이는 인물
이나 물체가 담겨있는 샷을 이용한다.
- 일련의 클로즈샷이 끝난 다음에는 가능한 한 빨리 롱샷을 연결한
다.

제12장

교통관리

제1절   교통관리의 방향

현대와 같이 차량을 이용하여 행사장을 방문하는 시대에 있어서는 이벤트 행사장에서의 교통관리는 매우 중요한 사항이 된다. 교통관리는 다음과 같은 큰 맥락에서 하는 것이 효율적인 동선관리가 된다.

첫째, 국부적인 사항에 얽매여 전체적인 교통흐름을 놓쳐서는 안 된다. 실적과 효율을 먼저 생각하기 보다는 행사장 참가자의 마음을 먼저 생각하는 것이 좋다.

둘째, 교통통제 요원은 고객의 요망사항을 즉시 들어줄 수 있는 마음의 준비가 돼 있어야 한다. 고객의 불평시 무시하거나 설명을 하기보다 양해를 먼저 구한 후에 토론하고 시정하고자 하는 마음가짐이 필요하다.

셋째, 안내를 하는 경우는 안내한 후의 상황을 먼저 생각하도록 한다.

넷째, 무리한 교통안내로 교통의 원활한 흐름을 방해하지 않도록 한다. 자기 생각이 옳다고 너무 확신에 차면 안 된다. 운전자들의 의식이 문제라고 생각하는 것도 옳지 않다. 운전자들은 상황에 맞게 운전하고 있다고 볼 수 있기 때문에 교통안내도 상황에 맞게 하여야 한다.

여섯째, 교통 봉사자들이 서두르게 되면 운전자들로 하여금 사고를 유발시키게 된다. 아무리 바빠도 빨리 빼도록 유도하지 말아야 한다.

교통 봉사자가 차량을 유도하는 경우 고려하여야 하는 사항을 서술하면 다음과 같다.

첫째, 행사장 내에서는 추월행위를 못 하도록 하며, 전방의 문제가 해결될 때까지 잠시 기다리도록 하는 것이 바람직하다.

둘째, 행사장 내에서는 경적을 사용하지 말도록 안내해야 하며, 이러한 사항에 대한 안내문의 게시가 필요하다. 안내문의 작성시 "행사장

내에서는 경적을 울리지 맙시다”라는 경고성 문구보다는 “경적을 울리지 않는 행사장은 축제를 10배 만족시킵니다”라는 식의 정보를 제공하는 문구로 하는 것이 좋다.

셋째, 안내에 불응하는 사람들에게는 안내요원의 안내를 따를 때 시간이 절약되고, 차량을 다치지 않게 된다는 내용을 알리도록 한다.

제2절   주차의 방법과 유도

1. 노상주차장의 설치

노상주차장의 설치와 관리는 요식상 해당 지방자치 단체장의 허가를 받아야 한다. 주차장법 제3장 노상주차장 제7조(노상주차장의 설치 및 폐지)는 다음과 규정하고 있다.

노상주차장은 특별시장·광역시장, 시장·군수 또는 구청장이 이를 설치하도록 되어 있다. 따라서 혹이나 주차를 노상에 하려고 하는 경우는 반드시 자치단체장과 사전 협의하는 것이 바람직하다.

2. 주차관리에서의 유의사항

첫째, 주차는 가능한 한 주차선 내에 정확히 주차하도록 유도한다.

둘째, 일반인이 장애인 주차공간에 주차하지 말도록 알리고, 다른 곳으로 안내하기 위하여 안내요원을 대기시키는 것이 좋다.

셋째, 차량의 후미부분이 화단쪽으로 향하여 주차하도록 유도해야 한다.

넷째, 차량에 폭발성 및 인화성 물질을 적재하게 하여서는 안 된다.

여름철에는 행사장에 주차하는 차량에 라이타를 두고 내리지 않도록 주지시켜야 한다.

3. 주차요원이 알아야 할 내륜 차와 외륜 차

자동차의 핸들을 조작하면 앞바퀴만이 핸들을 조작한 방향을 향하여 움직이고, 뒷바퀴는 차체와 동일방향으로 움직이지 않는다. 이러한 이유 때문에 커브를 돌 때는 앞바퀴와 뒷바퀴가 동일한 지점을 통과하지 않고 뒷바퀴는 앞바퀴의 안쪽을 통과하게 된다. 이 때 안쪽 앞뒤바퀴가 통과한 흔적의 폭을 내륜 차라하고, 바깥쪽 앞뒤바퀴가 통과한 흔적의 차이를 외륜 차라 한다.

이러한 개념을 알고 있으면 자동차의 앞부분이 들어가더라도 뒷부분은 들어가지 못할 수 있다는 점을 이해하게 된다.

내륜 차와 외륜 차의 문제를 최소화 하는 방법은 후진주차를 하는 것이다.

4. 주차방법과 안전한 유도

여러 가지 주차방법 가운데 가장 용이한 방법은 전진주차 방법이다.

횡렬주차는 후진으로 한다. 후진주차는 서두르지 말고 꼼꼼하게 유도해야 한다. 후진주차에서는 사고가 많이 발생하게 되기 때문이다.

운전을 처음 배우는 사람의 입장에서 보면 가장 어렵게 생각하는 부분이 주차하는 방법을 익히는 것이다. 자신이 운전하고 있는 자동차의 폭이나 앞뒤 길이에 대한 감각도 잘 모르고 자동차의 운동특성도 부담스럽기 때문이다.

그리고 행사장의 주차면도 평소 하던 주차면의 상황과 다르기 때문에 축제장에 들어온 차량을 유도하는 것은 그리 쉬운 일이 아니다. 안전한 주차유도의 방법은 다음과 같다.

첫째, 비스듬한 주차 구획선이 있는 곳에서는 전진주차가 편하므로 전진주차를 유도하는 것이 좋다. 여러 가지 주차방법 가운데 가장 쉬운 것이 전진주차이므로 여성들이 즐겨 쓴다.

이 방법은 비교적 주차공간이 넓게 확보되어 있는 곳에서 사용하게 된다. 한쪽으로 치우친 상태로 주차를 하게 되면 자기 차나 옆에 세워 둔 차의 문을 여는 것이 힘들게 된다. 사선으로 된 주차 구획선에 후진으로 들어가는 고객도 있게 된다. 그러나 이러한 행위는 비합리적이고 자기 과시적인 주차방법이라고 할 수 있다.

이러한 종류의 주차장 통로는 대부분 일방통행이기 마련인데 후진으로 주차공간에 들어서면 예각으로 후진할 수밖에 없어서 두세 번 정도 전,후진을 하여야 한다. 또한 주차장에서 나올 때도 같은 일을 되풀이하게 됨으로써 불필요한 고생을 하게 된다.

[그림 I-9] 비스듬한 주차

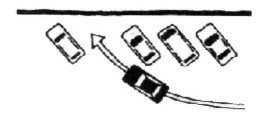

둘째, 횡렬주차는 후진으로 주차하도록 유도할 필요가 있다. 비슷한 일은 주택가에서 차고에 자동차를 넣고 뺄 때도 일어난다. 또 주차장이 언덕길처럼 오르막으로 되어 있다면 무리하게 후진주차를 할 필요는 없다. 전진으로 주차하면 나올 때도 브레이크만 제대로 밟으면 된다.

전진주차에서 주의할 사항은 오른쪽으로 핸들을 꺾으면서 주차할 때는 오른쪽 뒷바퀴 부근에 신경을 써야 한다. 이 부분이 제일 안쪽으로 붙기 때문이다.

만약 이 부분을 조심하지 않으면 앞이 쉽게 통과하여도 뒤쪽에서 쿵 하는 접촉사고를 당하게 된다. 물론 뒤쪽으로 핸들을 꺾으면서 주차할 때는 왼쪽 뒷바퀴 근방을 조심하는 것이 좋다.

[그림 I-10] 횡렬주차

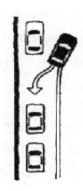

셋째, 종렬주차는 후진이 가장 편하므로 후진을 잘 유도하도록 한다. 종렬주차의 경우는 가능하면 후진으로 주차하도록 유도하여야 한다. 돌아가는 쪽의 뒷부분 모서리는 가능하면 인근 차와 최대한 가까이 붙도록 할 필요가 있다.

넷째, 후진주차는 서두름이 없이 꼼꼼하게 주차할 수 있도록 유도하여야 한다. 후진주차에는 차체가 운전석 쪽으로 꺾이게 들어서는 경우와 그 반대의 경우가 있다. 운전석 쪽으로 돌 때의 주차요령은 운전석 쪽 뒷바퀴가 그 쪽에 서있는 차의 앞 끝을 스칠 정도로 들어서도록 한다. 자기 차 뒷바퀴 근방과 서 있는 차의 앞 끝이 가장 가까워 졌을 때 핸들을 크게 왼쪽으로 꺾으면 된다. 계속 핸들을 꺾으면서 천천히 후진하여 차가 제 자리에 들어서면 재빨리 핸들을 제 자리로 돌리도록 유도한다.

운전석 반대쪽으로 회전하면서 후진할 때는 조금 어려울지 모른다. 내용으로 보면 우선 주차선 방향과 평행에 가깝게 앞으로 나간 뒤 거기서 기어를 후진으로 놓고 차안에서 몸을 뒤로 돌린다. 조수석 쪽 의자 뒤쪽 윗부분을 잡고 몸을 돌린 후 뒤쪽 창과 옆 창문을 통해 오른쪽에 서 있는 차의 왼쪽 맨앞을 겨냥하고 직진한다. 때때로 오른쪽 도어 미러를 확인하면 되고 익숙해지기 전에는 차에서 내려 확인하는 것이 좋다. 그 다음은 운전석이 있는 쪽으로 들어설 때처럼 오른쪽에 서 있는 차의 앞 끝과 자기 차의 오른쪽 뒷바퀴가 가까워 졌을 때 핸들을 힘껏 오른쪽으로 꺾도록 유도한다.

[그림 I-11] 종렬주차

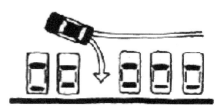

제3절 교통통제 불만에 대한 대응

　　교통봉사는 시간이 필요한 활동이다. 따라서 계획된 행사가 교통혼잡으로 인해 늦어진다고 할 때도 교통의 봉사자는 서두르지 않도록 하는 것이 바람직하다. 따라서 타 분야의 봉사자들은 교통의 통제와 봉사에는 시간이 필요하다는 것을 충분히 알아야 한다.

　　교통 봉사자는 혼자보다는 2인 1조로 움직이는 것이 좋다. 한 봉사자가 지시를 하고 유도를 하면, 다른 봉사자는 문제가 없도록 안내를 하고 확인을 하며, 방향을 유도해야 한다.

　　주차를 유도하는 경우도 앞과 뒤에서 동시에 봐주는 것이 바람직함으로 주 안내자가 있으면 반드시 보조 안내자가 있어야 한다. 따라서 축제의 봉사자 중에서 가장 많은 수를 확보해야 하는 것이 교통봉사 분야가 된다.

　　교통통제는 아무리 잘 대응을 하더라도 불만이 있게 마련인데, 그 이유는 다음과 같다. 교통통제에 대해서는 100인 이면 100인의 욕구가 거의 다르게 나타나기 때문이다. 자존감이 약한 사람은 "내 차가 좋은 차가 아니니까 나를 홀대하는 것이 아니냐" 하는 마음을 갖게 된다. 좋은 차를 타는 사람은 "내가 누구인데 어떻게 되겠지"하는 마음을 갖고 행사장에 접근하게 된다.

따라서 작은 차나 트럭 등에 대해서는 더욱 친절하게 접근하는 것이 좋다. 좋은 차에 대해서는 너무 비굴하지 않게 양해를 구하면서 따라 주도록 요청을 하여야 한다. 한 명이 가서 이야기 하는 것보다 두 명이 같이 가서 부탁을 하는 것도 하나의 방법이다. 두 명이 동시에 가서 접근하면 사람의 마음이 약해지기 때문이다.

친절에서 가장 중요한 사항은 '불평을 했을 때 얼마나 잘 받아주느냐. 혹은 잘 고쳐 주느냐'에 있다는 것을 명심하여야 한다.

1. 불평의 듣기와 동감의 표현

우리 주위에서 볼 때 가장 민원이 자주 발생하는 것이 교통관련의 민원이다. 이러한 불평을 해소하는 최선의 방법은 대화의 방법을 충실히 따르는 것이다. 즉, 말하기보다 듣는 것이 우선이라는 것이다. 불만을 토로하던 사람들은 듣기만 잘 해주면 스스로 화를 풀고 접는 경우가 많다. 민원인들이 말하는 사항 중에는 요구하는 것도 있지만 그저 항의성으로 얘기 한번 해보자는 것도 있고, 아는 척하기 위해서 하는 경우도 있다.

이 경우에 그 내용을 맞받아서 대꾸하기 보다는 "아아, 그렇습니다", "아아, 그렇군요"라는 형태로 동감을 표현하는 것도 바람직하다. 그리고 "죄송합니다. 행사를 위해서 그런 것이니 양해를 바랍니다"라는 식으로 제안을 하는 것이 바람직하다.

옳고 그름을 논하거나 좋고 나쁨을 논하게 되면 그 자체가 시비거리가 된다. 원래 시비는 시시비비에서 나온 말로 옳고 그름을 따진다는 의미다.

교통 봉사자는 교육을 받은 대로 혹은 지침대로 하기만 하면 된다. 강한 의지를 가지고 주장하는 것은 피해야 한다.

2. '그런데' 보다는 '그리고' 식의 표현

축제장에 나온 고객들이 불평을 하면 "그런데 그 내용은 이렇습니다"라고 말하고 싶어진다. 이 때 '그런데' 라는 표현은 고객의 이야기를 부정하고 자기 이야기를 하는 셈이 된다.

따라서 '그런데'라고 하기 이전에 "선생님 말씀이 맞습니다. 그 상황이 이러이러 해서 이렇게 된 것입니다. 그러하니 선생님과 같이 아시는 분이 이해해 주시겠습니까" 라고 말하는 것이 바람직 하다.

그리고 "선생님께서는 안내에 잘 따라 주시는데, 주차를 좋은 곳만 고집하시니 속상합니다"라는 그런데 식의 표현보다는 "선생님께서 안내에 잘 따라 주셔서 감사합니다. 그리고 주차부분에 대해서도 저의 안내를 따라 주시면 고맙기 그지 없겠습니다" 라고 말하는 것이 좋다.

3. Foot in the Door Technic의 활용

이 방법은 작은 것으로 설득해 나가는 기법이다. 즉, 문틈에 발끼어 넣기 방식이다. "이 정도는 해 주실 수 있겠죠"라는 식으로 고객의 굳은 마음을 조금씩 움직여 나가는 것이 필요하다.

4. Door in the Face Technic 활용

이 방법은 주차를 고집하는 고객에게 "여기서는 주차가 절대 안 됩니다" 라고 구조적으로 안 된다는 표현을 강하게 하고 나서 "그러면 이쪽에 와서 하시겠습니까" 라고 말하면 고객이 따르게 된다. 즉, 문전박대한 다음에 조금 따뜻하게 대해주면 눈물나게 고마움을 느끼게 된다는 점을 활용하는 방법이다.

EVENT MANAGEMENT

제13장

이벤트 평가모형의 고찰

제1절   이벤트 평가의 개념

평가(evaluation)는 수행되고 있는 과업이 목표를 달성했는가의 여부를 검토하는 것으로 성공적이라고 판단되면 계속 진행을 시키고, 그렇지 못하다면 목표 및 집행방법을 조정해 나가기 위해 실시하는 것이다. 평가라는 용어는 그 개념을 명확하게 정의하기는 어려우나, 여러 가지 종류의 판단에 적용시킬 수 있는 융통성을 지니고 있어 그 적용대상에 따라 사업평가, 프로그램 평가, 정책평가 등으로 나눌 수 있다.

평가의 개념은 측정(measurement), 검사(test), 사정(assessment)의 개념과 동일한 의미로 사용되기도 하고 독립적인 의미로 사용되기도 한다. Getz(1991)와 Worthen & Sanders(1987)는 평가는 어떤 사물의 가치를 결정하는 것으로 전문적인 가치판단과 동의어로 간주함으로써 평가는 본질적으로 정치적 행위라고 주장한다. Case, Andrew & Werner(1988)는 평가에 대한 매우 포괄적인 정의를 내리고 있는데, 평가를 "수용할 수 있는 표준(기준)에 부합되는 지를 결정하기 위하여 증거를 수집하여 어떤 프로그램의 전부 또는 일부의 가치에 대한 명확한 판단을 하는 것"이라 하였다.

광의적 개념의 평가는 사업추진이나 정책과정의 연속선상에서 이루어지는 동태적 과정으로 사업결정 과정상의 사전적 평가와 집행과정에서 이루어지는 과정 및 집행평가를 포함하여 지칭한다. 그러나 지금까지 평가를 성과 혹은 목표지향적인 일련의 분석과정으로만 파악한 나머지 사업의 결정과정이나 집행과정에서의 가치판단을 유보한 채 단순히 결과물에 기초하여 판단함으로써 협의적 개념규정을 벗어나지 못하고 있다.

축제와 관광 이벤트를 평가하는 이유는 문제의 규명과 해결, 관리개선방법의 발견, 성공 또는 실패의 측정, 비용과 편익의 규명, 효과의 규명과 측정, 스폰서와 담당조직의 만족, 인정·신뢰·지원의 획득에 있다. 이러한 맥락에서 보면 이벤트 평가란 결국 이벤트를 개최한 후 실질적인 영향이나 효과성을 평가하는 사후적 평가뿐만 아니라 이벤트 실시 이전에 사업의 타당성이나 의사결정 과정의 합리성 등에 관한 사전적 평가를 과학적 기법을 활용하여 일정한 기준과 절차에 따라 체계적으로 수행함으로써 이벤트 사업의 합리적인 사전결정과 사후관리를 유도하는 일련의 과정으로 파악할 수 있다.

제2절 이벤트 평가의 유형

1. 평가주체에 따른 유형

이벤트 사업 평가는 평가를 누가 하는가, 즉 평가주체에 따라 구분하는 것으로 관리상의 책임소재를 명확히 하거나 평가결과를 제3의 목적에 활용하기 위해서 흔히 사용된다. 평가주체에 의한 평가유형에는 외부평가와 내부평가 혹은 자체평가로 구분되어 진다.

외부평가는 사업관리상의 책임소재를 명확하게 파악하기 위해 제3자 즉 지역대학, 평가관련 기관, 지방 연구원 등 외부기관에 의해 수행되는 평가이며, 자체평가 내지 내부평가는 사업을 추진하는 주체가 집행의 효율적 관리를 위한 정보산출을 위해 스스로 수행하는 평가다.

예를 들자면, 이벤트의 개최에 따른 효과의 측정이나 분석에 있어 축제나 관광 이벤트의 개최를 담당한 주최측에 의한 경제효과의 분석, 행사개최의 평가 등과 같은 자체평가와 연구자들의 축제 및 이벤트 참여자를 대상으로 한 태도나 이미지, 동기 및 행태분석 등을 하는 외부평가로 구분할 수 있다.

2. 평가시기에 따른 유형

이벤트 사업이 진행되는 시간적 순서에 따라 중요시되는 국면이나 요소에 초점을 맞출 경우 형성평가(formative evaluation), 과정평가 (process evaluation), 산출(총괄)평가<outcome(summative) evaluation> 등 세 가지 유형으로 구분할 수 있다.

[그림 I-12] 평가시기에 따른 평가유형 및 방법

사전평가	형성평가	사업의 입안	투자사업의 우선 순위, 수요조사, 관광객·지역사회 표적시장 인지, 관광상품 개발, 이벤트 관련조직, 새로운 관광상품 또는 마케팅 아이디어에 대한 효과적인 구성
사후평가	과정평가	사업의 결정	합법성, 사업목표의 타당성, 사업결정 과정의 참여자
		사업의 집행	정책해석, 정보수집 처리, 집행계획의 타당성, 조직화의 적절성, 서비스 및 물품제공, 통제의 적정성, 위기관리, 공공관계
	산출평가	산출(output): 단기적	효과성, 적시성, 능률성, 형평성, 대응성, 공익성
		영향(impact): 장기적	경제적 영향, 사회 문화적 영향, 환경적 영향

자료 : 문성종 외 2인, 제주지역 이벤트축제 평가분석의 틀에 관한 연구, 제주관광연구 제4집, 제주관광학회 2001.

첫째, 형성평가(formative evaluation)는 사전평가라 할 수 있는데, 이벤트 사업이 집행되기 이전에 수행되는 평가로 주로 이벤트 사업의 수행여부를 결정하기 위하여 타당성을 분석하는 평가로, 사업의 입안 단계에서 이루어진다. 즉, 이벤트 사업과 관련된 공공 혹은 민간투자의 실시로 나타나게 될 파급효과를 사전에 평가하여 타당성이 있는 지를 판단한 후 만약 타당성이 인정될 경우 이를 가장 효율적으로 집행할 수 있는 방안을 탐색하는 과정의 평가가 이에 해당된다.

형성평가를 통해서 이벤트 사업의 집행여부를 결정할 수 있고 투자 사업의 우선순위를 설정할 수 있으므로 개발사업의 가설적 영향을 미리 검증하고 실현 가능성을 결정하는데 기여하게 된다. 이 단계는 수요 조사, 관광객과 지역사회의 표적시장에 대한 인지, 관광상품의 개발, 이벤트 관련조직, 새로운 관광상품 또는 마케팅 아이디어에 대한 효과적인 구성 등의 내용을 포함하게 된다.

둘째, 과정평가(process evaluation)는 이벤트가 운영되는 동안에 수행되는 평가로 관련조직의 운영에 있어 효과성을 향상시키기 위해 적용시킬 수 있으며, 산출(output)과 효과간의 관계를 분석하고 가능하면 영향과의 관계도 그 대상으로 하고 있다. 과정평가의 목적은 집행과정에서 나타나는 집행계획, 집행절차, 투입자원, 집행활동 등을 점검하여 사업을 환경변화나 전반적인 사업목표에 유연하게 적응시키기 위해 보다 효율적인 추진전략을 강구하거나 사업내용을 수정, 변경하며 사업의 중단, 축소, 유지, 확대 여부에 도움을 주는 활동을 말한다.

셋째, 산출(총괄)평가[outcome(summative) evaluation]는 이벤트 사업의 집행 이후에 수행하는 평가로 투자사업의 실질적 효과와 영향, 전반적인 가치와 전체 과정에서 나타난 결과 및 결함을 평가하는 것이다. 일반적으로 이벤트 사업의 평가는 이러한 산출평가를 의미하고 있다.

산출평가는 지역개발 사업의 목표가 명확하게 확인될 수 있는 상황, 특히 목표달성이나 성취의 정량적 평가가 가능한 상황에서 그 목표를 어느 정도 달성하였는가를 평가하는 것이다. 그리고 투자사업을 집행한 결과 사업추진으로 인한 영향에 대한 평가도 해당되며, 때로는 사후 영향평가의 경우 예상하지 못한 결과인 파급효과까지 파악하는 것을 의미한다. 산출평가는 투자사업의 계속, 확장, 축소 등과 같은 중요한 의사결정을 하는데 활용될 수 있으므로 일명 총괄평가(summative evaluation)라고도 한다.

3. 평가방법에 따른 유형

평가방법에 따를 경우 정량적 분석과 정성적 분석으로 구분하여 살펴볼 수 있다. 정량적 분석은 이벤트 사업집행의 타당성을 영향이나 효과를 중심으로 하여 과학적 기법을 동원하여 계량화하여 평가하는 기법을 의미한다. 반면에 정성적 기법은 계량화 혹은 실측하기 어려운 영향이나 파급효과를 질적 척도로 구성된 주민의식조사, 이벤트 수요자 반응조사 내지 응답을 통해서 간접적으로 그 크기나 목표달성 수준을 측정 분석하는 방법이다.

제3절   이벤트 평가기법

관광 이벤트는 관광객을 개최지로 유인하는 강력한 관광대상으로서의 역할을 함으로써 관광지를 촉진하는 수단이 되기도 한다. 관광 이벤트가 관광자원으로서 가능하게 될 때 자원가치 평가의 대상이 될 수 있으며, 관광 이벤트가 어떤 목적을 달성하기 위하여 예산을 투자하고 인적노력과 에너지를 투입했다고 한다면 결과에 대한 평가 및 파급효과의 측정도 가능하다(함석종, 2000). 이벤트를 포함한 지역개발 사업이나 프로그램의 평가기법 혹은 수단은 평가의 초점이 어디에 있는가에 따라 평가목적에 부합되는 다양한 기법을 사용할 수 있으나, 대체적으로 재무분석, 경제성분석, 파급효과분석, 성과분석 등이 자주 동원되고 있다(한국지방행정연구원, 1999).

첫째, 재무분석은 이벤트 기획 및 운영자의 입장에서 해당 사업의 재정적 실행 가능성을 분석하는 것으로 그 주요 내용으로는 이벤트 사업의 자금흐름, 재원조달, 유동성 계획을 위한 자금스케줄의 작성, 예상 대차대조표 및 이익·손실계정, 투자평가를 위한 자금스케줄 작성, 표준기준을 사용한 사업평가 등이 포함된다.

둘째, 경제성분석은 사회 전체적인 입장에서 이벤트의 영향을 분석함으로써 사회적 파급효과를 규명하기 위한 기법으로 그 주요 수단으로는 비용편익분석, 비용효과분석, GAM, 다기준평가법 등이 있다. 이들 기법의 주요 내용은 경제적 요구조건 설명, 제 효과들의 설명 및 집계, 비용과 편익의 항목별 집계, 경제적 기준에 따른 투입, 산출의 재평가 등을 포함하고 있다.

비용편익분석은 공공목표를 달성하기 위하여 예상되는 여러 사업대안들 각각의 비용과 편익을 측정하여 최선의 대안을 도출하는 기술적 방법이며, 비용효과분석은 비용편익분석의 변형된 형태로 편익을 측정하기 어려울 때 고정된 효과수준을 달성하는데 있어 비용의 차이를 살펴봄으로써 사업간 비교를 하는 방법이다. 다기준 평가법(multi-criteria method)은 비용편익분석이 제반 정책목표를 평가과정상에 내재화하지 못함으로써 실효성 있는 정책결정이 어렵다는 결점을 보완하기 위하여 개발된 기법이며, 목표달성분석(goal achievement method)은 비용과 편익을 각 정책목표에 따라 구분하여 분석함과 동시에 정책대안에 의해 영향받는 이익집단을 고찰하여 이들의 가치를 내재화하여 전체 목표달성 수치를 산출하는 방법이다.

셋째, 파급효과분석은 이벤트 사업의 실시에 따른 경제적·사회적 효과와 외부 불 경제효과를 측정함으로써 주로 경제성 분석의 보완을 위해 활용되는 기법이다. 이를 위한 수단으로는 산업연관분석이나 계량경제모형 등이 활용되고 있다. 산업연관분석은 지역별 산업연관표를 이용하여 이벤트 개최에 따른 생산, 소득, 고용의 2차적 기대 혹은 유발효과를 측정하는 것이다. 그리고 계량경제모형은 지역거시경제 모형을 이용하여 이벤트 개최로 인한 지역의 경제효과를 측정하는 기법이다.

마지막으로 성과분석이란 이벤트의 추진과정이나 종료 후 발생한 결과를 측정, 평가하는 기법으로 이벤트 사업 추진의 파급효과를 분석하는 수단이다. 여기에서는 주로 실태조사, 설문조사, 각종 통계적 분석 등이 동원되어 활용되고 있다. 효과적인 성과분석을 위해서는 적절하고 단순화된 순위부여 과정을 개발하여야 하는데 이를 위해 먼저 선호와 순위 매트릭스를 설정하고 각 사업대안을 평가하기 위한 효용척도를 개발하여 투자 우선순위를 결정하여야 한다.

제4절　이벤트 평가지표

이벤트 평가에 있어서의 판단을 위한 기준을 평가지표(indication)라고 하는데 흔히 기준(standards), 준거(criterion) 등 다양한 용어로 표현된다.

이벤트 평가를 수행함에 있어서는 평가의 객관성과 정확성을 확보하기 위해 평가의 규칙이나 기준을 정해야 한다. 왜냐하면 평가는 가치의 주관적인 결정이기 때문이다.

이벤트를 평가하는데 주로 사용되는 개념으로는 효과성(effectiveness)과 능률성(efficiency)을 들 수 있다. 효과성은 목표달성을 측정하는 것으로 효과성의 측정은 영향평가 또는 총괄평가시에 요구된다. 효과성의 측정은 목표를 달성하는데 있어 각 개인과 조직의 기여도를 평가하는데 필요하다.

능률성은 자원의 이용을 측정하는 것으로 자원의 최적이용 또는 비용의 낭비 등을 측정하는 것이다. 능률성을 평가하기 위해서 관리자는 산출단위당 생산에 소비되는 자원을 조사하고 자원투입을 증가시킬지 여부를 결정하게 된다(Getz, 1991).

이벤트를 평가하는데 있어 사용되는 지표는 이벤트의 개최 수만큼이나 다양하다. Getz(1991)는 이벤트의 평가지표에 따른 측정항목과 기법 및 자료의 형태를 제시하였는데 이벤트 참여규모, 방문객의 특징, 송출지 및 여행형태, 마케팅과 동기, 활동 및 소비지출, 경제적 영향, 기타 영향, 비용편익분석 등 8개의 항목으로 분류하고 있다.

이벤트에 대한 평가작업은 크게 이벤트 행사 자체에 대한 평가와 지역사회와의 관계에서 발생하는 효과 등 2가지 측면에 초점을 맞출 수도 있는데, 이러한 관점에서 김병철(1998)은 관광 이벤트의 평가지표를 다음과 같이 제시하였다. 평가지표를 참가자분석, 행사운영평가, 사회·문화적 효과, 경제적 효과 등 크게 4가지로 구분하였다.

<표 I-12> Getz의 이벤트 평가지표

지표	자료의 유형	측정항목	측정기법
참여 규모	· 축제 및 이벤트의 총 참가자 · 단위행사 참가자	· 총참가자수 · 방문횟수 · 회전율 · 최대입장객수	· 입장권 판매수 · 회전율 집계 · 차량대수 집계 · 혼잡도 평가 · 송출지 조사
방문객 특징	· 방문객의 개인적 특성 · 동반형태 · 동반자의 수	· 연령별 · 성별 · 직업별 · 교육수준 · 소득수준 · 동반자 유형 및 수	· 방문객 설문조사 · 송출지역조사 · 직접관찰
송출지 및 여행 형태	· 거주지 주소 · 여행출발지 · 여행형태 · 교통	· 국가, 주(도), 시군 · 조사시점 출발지 · 여행중 경유지 · 이용 숙박시설 · 숙박일수 · 패키지상품 · 교통수단	· 방문객 설문조사 · 관찰
마케팅 동기 부여	· 정보원 · 여행이유 · 편익추구 · 만족도	· 대중매체 · 구전 의사전달 · 당해 지역 · 당해 이벤트 · 당해 여행중 이벤트의 중요성 · 첫 번째 또는 재방문	
활동 및 지출	· 이벤트내 활동 · 지출사항	· 개최이벤트와 행사장 참가 · 개최도시 및 여행중 활동 · 이벤트 참가비와 여행비용 · 숙박비, 식음료지출, 유흥비, 기념품비, 기타쇼핑비, 여행관련 지출	· 방문객 설문조사 · 회전율 집계 · 입장권 판매수 · 관찰 · 사업체조사 · 재무보고서 조사
경제적 영향	· 이벤트 및 개최도시에서의 방문객 총지출 · 이익 및 잉여수익 · 고용창출	· 총참가자수*이벤트와 당해 도시내 평균소비액 · 총증가수입+2차수입 및 유발수입 · 총수익-총비용 · 상근 및 시간제 고용 · 직접 및 간접고용 · 연도별 총고용자수	· 방문객 설문조사 · 참여자 집계 · 숙박률 조사 · 수입 승수효과 · 재무보고서 조사 · 고용승수효과

기타 영향	·생태학적 영향 ·사회문화적 영향	·자연보호 ·환경오염, 서식지 파괴 ·주민의 태도 ·역사유물 훼손 ·전통의 변화 및 보존 ·쾌적성의 확보 또는 침해 ·공중의 행위 ·미적 정서의 변화	·관찰 ·환경조사 ·지역주민조사 ·공청회 ·경찰범죄기록조사 ·소방관계자료조사
비용- 편익 분석	·유형의 비용 ·유형의 편익 ·무형의 비용·편익	·편익대비 유형비용 비율 ·순가치의 질적 평가	

자료 : Getz, D.(1991), *Festivals, Events, and Tourism*, New York: VNR, pp. 285-286.

<표 I-13> 김병철의 이벤트 평가지표

구 분	내 용
참가자 분석	·축제참가자수/참가자 특성(인구통계적 특성, 참여유형) ·참여동기 및 횟수/정보원/참여프로그램/숙박시설이용 ·교통수단이용/체재일수 및 여행일정/축제 및 방문지역에 대한 이미지
사회· 문화적 효과	·지역주민의 인지도 및 태도/지역주민의 자부심 정도/지역주민의 문화 생활 ·지역주민의 생활에 대한 영향/지역의 문화환경조성/지역이미지 고양 및 매력창출/문화예술효과/문화교류효과
경제적 효과	·방문객 지출/고용창출/연관시설 투자/산업연관효과
행사운영 평가	·비용과 편익평가/참가자의 평가 및 개선사항/행사기획 및 준비재원 확보평가 ·기념품개발 및 판매/조직간 협력 및 지역주민의 참여도/행사평가 및 사후관리

한편, 한국관광공사는 관광상품성이 있는 지역축제를 국제적인 문화관광축제로 육성하고, 지역 전통문화자원의 관광상품화로 외래객 유치촉진 및 방한객 지방분산을 유도하기 위해 축제평가를 실시하고 있기 때문에 축제의 평가는 상품의 가치평가에 중점을 두고 있는데, 각 지역

의 축제를 평가하기 위하여 축제평가표를 작성하여 활용하고 있다.

축제 평가의 주요 항목을 살펴보면 축제장의 배치 및 운영, 관람객 편의시설, 교통 및 안내체계, 특산물 판매, 외국인 수용태세, 숙박 및 음식점, 연계관광지 등을 그 내용으로 하고 있다.

이러한 축제평가표의 작성 및 활용은 상이한 축제에 대한 동일한 점검양식을 통해 축제별 상호비교 및 개선방안을 도출함으로써 체계적인 축제평가의 기초자료로 활용하고자 하는 것이다.(한국관광공사, 1999).

<표 I-14> 한국관광공사의 문화관광축제 평가지표

평가지표	세부내용
행사장배치 및 운영	· 종합안내소 위치의 적정성 및 식별의 용이성 · 대형행사안내표지판 설치여부 및 기재언어 · 관람객 동선을 충분히 고려한 배치로 고객흐름의 원활 여부 · 주무대 위치의 적정성 · 주무대의 활용도(계속적인 이벤트 개최) · 행사장 내 쓰레기 처리(쓰레기통, 처리담당인력) · 음식부스에서 발생하는 오폐수로 인한 하천 등 환경오염 · 주행사장과 먹거리 장터 등 부대시설구분(행사분위기) · 지역주민 부스(식당, 판매소)와 외지인 부스의 외양구분 · 지역주민에 대한 부스운영 우선권여부 및 임차가격
축제운영	· 주최측의 축제 육성의지 · 이벤트 기획사 활용도 · 주최측이 개별이벤트 전체를 종합적으로 통제, 진행하는지 여부 · 개막식 연사제한, 환영분위기 조성 등 관람객 배려도 · 축제특징(축제소재 활용도 등)을 잘 살리고 있는지 여부 · ○○아가씨 선발대회, 방송프로 등 타축제와 유사프로그램 여부 · 지역전통문화 활용도(농악, 유무형 문화재, 민속 등) · 관람객 참여이벤트 종류 · 참여이벤트 운영에 대한 관람객 만족도 평가
관람객 편의시설	· 충분한 화장실 및 청결도 평가 · 공중전화 · 무료급수 · 벤치, 파라솔 등 휴식공간 · 주차징수 및 주차관리 · 기타, 현금지급기, 임시우체국 등 운영여부

축제소제 및 지역특산물 판매	· 지역특산품 판매코너 위치, 종류, 가격 및 인기도 · 축제소제 판매시 포장상태 및 포장지 통일여부 · 캐릭터 등 축제기념품 종류, 가격 및 판매의지 · 특산품, 축제기념품 할인판매 및 소비자 만족도
안내체계	· 대도시권에서의 접근용이성(소요시간, 환승 편리성 등) · 교통통제를 위한 지역경찰 및 봉사단체(전우회 등) 활용도 · 축제장으로 가는 유도 표지판, 현수막, 선전탑 설치장소, 개수 · 철도역, 터미널에서 축제장으로 가는 셔틀버스 운행 · 셔틀버스 이용의 용이성(출발장소, 운행시간 안내 등 주최측의 배려도) · 행사장 이외 지점 안내소 운영
외국인 안내 및 외국인 수용태세	· 행사장내 외국인 안내대책 · 철도역 터미널, 공항 등에서 축제장 접근을 위한 준비(외국어 표지판, 현수막 등) · 전문 통역안내원 관련 사항 · 행사일정 및 주요 행사내용의 외국어 장내방송 여부 · 참여이벤트, 민속행사 등 행사별 외국어 홍보물 준비 · 참여이벤트 외국인 참여도 및 외국인 우선권 부여 · 축제장 외국인 방문자 수
축제를 계기로 한 인근관광지와의 연계관광	· 축제기간 이외 평상시 관광객 방문가능성 평가 · 축제개최지역 중 외국인이 찾는 관광지 · 개최지역 인근 시군과의 연계관광 가능성
숙박 및 음식점	· 숙박, 음식업소의 청결도 ·숙박, 음식점의 친절도 및 요금 바가지 여부 · 축제지정업소 인식 표기여부(음식, 숙박, 기념품판매소 등) · 패스트푸드, 외국인 선호메뉴 등의 이용가능 여부
기타	· 행사 전반적인 문제점 및 발전가능성 평가 · 전년대비 개선사항(전년도 결과 사전파악, 참조) ·기타 소감 · 한국관광공사 지원금 사용처 활용도(출장지에 따라 사용처 사전파악후 점검)

자료 : 한국관광공사(1999), '99 문화관광축제 지원 결과보고서-해외홍보·마케팅 중심으로, p.31.

　　문화관광부는 문화관광축제 평가기법으로 방문객 대상 축제별 설문 조사, 인바운드 여행사의 단체관광객 유치실적조사, 문화관광부의 자체 평가로 참관평가를 실시하고 있다. 세부적인 평가요인으로는 관광객 수, 소비액, 행사의 구성, 체험성, 판매상품의 가격, 정보 및 안내체계,

편의성, 촉진성, 연계관광, 운영성 등이 포함되는데, 문화관광축제 선정에 대한 평가를 통해 당해 연도 축제평가 결과를 익년도 축제선정 기준으로 사용하고 있다.

〈표 I-15〉 문화관광부의 문화관광축제 평가지표(방문객 설문조사)

구분	평가지표	평가방법
방문객 설문조사	방문객중 관광객(외국인, 내국인)	백분율을 점척도로 단순환산
	관광객 1인당 관광비용 지출	종합비교법
	행사 짜임새	만족도 조사
	대표체험 프로그램	만족도 조사
	음식 및 지역토산품의 가격	만족도 조사
	정보제공 및 안내체계	만족도 조사
	편의시설 및 주차의 편의성	만족도 조사
외래관광객 유치실적 조사	여행사의 단체관광객 모객실적 조사	비교분석

자료 : 문화관광부, 2006년 문화관광축제 보고서에서 재작성

〈표 I-16〉 문화관광부의 문화관광축제 참관평가 항목

평가항목(배점)	주요평가	세부사항
주민참여 (20점)	・행사주체(보조)로서 참여 ・지역주민의 호응 ・유관기관과의 관계	・기획프로그램참여, 자원봉사자 참여 ・홍보, 축제분위기 조성에 협조 ・지역주민의 행사에 대한 인지도, 만족도 ・유관기관과의 협조상태
홍보 및 안내 (15점)	・사전홍보 ┌신문, 방송, 라디오 └역, 터미널, 호텔 등 ・권장홍보(홍보물, 안내부스 등) ・안내체계	・정보획득을 통한 행사장 접근 편의성 ・홍보물 및 그 배포의 적절성 ・안내부스의 서비스 및 친절도 ・단위행사의 해설체계와 활용도 ・기타 필요 정보의 적절한 안내체계 ・행사장 접근 운송수단

운영· 행사진행전반(15점)	·행사일정준수 ·행사장 배치 ·행사주제 ·관람객 편의시설 ·축제개선의지	·행사일정 결정사유 및 준수 여부 ·행사장 배치의 적정성 ·축제와 각 프로그램 구성의 적절성 ·축제공간 내 휴식시설 및 장소배치 　여부 ·주차장, 휴게실, 화장실 ·축제개선 실적 등 ·문제대처능력
축제프로그램 (20점)	·체험프로그램 ·축제프로그램의 차별성 ·프로그램의 주제 관련성	·대표체험 프로그램 개발 여부 ·독특한 지역문화체험기회의 제공여 　부 ·관광객의 호응(참여도, 만족도)
쇼핑 및 음식(15점)	·지역 특산품 판매 ·지역상권의 활용 및 참여 ·축제관련 상품의 다양성	·외지·지역상인의 활동여부 ·지역 특산품 종류, 판매 여부 ·상품과 음식의 다양성 ·관광객 비용 지출 정도 ·품질 및 서비스 만족도
외국인관광객 수용태세(10점)	·홍보물 ·통역 도우미	·행사장내 외국인 안내 책자 ·전문 통역 안내원 관련 사항 ·홍보물비치(역, 공항, 터미널)
숙박 및 연계관광(5점)	·역내 관광자원 연계 ·숙박, 교통, 편의시설 연계	·연계 코스 이용 편의성 ·숙박예약편의성과 가격 적절성 ·교통시설 이용 편의성(대중교통) ·숙박시설의 이용 정도

자료 : 문화관광부, 2006년 문화관광축제 보고서에서 재작성

　강원도에서도 도내 지역축제 개최실태 및 문제점을 도출하여 바람직한 축제의 개선방안을 마련하고 지역의 특색을 살린 성공가능성 있는 축제를 국제적인 관광상품으로 육성하여 외국인 관광객 유치를 확대하려는 목적으로 바람직한 지역축제 육성을 위한 2000년 지역축제 평가계획을 세워 축제를 선정평가하고 있다. 축제의 평가를 위해 방문객 설문조사, 기획 및 주관처의 평가, 전문가집단에 의한 평가, 공공기관의 참관평가 등을 총합적으로 실시하여 평점을 내고 있다. 평가지표로는 17개의 항목을 사용하고 있다. 축제평가의 특징은 이

벤트의 운영과 상품화, 경제효과의 측정에 중점을 두고 있으며, 평가
방법으로는 자료조사, 참여관찰, 설문조사를 이용하고 있다(함석종,
2000).

<표 I-17> 강원도의 지역축제 평가지표

평가지표	방　법
기획성, 이벤트 운영 및 진행의 원활성, 회장의 구성, 쾌적성, 지역상권과의 연계성, 관광객 참여도, 프로그램의 흥미성, 주민 참여도 참여자의 만족도(참여 후 토탈평가), 지역업체 참여도, 촉진성, 지역자원과의 연계성, 개최 적합성, 상품화, 추진체계, 접근성	각 평가지표별로 A(5점) - E(1점)까지 점수화해서 소계점수
예산확보 및 운용점수	소계점수*100,000,000÷예산확보액

자료 : 함석종(2000), "관광이벤트의 측정과 평가요인분석", 2000 전기 한국관광개
　　　발학회 학술세미나 발표논문집에서 재작성

　경기도 수원 화성문화제 평가의 경우, 홍보 및 안내, 운영프로그램,
장소 및 공간이용, 시간 및 시기, 참여자 및 방문객, 기타시설 및 기반
시설의 평가를 평가지표로 설정하여 행사의 전반적인 평가, 개막식, 개
별행사, 폐막식 등 각 행사프로그램 별로 긍정적인 측면과 부정적인 측
면으로 구분하여 평가를 실시하였다(수원시, 2000). 한편, 이벤트의 평가
를 지역사회에 미치는 파급효과에 초점을 맞춘 경우도 있는데, 춘천시
에서 개최되고 있는 춘천인형극제의 경우, 지역사회에 미치는 경제적
효과, 사회·문화적 효과, 행사운영평가 등의 평가영역으로 구분하여
각 평가영역별 세부평가지표를 선정하여 분석하였다(한국문화정책개발원,
1995).

<표 I-18> 춘천인형극제의 평가지표

평가영역	평가지표	세부평가지표
경제적 효과	지역으로의 직접 유입액	행사경비규모, 관람객 지출규모
	산업연관분석	생산파급효과, 부가가치파급효과, 고용파급 효과
	관광산업발전	참여자의 총수, 체류일정 및 행태
사회 문화적 효과	지역주민의 문화향수 제고	인형극제의 효과인식, 관람실태, 만족도
	문화교류	국내외 참가극단수 추이, 참여인원, 타지역 에서의 축제개최
	교육효과	프로그램의 교육적 요소, 교육효과 인식도, 관람동기, 가족동반정도
	지역이미지 제고 및 창출	인형극제 효과인식, 춘천시의 도시 특성
	지역민의 자긍심 제고	인형극제 효과인식, 인형극제 인지도, 인형 극제의 성격평가
행사 운영 평가	공연 및 행사	공연 및 행사의 종류와 내용, 부대행사의 종류와 내용 개최시기, 개최장소, 타지역개최
	행사운영체계	운영체계 구성, 기획체계 및 과정, 집행체 계 및 과정
	행사관계자	공무원, 시민단체, 극단, 운영요원, 자원봉 사자, 지역주민의 참여도
	재원의 조달과 지출	재원조달양태, 지출추이, 행사의 수지분석
	홍보, 안내, 마케팅	홍보방법, 안내방법

자료 : 한국문화정책개발원(1995), 춘천인형극제의 지역경제·사회문화적 효과, p.41.

제5절   이벤트 평가의 일반모형

　　이벤트를 효율적으로 기획하고 운영하기 위해서는 세밀한 사전연구와 더불어서 이벤트가 지향하는 명확한 목표설정과 이벤트의 전반적 흐름을 이해하는 것이 필수적이다. 따라서 전체적으로 보면 이벤트를 기획 및 관리하고 이벤트로 인한 경제, 사회문화적 효과를 평가할 수 있는 모형설정이 중요하다고 할 수 있다. 이벤트평가와 관련된 모형은 Getz(1991)의 통합시스템적 접근법(Integrated and Systematic Approach)이 널리 활용되고 있다. Getz는 축제와 이벤트를 지역활성화를 위한 관광자원화 관점에서 중요한 요소를 제시하는 측면에서 평가의 관점을 도식화하였다.

　　그의 기본적인 구성요인들은 방문자, 이벤트 조직자, 이들을 연결하는 유형적 상품(이벤트, 축제), 사회문화적 효과 및 환경적 효과를 얻는 지역사회(지역주민)로 이루어지고 있는데, 이벤트 평가시 이러한 종합적인 관점하에서 평가가 이루어져야 한다는 것이다.

　　축제가 관광의 한 분야로 인식되기 시작하면서 관광개발 측면에서 접근시킨 모형도 있는데 Gunn(1988)의 방법론이다.

　　Gunn의 접근방법은 관광지, 서비스, 접근성의 역할을 공간모델에 접목함으로써 자원분석에 초점을 두고 있다. 이밖에 Murphy(1985)의 지역사회에 기반을 둔 계획(community-based planning)은 지역사회 측면에서 축제의 운영 및 기획에 관한 기초를 제공하였다고 볼 수 있다.

　　Murphy는 지역사회 전체를 하나의 관광자원으로 보고 지역축제를 관광상품으로 고려함으로써 지역축제를 관광개발의 하나의 수단으로 인식하고 있다.

[그림 I-13] 이벤트 평가의 관점

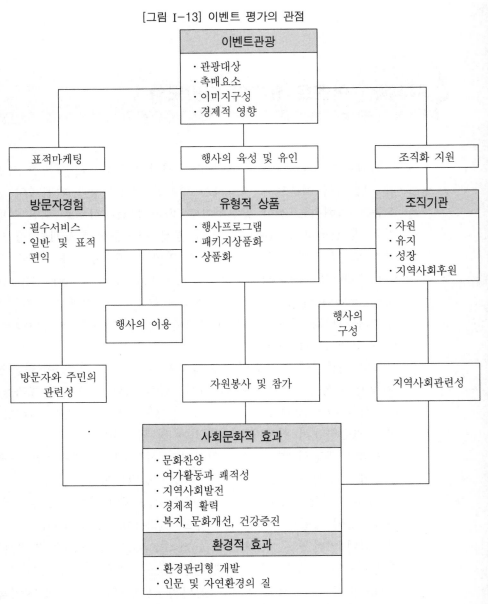

자료 : Getz, D.(1991), *Festivals, Special Events, and Tourism*, New York: VNR, p.41.

    지역 이벤트 평가에 있어 지역사회 및 지역주민의 관점에서 평가모
델을 제시한 경우도 있는데 Gray(1985, 1989), Jamal & Getz(1995),

Haywood(1988)가 제시한 모델을 재구성하여 만든 '99강원국제관광엑스포의 평가모델이 그 대표적인 케이스다. '99강원국제관광엑스포의 평가모델은 엑스포행사의 기획 및 개발에 있어 지역사회와의 협력관계가 잘 이루어졌는가, 엑스포행사로 나타나는 지역사회의 영향을 지역주민이 어떻게 인식하는가에 초점이 맞춰졌다. 따라서 단계별로 지역주민을 대상으로 한 설문조사를 통해 평가를 실시하였다(박근수, 2000).

[그림 I-14] '99강원국제관광엑스포의 평가모델

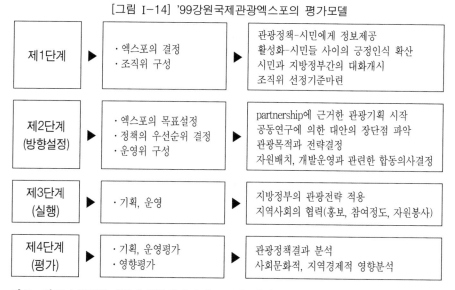

자료 : 박근수(2000), '99강원국제관광엑스포의 지역주민 역할에 대한 연구, '99강원국제관광엑스포의 성과와 지속화 방안, 강원비전포럼, p.15.

이강욱(1998)은 문화관광축제의 평가를 축제의 기획 및 운영과 영향평가로 구분하여 아래와 같이 모형을 설정하고 있다. 제1단계는 자원의 분석단계로서 문화자원의 관광상품화 가능성을 분석하는 단계다. 제2단계는 관광자원이 파악되면 축제관광에 대한 목표설정 및 정책간의 우선순위를 결정하게 된다. 제3단계는 제2단계에서 설정된 목표를 달성하기 위한 단계로서 기획·운영에 대한 세부목표를 수립하게 된다. 제4단계는 제3단계의 결과에 대한 평가분석으로 기획·운영, 경제효과, 사회문화, 정치, 환경 등의 영향을 평가한다. 제5단계는 평가분석 결과

에 대한 문제점을 파악하고 해결방안을 제시하는 단계다. 설정한 목표
와 운영과정에서 달성하지 못한 목표는 통제 및 재조정하여 차후의 축
제행사에 반영하는 과정으로 환류시키게 된다.

이 모형은 목표분석에 중점을 두는 접근방식으로 부분적으로 Getz의
모형과 유사하며, 목표달성을 위한 기획 및 운영, 영향평가분석, 문제해
결을 위한 재조정 등을 고려한 종합적이고 구조적·통합적인 축제평가
모형이라고 할 수 있다.(이강욱, 1998).

[그림 I-15] 축제의 기획·운영 및 영향평가 모형

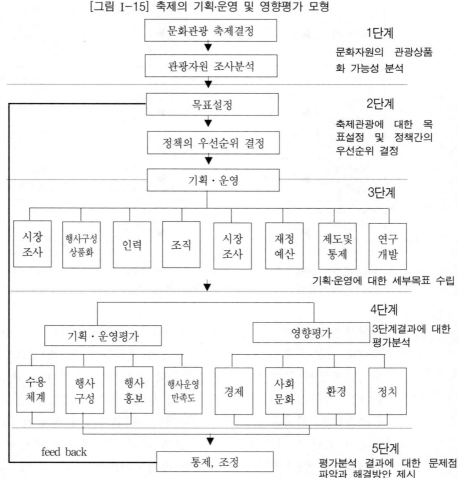

자료 : 이강욱(1998), 문화관광축제의 영향 및 운영효율화 방안, p.41.

이벤트 기획의 실제

제1절 이벤트의 실제(해녀들의 숨비소리)
제2절 이벤트의 실례

제1절 이벤트의 실제(해녀들의 숨비소리)

1. 행사를 개최하며

1) 목적

일반시민들이 해녀들에게 보다 친숙하게 다가설 수 있는 계기 마련

2) 목표

- 해녀들이 실제로 물질하는 모습과 그 때 사용하는 도구를 보여줌으로써 해녀들의 생활에 대한 이해를 도모
- 해녀작업에 대한 역사를 사진으로 전시함으로써 방문객들에게 해녀문화사에 대해 배울 수 있는 기회를 제공
- 숨비소리를 현대적 감각을 가미하여 예술적으로 승화시켜 보여줌으로써 해녀들의 삶을 보다 쉽게 이해할 수 있도록 함

3) 컨셉

해녀들의 거친 숨소리 속에 녹아있는 그녀들의 힘겹고 한많은 역경의 소리인 숨비소리를 현대적으로 재조명.

4) 테마

"호이~ 호이~"(해녀들의 숨비소리)

2. 프로그램 구상

일정 시간	D-1 7월 10일	D day (7월 11일)		D+1 (7월 12일)	
14:00		해녀소품만들기-어린이	전 시	해산물 잡기 및 시식회	전 시
15:00		해산물 잡기 및 시식회		해녀복 빨리 입기	
16:00	시가 행렬				
17:00		해녀들의 이야기 속으로		최고해녀 시상식	
18:00					
19:00	영등 환영제	숨비소리 따라하기		산호해녀에게 소원 빌기	
20:00		숨비소리 무용공연		영등송별제	
21:00					

3. 프로그램별 내용

1) 메인 행사

프로그램명	시나리오
영등환영제	해녀들의 神이면서 어업의 神인 영등할망을 환영하고 축제의 개막을 알림
해녀들의 이야기 속으로	해녀의 역사를 현대적으로 재조명하여 해녀들의 삶이 어떠했는지에 대해 보여줌
숨비소리 무용공연	축제의 테마인 숨비소리를 예술로 승화시켜 공연함
최고해녀 시상식	최고의 해녀를 선발하여 시상함으로써 해녀들의 노고에 감사함
산호해녀에게 소원 빌기	관람객의 소원을 새긴 돌을 해녀들이 태왁에 담아 바다로 가져감
영등송별제	영등할망을 송별하고, 축제의 폐막을 알림

2) 부대행사

프로그램명	시나리오
시가행렬	다음날 축제를 홍보하기 위해 해녀복장과 해녀캐릭터를 한 공연단이 시가지를 행진함
해녀소품만들기 (어린이)	모래와 해산물 껍질을 이용하여 어린이들이 해녀가 사용하는 도구를 만들어 보게 함으로써 해녀에게 좀더 친숙하게 다가감
해산물 잡기 및 시식회	미리 얕은 바다에 풀어놓은 해산물 등을 직접 채취하게 하고 잡은 해산물은 즉석에서 시식할 수 있게 요리해 줌
숨비소리 따라하기	숨비소리를 직접 소리내어 보게 함으로써 직접 참여할 수 있도록 함
해녀복 빨리 입기	해녀작업과 도구를 직접 갖춰 입어 보도록 함
전시	해녀에 관련된 여러 가지 사진, 도구, 해녀의 역사에 관해 전시

4. 행사장 입지여건

1) 행사장 접근성

- 위치: 제주특별자치도 제주시 구좌읍 김녕해수욕장 일대
- 자연 지리적 특성 : 깨끗한 바다와 질 좋은 모래가 넓게 펼쳐져 있고 도로와 인접해 있어 접근성이 용이함

2) 행사장 이점

- 접근성이 용이함과 동시에 주차장이 넓어 주·정차하기에 편리함
- 바다가 깊지 않아 해산물 채취시 위험성이 적으며 부대행사를 할 수 있는 넓은 잔디밭을 갖고 있음

3) 교통의 흐름

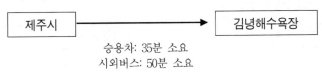

제주시 → 김녕해수욕장

승용차: 35분 소요
시외버스: 50분 소요

```
┌─────────┐                      ┌──────────────┐
│ 서귀포시 │ ──────────────────→ │ 김녕해수욕장 │
└─────────┘                      └──────────────┘
```

승용차: 1시간 소요
시외버스: 1시간 25분 소요

4) 고려사항

행사장	프로그램명	예상 참가자 인원	우천시 공간 및 시설	행사장 준비계획	행사장 철수계획
부두~탑동	시가행렬	2,000명	실내체육관	행사 시작 15일전 미리 차량통제 허가를 받음	탑동공연장으 로 이동시킨 후 철수
탑동 공연장	영등환영제	1,000명	공연장 관람석에 천막설치 (우의제공)	행사 2일전부터 준비	행사종료후
메인 행사장	숨비소리무용단 공연외 메인 프로그램	3,000명	〃	행사당일	행사종료후
부대 행사장	어린이들의 해녀소품만들기 외 부대프로그램	3,000명	〃	행사당일	다른 행사 진행시

5. 교통 및 운송계획

1) 참가자들의 교통수단

- 제주도민: 제주도민들은 대중교통과 승용차를 이용하여 행사장으로 오게 한다.
- 관광객: 대중교통을 이용하거나 행사기간 동안 운행하는 셔틀버스를 이용한다.
- 장애인: 장애인 전용 셔틀버스를 별도로 운행하여 행사에 참가함에 있어 불편함이 없게 한다.

2) 노선

(1) 시외버스(일주) 노선

구 간	소요시간
제주시 ⇒ 일주도로 ⇒ 김녕	50분 소요
서귀포 ⇒ 일주도로 ⇒ 김녕	1시간 25분 소요

제주시와 서귀포시 터미널의 직행 첫차 시간은 5:40분이며 막차는 21:00이다. 차는 20분마다 운행하며 완행 첫차 시각은 5:50분이며 막차는 20:20분으로 25분 간격으로 운행하고 있다.

(2) 셔틀버스 노선

구 간	셔틀시간표
제주공항 ⇒ 동문로타리 ⇒ 제주항 ⇒ 함덕 ⇒ 김녕	첫차는 12:00, 막차는 22:00로 20분 간격으로 운행
중문관광단지 ⇒ 1호광장 ⇒ 남조로⇒ 김녕	

(3) 장애인을 위한 대책

- 장애인을 위한 장애인 셔틀버스 운행
- 장애인들을 위해 행사장에 운영요원을 배치하여 장애인들을 도와줌
- 행사장 내에서 장애인 관람에 불편함이 없도록 조치함

구 간	셔틀시간표
제주시(터미널) ⇒ 함덕 ⇒ 김녕	첫차는 12:00, 막차는 22:00로 20분 간격으로 운행
서귀포(터미널) ⇒ 성산 ⇒ 김녕	

3) 참가자들의 승차장과 정차장 위치

	일주도로	셔틀버스	장애자 셔틀버스
승차장	김녕해수욕장 버스정류소	김녕해수욕장 인근공터1	김녕해수욕장내 인근공터2
하차장	김녕해수욕장 버스정류소	김녕해수욕장 버스정류소	김녕해수욕장내 인근공터3

일주도로의 승하차장은 보통 때와 같이 버스정류소로 한다. 장애자 셔틀버스는 장애인들을 위해 행사장과 인접해 있는 공터로 정함

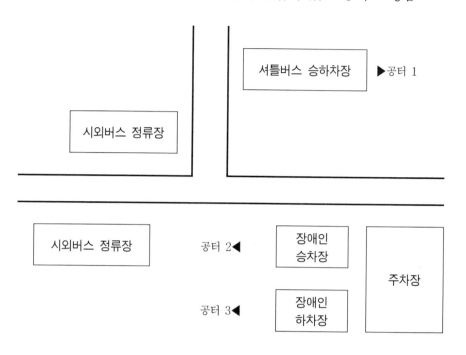

6. 조직기구

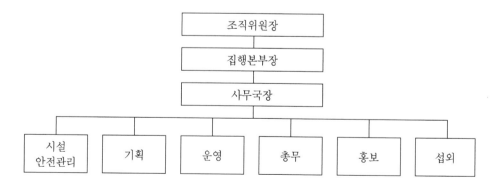

7. 행사 운영인력 관리계획

1) 부서별 인원 및 역할

구 분		인 원	역 할
총무팀	인력관리	스텝: 3명	운영요원의 효율적인 인력관리를 위해 체계적으로 조직을 구성하고 인력을 관리
	예산	스텝: 1명	행사장 준비비, 출연료, 홍보비, 인건비, 차량임대비, 주문제작비, 용역비 등에 들어가는 비용을 계산하고 효율적으로 지출
운영팀	행사장 관리 시설안전관리	스텝: 10명 운영요원: 22명	메인&부대 행사장 전체와 각 프로그램행사장, 입·출구 및 주차장 관리
	프로그램 진행	스텝: 12명 운영요원: 24명	각 프로그램을 제시간에 진행할 수 있도록 함 섭외한 출연진 관리 진행시 안전사고 대비
기획팀		스텝: 2명	축제테마에 적합하고 일관성 있게, 그리고 사람들에게 즐거움을 줄 수 있는 프로그램 구성
홍보팀		스텝: 2명	언론매체, 인터넷 등으로 국내외 축제 홍보
섭외팀		스텝: 2명	프로그램 진행을 위한 사회자, 행사에 필요한 인력(도우미, 자원봉사 등)을 전화, 면담을 통해 섭외

2) 오리엔테이션 스케줄 및 내용

(1) 행사 2주전 교육내용

- 축제 전반적인 프로그램 파악
- 행사장 위치 및 각 프로그램별 행사장에 대한 교육

(2) 행사 일주전 교육내용

- 행사장별 배치
- 각 부서별 배치 및 교육
- 행사장별 프로그램 운영에 대한 교육

3) 행사장별 배치인력 및 역할

행사장	일 시	배치인력	역 할
부두~ 탑동공연장	전야제	스텝: 10명 운영요원: 20명	시가행렬 출연자들을 부두에서 공연장까지 안내 관람객의 안전보호
메인 행사	행사이틀간	무대-스텝: 2명 운영요원: 5명	프로그램의 원활한 진행을 위해 각 프로그램마다 출연진들을 관리 관람객의 안전보호
		행사장-스텝: 2명 운영요원: 5명	
부대행사장	행사이틀간	해산물채취장-스텝: 3명 운영요원: 6명	프로그램의 원활한 진행을 위해 각 프로그램마다 출연진들을 관리 관람객의 안전보호
		행사장-스텝: 3명 운영요원: 6명	
주차장	행사이틀간	스텝: 2명 운영요원: 4명	입·출구의 혼잡방지 차들이 쉽게 이동할 수 있도록 신속하게 주차관리

8. 홍보계획

1) 표적시장 및 홍보포인트

- 국내 – 서울, 부산, 인천, 대구, 광주 등 5대 도시를 중심으로 공항, 지역방송, 일간지 등을 통해 사람들이 많이 이용하는 매체를 중심으로 중점적으로 홍보
- 도내 – 제주도내 일원에 홍보물(홍보탑, 포스타, 현수막)을 부착하며 제주방송국을 이용한 광고방송 등을 통해 홍보
- 해외 – 일본(오사카, 도쿄) 중국(북경, 상하이) 등 제주와 직항노선이 있는 지역을 중심으로 홍보

2) 홍보수단

- 국내 – 지역관광협회 및 신문사, 인터넷 배너광고 및 공식축제 홈

페이지, DM

- 도내 - 제주방송국, 공식홈페이지, DM, 현수막, 홍보탑
- 해외 - 한국관광공사 인터넷 배너광고, 공식축제 홈페이지, 재외도민회, 팸투어, DM

9. 비상사태 대응방안

1) 기상이변으로 행사장 접근이 어려울 경우 관광객 및 도민에게 고지 방법

① 공고물 부착 - 공항내, 제주항, 버스터미널
② 라디오를 통해 수시로 안내방송
③ TV news보도
④ TV 자막방송을 통해 알림
⑤ 공항, 제주항, 버스터미널 등 관람객과 도민들이 많이 이용하는 장소에서 안내방송

2) 갑자기 비가 내려 행사진행이 어려울 경우

① 폭우가 쏟아질 경우 - 관람객의 안전을 위해 해산물 채취 프로그램은 취소하고 대체 프로그램으로 전환함
    영등송별제의 경우 무대로 옮겨 실시
② 부대행사장에 천막설치
③ 관람객들에게 우의 제공

3) 참가자 중 갑자기 의료사고가 났을 때 대응방안

① 간의 의료실에 기본적 의료기구 배치
② 의료진과 119는 항시 대기
③ 의료사고 발생시 현장에서 가까운 한마음병원으로 후송

제2절   이벤트의 실례

| 실례 1 | **2001 제주세계섬문화축제 체험·참여 이벤트** |

이번에 소개하는 이벤트는 2001년도 제주세계섬문화축제에서 체험·참여 이벤트로서 개최되었던 이벤트를 중심으로 몇 가지를 인용하였다.

1. 전통가옥 제작체험

1) 일시: 2001. 5. 19 ~ 6. 17(상설)

2) 체험내역

참가지역	가옥명	개수	장 소	체험내용
몽골	천막집	3	아시아관 앞	몽골의 전통천막 현장 재현, 생활도구 전시
사모아	오두막집	1	태평양 인도양관 앞	남태평양의 오두막집 현장 재현

3) 효과

외국의 생활 풍습을 직접 재현함으로써 관람객들에게 외국 문화체험의 기회를 제공하는 효과가 나타남

2. 세계 전통의식 체험

1) 일시

2001. 5. 19 ~ 6. 17(상설)

2) 체험내역

참가지역	체험명	횟수	장 소	체험내용
제주	전통 혼례식	2	제주민속 체험의장	제주전통혼례식에 관람객이 신랑·신부로 참여하여 재현
발리	전통 혼례식	2	태평양/인도양 관 이벤트 마당	발리 전통 결혼식 재현

3) 효과

   전통혼례식을 관람객이 직접 참여 재현함으로써 추억거리와 결혼문화 체험의 장을 마련하는 효과가 나타남

3. 아일랜드 골프클럽

1) 일시: 2001. 5. 19 ~ 6. 17(30일간) 10:00 ~ 18:00
2) 장소: 축제장내 아일랜드 골프클럽
3) 운영내용

구 분	주요임무	인력 배치	비 고
매표소	입장객 안내 입장요금 수납 (골프공3개→10,000원)	4	운영요원, 안내도우미, 자원봉사자, 행정지원단 각1명 ※아일랜드 골프클럽 안내표지판 1개
골프용품 대여소	교환권 소지자 공 3개와 샷에 필요한 용품 대여	3	운영요원 1명 및 자원봉사자 2명
티 그라운드	티샷 순번 확인	2	남녀 티그라운드 자원봉사자 각1명
그린	홀인원 확인과 홀 주변 동선 확보	2	행정지원단, 자원봉사자 각1명
협찬사 부스	홀인원시 경품 대행 BMW 승용차		골프클럽 입장권 수익금을 수익사업으로 귀속

4) 운영결과
- 참여인원: 373명
- 수익금: 3,730천원

5) 효과

　관람객으로 하여금 이벤트 행사에 편중되지 않고 스포츠행사에 참여할 수 있는 기회를 제공함으로써 골프스포츠의 이미지 강화

4. 각 프로그램에 대한 평가 및 개선사항

이벤트별	문제점 및 개선사항
전통가옥 제작체험	몽골, 사모아 2개 지역 참여로 효과 저조 사모아의 경우 시연재료 부족으로 오두막집 미완성 ⇒ 여러 지역으로 참가지역을 확대하고 관람객들의 흥미를 유발시킬 수 있는 프로그램 구성 필요
세계전통 의식체험	발리, 제주지역만의 일부 참여로 체험이벤트 연출효과 저조 ⇒ 여러 지역으로 참가지역을 확대하고 관람객들의 흥미를 유발시킬 수 있는 프로그램 구성 필요
아일랜드 골프클럽 운영	BMW협찬으로 참가자가 많을 것으로 예상했으나 300여명만 참여 ⇒ 차기 축제시 축제 프로그램에서 제외 검토

실례 2　　　　　　　　　　**자연농원 튤립축제**

1) 튤립축제의 개요
　① 명칭: 튤립축제
　② 컨셉: 네덜란드 풍의 축제
　③ 캐치프레이즈: 「마치 네덜란드에 온 것 같아요」
　④ 주요 구축물: 네덜란드형 풍차, 네덜란드식 건물식당, 네덜란드 기차역
　⑤ 행사: 네덜란드 민속춤공연, 네덜란드 풍물사진, 쟈글러, 마임크라운쇼
　⑥ 타켓: 연인 및 30대 가족

⑦ 네덜란드 분위기 창조를 위한 소재

⑧ 네덜란드 민속 상품(나막신, 도자기, 민속인형, 모형풍차 등 90여 종의 기념품, 네덜란드 현지인 등 외국인 시간제 근무자 고용)

2) 성공요인

① 에버랜드를 방문하는 고객들이 전적으로 네덜란드에 왔다는 느낌을 받을 수 있도록 배경을 설정하고 있으며, 식음료, 기념품을 비롯한 모든 환경을 「네덜란드풍」이라는 컨셉하에 조화를 이루고 있음

② 홍보 및 광고전략

- 튤립 꽃과 주변 행사에 초점을 맞추었으며 인쇄매체, 특히 일간지, 스포츠신문 등의 사진기자들을 초대하여 튤립의 아름다움을 렌즈에 담고 이것을 신문지상에 게재하도록 유도함.
- 1차 캠페인: 「네덜란드에서 봄을 갖고 왔어요」라는 주제로 튤립축제의 인지도 제고와 이국적 특성을 강조함.
- 2차 캠페인: 「봄이 가장 먼저 시작되는 곳」이라는 주제로 「봄」의 이미지 강화
- 스포츠신문이 운영하는 튤립사진 콘테스트를 비롯하여 VCR촬영대회, 그림 그리기 대회 등 다양한 고객참여 프로모션을 집행

③ 튤립축제와 같은 행사는 건축, 음악, 미술, 무용 등을 포괄하는 대규모의 행사 이벤트로서 종합적이면서 지속적인 행사이므로, 이러한 대규모의 행사를 운영하기 위해서는 분명한 컨셉이 설정되어야 하며, 이에 따른 투자와 모든 스텝들의 긴밀하면서도 유기적인 협조가 이루어져야 한다. 즉, 신선한 아이디어에 대한 과감한 도전, 그리고 이에 따른 투자비의 적절한 활용이 필수적임

3) 성공내용

꾸준한 노력으로, '91년 72만명에 머물던 방문객이 '92년에 약 91만명, '93년 약 120만명, '94년에 130만명으로 급격히 늘었다. 이는 연평균 성장률 25~30%라는 수치로 튤립축제가 자리를 굳히고 있다는 증거임

실례 3	대전 EXPO '93년 테크노피아관

1) 테크노피아관 개요

① 전시관명: 테크노피아관(Technopia Pavilion)

② 주제: 마음을 담아, 꿈을 찾아(Pursuing our Dreams with All our Hearts)

③ 참가규모: 부지 3,000평 건평 1,011평 연건평 1,746평 높이 27.2m

④ 주 관람체험

대상: 청소년(중, 고등학생), 가족과 단체

⑤ 전시 5개 마당 구성

- 초대의 마당: 관람객에게 환영메시지 및 전자 컴퓨터의 기초 상식을 영상 모니터를 통해 제공해 줌
- 이해의 마당, 프리쇼(Pre-Show): 컴퓨터 내부공간을 탐험함으로써 정보처리 과정을 이해하며 특수 제작한 전자 망원경으로 테크노피아의 생활을 예감
- 감동의 마당, 메인 쇼(Main Show): "테크노피아로의 여행"이라는 주제로 Electronics가 창조하는 꿈과 용기의 신세계를 특수촬영 및 컴퓨터 그래픽으로 제작된 초고속영상과 다이내믹한 시뮬레이션 시어터를 통해 우주여행을 체험
- 참여의 마당인 Exhibition Hall: 우리 고유의 4가지 타악기를 구성지게 합주하여 관람객들에게 신명을 주는 사물놀이 쇼, 현실에 구애받지 않고 시간과 공간을 초월하여 상상의 세계가 현실과 같이 그대로 펼쳐지는 가상현실 시스템, Virtual Reality Show가 펼쳐짐

2) 성공요인

① 전체 동선이 스토리로 연결됨

② 관람객의 직접 참여에 의한 적극적 관람으로 관람객은 마치 극중의 주인공이 되어 우주와 교신하고 비행선에 오르고 테크노피아를 침입한 적들과 교전을 하고 지구로 귀환하도록 설정함

③ 리얼리티한 영상전개로 극적 상황의 전개는 시뮬레이션 시어터라는 영상기법을 통해 현실감을 더해줌

- 결국 전체 동선이 스토리로 연결되고 관람객이 극적인 상황에 몰입할 수 있었으며 시뮬레이션 시어터가 뒷받침해 주는 연출적 특징이 대전 EXPO '93에서 테크노피아관이 성공할 수 있었던 요인임

3) 성공내용

테크노피아관 개관시 매 15분마다 입장, 시간당 472명을 소화하는 운영능력을 보였으며, 1일 최대 수용능력의 7,200명이었으나 대전 EXPO '93의 93일간 총 673,159명의 관람객이 입장함으로써 수용인원을 초과하는 대성공임

| 실례 4 | 진도 영동제 |

1) 영등제의 개요

진도 영등축제는 현대판 모세의 기적으로 널리 알려진 진도에서 신비의 바닷길이 열리는 때에 맞춰 성대하게 펼쳐지는 문화관광축제로 평상시 6~7m 깊이로 잠겨있던 바닷가 길이 열릴 때 직접 바닷길을 걸으면서 미역, 소라, 낙지, 바지락 등 각종 해산물을 채취할 수 있는 국제적인 체험관광축제다. 바닷길이 열리기 전에는 강강술래, 남도들노래, 진도썻김굿, 다시래기, 진도만가, 진도북놀이, 진도아리랑 등 진도의 민속민요가 공연되며, 진돗개 묘기자랑, 관광진도 사진전시회, 뗏목 노젓기대회 등 다양한 볼거리가 제공된다.

2) 진도군 소개

한반도 서남단에 230여 개 섬들이 그림처럼 펼쳐진 진도군은 수려하고 신비스런 자연경관이 가는 곳마다 널려있고 따뜻한 인정이 살아 있는 그야말로 아름다운 고장이다. 예로부터 세계적으로 유명한 썻김굿을 비롯한 강강술래와 남도 들노래 등 유명한 전통 민속이 진도 아리랑가락과 함께 허유선생 이래 4대에 걸쳐 남종문인화의 찬란한 꽃을

피워온 긍지 높은 문화예술의 고장이다.

삼별초군의 항몽전적지인 용장산성과 남도석성, 세계 해전사에 길이 빛나는 이 충무공의 명량대첩지 등 역사적인 호국 유적지로도 널리 알려진 곳이다. 그런가하면 세계적 명견인 진돗개로 유명하고 불로장생의 구기자와 향이 특이한 검정약쌀, 청정해역의 돌미역과 돌김, 애주가들이 즐겨 찾는 진도홍주 등 지역특산품 또한 즐비하여 보배의 섬이란 의미를 더해주고 있는 곳이다.

특히 제2의 모세의 기적인 신비의 바닷길이 널리 알려져 매년 3~4십만명의 국내외 관광객이 찾아오면서 새로운 관광명소로 부각되고 있는 진도군은 4월 16일부터 3일 동안 신비의 바닷길 현장에서 펼쳐지게 될 영등축제를 세계화시대에 걸맞은 국제적인 관광 이벤트 행사로 추진하기 위해 총력을 기울이고 있다.

3) 행사내용

① 행사명
- 국문: 제22회 진도영등제
- 영문: The 22nd Youngdeungje Festival(The Mysterious Parting of the Sea)
- 일문: 第22回 珍島靈登祭

② 행사기간: 99. 4. 16 ~ 18(3일간)

③ 행사장소: 전남 진도군 고군면 가계 – 회동 해변

④ 행사문의처:
- 진도군 문화관광과 Tel: 061) 544-0151
  Fax: 061) 540-3577
- 인터넷 홈페이지 주소: http://tour.jindo.go.kr

4) 행사세부 내용

진도 영등축제는 단순한 볼거리, 먹거리를 제공하는 관광이 아니라 직접 참여하는 체험관광을 할 수 있도록 행사기간에 여러 가지 이벤트를 마련하여 관광객들의 참여를 유도한다.

① 바닷길이 열리기 전에 진행되는 이벤트

진도 동남단 해안 마을 회동으로 가는 길은 밀려드는 차량 행렬로 붐빈다. '영등살' 축제가 열리는 회동 들머리 길목에서 입장권 역할을 하는 축제의 캐릭터 '진돌이'를 사서 달아야 한다. 축제를 관광 상품화 하여 지역경제에 보태자는 것이다.

바닷길이 열릴 때를 기다리는 동안 회동 앞바다에서는 오색의 풍어 깃발을 펄럭이는 수백 척의 어선들이 '해상선박 퍼레이드'와 '뗏목놀이' 를 펼친다. 축제 주무대인 야외 민속공연장에서는 수많은 외국관광객 을 위해 일어와 영어로 보조진행 멘트를 해주는 가운데 진돌이 행진을 시작으로 진도가락과 '진도 씻김굿', 용왕제 등 열림굿판이 인간문화재 들에 의해 벌어진다. 대구시립국악단과 함께 서로 손에 손을 잡고 신명 나게 돌아 동서 영호남 화합을 굳게 다지는 '강강술래'도 펼쳐진다.

특히 중요무형문화재 제72호로 지정된 '진도씻김굿'판이 벌어지자 긴 세월 이 섬에 서린 슬픔을 우려낸 정한의 소리가 춤사위에 젖어 오관 을 온전히 열어보려는 관광객들의 진지함은 더해 간다. 세계 민속음악 제에서 금상까지 탄 바 있는 시나위 진양 장단 가락은 흰옷 입은 무녀 의 무가와 어우러져 내밀한 곳까지 젖어들어 몸을 섞듯 깊은 울림으로 망자의 넋을 부른다. 굿판은 망자가 이승에서 못다 푼 한을 상징하는 흰 무명천을 푸는 '고풀이'를 거쳐 '영등살이'로 씻겨 나가고, 막바지에 좋은 세상 이어진 길의 상징으로 길게 펼친 무명천 33척을 들고 들어 서서 '길닦기'를 하자 진도 사람인 듯한 관객들은 저승으로 갈 노잣돈 을 무명천 위에 올려놓는다. 비록 무대 위의 '씻김굿'이지만 이곳 진도 사람들은 실제 넋의 한을 씻기는 행위를 함께 하는 것이다.

② 영등살이

'길이 열려요! 신비의 바닷길 – 진도 영등축제'라는 주제의 개막선언 과 함께 영등축제 유래 낭독이 이어진다.

해마다 음력 이월 그믐에서 삼월 보름사이 해몰이 때면 이 곳 회동 과 모도 사이의 바다는 한 해 내내 숨겨왔던 해저 사구를 3일간 매일 한 시간 정도씩 40~60m 폭으로 드러내는데 이 바닷길을 '영등살', '영 등살이'라고 부른다.

'영등살'이란 명칭은 소망과 희생이 어린 전설에서 유래했다. 조선초기 호랑이의 습격을 막기 위해 자손들을 뗏목에 태워 모도로 대피시키는 와중에 혼자 마을에 남겨진 뽕할머니가 가족을 만나게 해달라고 바닷가에 나가 용왕에게 빌던 중, 갑자기 무지개처럼 바닷길이 열려서 마을 사람들이 호동에 도착하게 되지만 뽕할머니는 그만 숨을 거둔다. 마을 사람들은 뽕할머니의 소망으로 영이 동천했다고 하여 '영등살'이라 칭하게 된 것이다.

뽕할머니상 앞에서는 회동의 전통 마을제인 뽕할머니 넋을 위한 큰 굿이 벌어지고 풍어와 풍년을 그리고 우리네 살림에서 먹구름을 없애주십사하고 기원하는 '뽕할머니 축원제'가 시작됨으로써 '영등살이'가 열린다. 이윽고 길이 2.8km 바닷길이 서서히 열리기 시작하자 양쪽 바닷가에서 기다리고 서 있던 사람들이 이 지역 건립패의 풍물 울림을 따라 그 뒤를 이어 수만명의 국내외 관광객들이 회동과 모도 사이를 가로지른다. 반대편 모도 사람들도 회동 쪽으로 건너오자 드디어 '바닷길 대영합회'가 이루어진다. 한 시간여 동안 이어지는 영등살로 생긴 바닷길에서 널려 있는 돌미역을 따내고 갯벌 속에서 꿈틀거리는 낙지와 바지락을 잡는 횡재를 체험할 수 있어 관광객들은 흥미 있어한다.

국립해양조사원의 한 관계자에 의하면 "이 지방의 지형적 요인과 달과 해의 위치가 일년 중 가장 지구에 강한 인력을 미치는 시점에서 조수간만의 차로 인하여 바닷물이 빠지면서 주위보다 높은 해저지형이 노출되는 현상"이라고 한다.

뽕할머니의 전설

서기 1480년경 손동지라는 사람이 제주도로 유배도중 풍랑으로 표류하여 지금의 회동마을에 살게 되었는데 그 당시는 호랑이의 침해가 심하여 이 마을을 호동이라 불렀다. 그 후 호랑이의 침해가 날로 심해져서 살기가 어렵게 되자 마을 사람들은 뗏목을 타고 의신면 '모도'라는 섬마을로 피하면서 황망중에 뽕할머니 한 분을 호동 마을에 남기고 말았다. 뽕할머니는 헤어진 가족을 만나고 싶어서 매일 용왕님께 기원하였는데 어느 날 꿈속에 용왕님이 나타나시어 "내일 무지개를 내릴 터이니 바다를 건너가라"는 선몽이 있어 모도에서 가까운 바닷가에 나가 기도하고 있던 중 갑자기 호동의 뿔치와 모도 뿔치 사이에 무지개처럼 치등이 나타났다. 그 길로 마을 사람들이 뽕할머니를 찾기 위해 징과 꽹과리를 치면서 호동에 도착하니 할머니는 "나의 기도로 바닷길이 열려 너희들을 만났으니 이젠 죽어도 한이 없다"는 유언을 남긴 채 기진하여 숨을 거두고 말았다. 이를 본 주민들은 뽕할머니의 소망이 치등으로 변하였고 영이 등천하였다 하여 영등살이라 칭하고 이곳에서 매년 제사를 지내게 되었으며, 그 후 자식이 없는 사람, 사랑을 이루지 못한 사람이 소원을 빌면 이루어진다는 전설이 전해오고 있다.

5) '진도 영등제'의 배경 및 효과

진도 영등제는 전라남도 진도군 고도면 회동리와 신의면 모도마을 사이 2.8km의 바다가 매년 음력 3월초에 해수간만의 차이로 인해 해저의 사구(砂丘)가 40m 폭으로 물위에 드러나 바닷길을 이루는데 이것을 '영등살이'라고 부른다. 이때가 되면 이 일대의 젊은 사람들이 모여서 한 판 난장을 벌이며 놀던 마을굿이 문화관광축제로 자리잡은 것이다.

특히 진도의 영등축제가 국제적인 축제로 자리를 다져 잡게 된 데에는 1975년 주한프랑스대사 피에르 랑드 씨가 이곳에 왔다가 물 갈라지는 광경을 보고 프랑스에 돌아가 모세의 기적을 한국에서 보았다고 신문에 기고하게 되었고, 그 파급효과로 일본 NHK-TV에서 물 갈라지는 광경을 촬영, 방영함으로써 외국인에게 알려지기 시작했다.

문화관광부는 진도의 신비한 바닷길 열림현상을 유네스코의 '세계자연유산'으로 등록신청을 해 두었고, 국가지정문화재(명승 제9호)로 지정 예고했다. 또한 우리나라 주재 외신기자들을 대상으로 프레스투어를 결성, '영등축제'를 취재하여 해외에 적극 알리고 있다.

33만 여명이 참여한 2002년 '영등축제'에는 이 지역주민이 20%, 외지 관광객이 80% 정도 참여함으로써 전국적인 축제로 자리 잡았다.

그 동안의 적극적인 해외홍보로 일본인 단체관광객과 유럽, 미국, 동남아 등지의 관광객 5,200여명이 참여하여 국제적인 축제로 발돋움하는 면모를 보여 주고 있다. 단순한 볼거리, 먹거리 축제의 한계를 벗어나 참여하는 축제가 된 진도 '영등축제'는 섬의 자연조건과 토속예술문화를 잘 특화시켜 성공적인 축제로 자리매김시킨 것이다. 이는 진도군민들이 자신들의 축제에 먼저 관심을 갖고 정통성을 부여함으로써 가능했다.

6) 지속적인 발전을 위하여

진도의 영등축제는 뽕할머니의 전설과 함께 세계적으로 찾아보기 힘든 자연환경을 관광상품화하여 관광 이벤트 상품을 만들어 냈다. 특히 신비의 바닷길에서 열리는 이벤트 중 직접 행사에 참가할 수 있는 씻김굿, 바닷길 대영합회 등의 이벤트는 무리를 이룬 외국인들이 더 진지해하며 떠날 줄 모른다.

진도 영등제의 핵심을 한마디로 말한다면 자연자원을 이벤트화했다는 것이다. 앞으로 더욱 다양한 이벤트 상품을 개발하여 프로그램의 수준을 높일 경우 이 축제는 국제적 이벤트로서 자리매김이 가능할 것이다.

EVENT MANAGEMENT

제 2 편

국제회의산업

EVENT MANAGEMENT

제 1 장

국제회의산업의 개념

제1절 국제회의의 개요

1. 국제회의의 정의

오늘날에는 국제회의와 컨벤션(convention)에 대한 정의가 많이 혼용되어 사용되고 있는데, 이는 컨벤션의 의미가 처음에는 국내·국제회의만을 의미하였으나 최근에는 전시회나 이벤트, 스포츠 및 교역 등을 포함하는 광범위한 개념으로 변모하게 되었기 때문이다.

국제회의나 전시회 등 컨벤션의 유치 및 개최는 개최지역과 관련기업 등에 경제적·문화적·사회적으로 긍정적인 효과를 주기 때문에 세계 각국에서는 독자적인 산업의 하나로서 육성시키고 있는 실정이다.

유럽에서는 'Conference Industry', 미주에서는 'Meeting Industry'라고 부르고 있으며, 미국에서는 'Multi-billion Dollar'산업이라고 부를만큼 연간 1,000억 달러가 넘는 성장발전산업으로 인식되고 있는 실정이다.

우리나라에서도 국제회의산업은 고부가가치를 창출하는 미래형 첨단산업이며 종합서비스산업으로서, 이 산업이 지역사회에 미치는 영향, 즉 정치·경제·사회·문화 등 여러 분야에 걸쳐 두루 나타나는 긍정적인 효과들이 지역 및 국가발전에 기여하고 있다는 것을 인식하고 있다. 이에 지난 1996년부터 관련 법률 제정과 함께 국제회의산업 육성에 박차를 가하고 있다.

국제회의 시장의 규모는 매년 확장되어 가고 있으며, 각국 정부 국제회의 전담기구에서는 국제회의산업의 중요성 및 효과를 깊이 인식하여 각종 국제회의뿐만 아니라 같은 범주에 속하는 전시회, 박람회, 학술세미나, 각종 문화예술 행사, 스포츠 행사, 외국 기업체들의 인센티브 관광 등의 유치에도 심혈을 기울이고 있는 실정이다.

〈표 II-1〉 국제회의의 정의

구　분	정　의
국제협회연합 (UIA; Union of International Association)	UIA발간 국제기구 연감과 국제회의 캘린더에 수록되어 있는 국제기구가 주최하거나 후원하는 회의 그리고 국제기구의 국내 지부가 주최하는 국내회의 가운데 전체 참가자수 300명 이상, 참가자중 외국인이 40% 이상, 참가국수 5개국 이상, 회의 기간이 3일 이상의 조건을 모두 만족하는 회의
법률적 정의	국제회의산업육성에 관한 법률 제2조를 보면 "국제회의라 함은 상당수의 외국인이 참가하는 회의(세미나·토론회·전시회 등을 포함한다)로서 대통령령이 정하는 종류와 규모에 해당하는 것을 말한다"로 규정하고 있다. ① 국제기구 또는 국제기구에 가입한 기관 또는 법인·단체가 개최하는 회의중 당해 회의에 5개국 이상의 외국인이 참가할 것, 회의 참가자가 300인 이상이고, 그 중 외국인이 100인 이상일 것, 3일 이상 진행되는 회의일 것 ② 국제기구에 가입하지 아니한 기관 또는 법인·단체가 개최하는 회의중 외국인 회의참가자가 150인 이상일 것, 2일 이상 진행되는 회의일 것으로 정의하고 있다
한국관광공사	국제기구 본부에서 주최하거나 국내단체가 주관하는 회의 가운데 참가국수 3개국 이상, 외국인 참가자수 10명 이상, 회의 기간이 1일 이상인 회의
아시아 컨벤션 뷰로협회(AACVB; Asian Association of Convention & Visitors Bureaus)	공인된 단체나 법인이 주최하는 단체회의, 학술심포지엄, 기업회의, 전시, 박람회, 인센티브 관광 등 다양한 형태의 모임 가운데 전체 참가자중 외국인이 10% 이상이고 방문객이 1박 이상을 상업적 숙박시설을 이용해야함. 2개 대륙이상에서 참가하는 국제행사, 동일 대륙에서 2개국 이상이 참가하는 지역행사, 참가자 전원이 자국이 아닌 다른 나라로 가서 행사를 개최하는 국외 행사로 구분
세계국제회의 전문협회(ICCA; International Congress & Convention Association)	정기적인 회의로서 최소 4개국 이상을 순회하면서 개최되고 참가자가 100명 이상인 회의로 규정

자료 : 한국관광공사, 1996.

2. 국제회의의 기준

국제회의의 개념에 대한 포괄적 정의가 일반화되고 있음에도 불구하고 국제회의의 성립 여부를 가름하는 세부기준의 설정에 있어서는 여전히 국가나 국제회의 관련 전문기관들 간에 시각 차를 드러내고 있다. 즉, 참가국 및 참가자 수, 외국인 참가자 비율, 그리고 주체와 회의기간 등의 요건에 따라 국제회의의 성립여부와 그 범위가 다양하게 설정되고 있다.

먼저 국제협회연합(UIA; Union of International Association)에서는 국제기구가 주최 또는 후원하는 회의이거나 국제기구에 가입한 국내 단체가 주최하는 국제적인 규모의 회의로서 참가자수 300명 이상, 회의 참가자 중 외국인이 40% 이상, 참가국 수 5개국 이상, 회의기간 3일 이상이라는 네 가지 조건을 만족시키는 회의를 국제회의로 규정하고 있다.

세계국제회의전문협회(ICCA; International Congress & Convention Association)에서는 참가국 4개국 이상, 참가자수 50~100명 이상의 회의를 국제회의로 규정하고 있으며, 아시아국제회의협회(AACVB; Asia Association of Convention & Visitor Bureau)는 2개국 이상에서 참가하는 회의를 국제회의로, 동일 대륙의 2개국 이상의 국가가 참가하는 회의를 지역회의(regional meeting)로 규정하고 있다.

한국관광공사(KNTO; Korea National Tourism Organization)는 1996년 12월에 제정된 국제회의산업 육성에 관한 법률에 의거하여 "국제기구 또는 국제기구에 가입한 기관 또는 법인·단체가 개최하는 회의로서 5개국 이상이 참가하고, 총 300명 이상의 참가자 중 외국인이 100명 이상이며, 3일 이상 진행되는 회의, 그리고 국제기구에 가입하지 아니한 기관 또는 법인·단체가 개최하는 회의는 외국인 150명 이상이 참가하여 2일 이상 진행되는 회의"를 국제회의로 보고 있다.

<표 II-2> 국제회의의 기준

기관 \ 기준	주최(후원)	참가국수	참가자수 (외국인 비율)	회의기간
국제협회연합 (UIA)	국제기구 또는 이에 가입한 국내단체	5개국 이상	300명 이상 (40% 이상)	3일 이상
세계국제회의전문협회(ICCA)		4개국 이상	50~100명 이상	
아시아국제회의협회 (AACVB)	공인단체 또는 법인	2개 대륙 이상	(10% 이상)	(방문객 1박 이상 상업·숙박시설 이용)
한국관광공사 (국제회의산업 육성에 관한 법률)	국제기구 또는 이에 가입한 국내외 단체	5개국 이상	300명 이상 (100명 이상)	3일 이상
	국제기구에 가입하지 않은 국내외 단체		외국인 150명 이상	2일 이상

자료 : 일본관광협회, 21세기 컨벤션전략, 1996.

3. 국제회의의 특성

국제회의는 meeting(회합·토의·의결), information(정보수집·교환), communication(의사전달·결정), 그리고 social function(시설·관광)이 함께 어우러진 복합적인 활동이다. meeting의 결과가 국제회의의 성과를 좌우하며, 정보의 유용화로 새로운 정보의 창출을 유도하고 서로간의 의사교환을 통하여 전문지식의 비교평가가 이루어짐으로써 소기의 목적을 달성함은 물론, 여러 가지 부수효과를 기대할 수 있다.

이러한 의사교환에서 가장 효과가 큰 것은 대면접촉(face to face)이다. 사교와 관광기능은 하나의 촉진효과수단으로 주최측에서 많은 참가자를 유치하기 위한 방법으로 이용된다. 이러한 측면에서의 국제회의는 하나의 조직이 설정된 목표에 도달하기 위하여 조직원 또는 비조직원을 일정한 시간과 장소에 집합하게 하고 회합하여 정보교환, 의사전달, 그리고 사교의 기회를 갖게 하는 것이라고 할 수 있다.

국제회의의 이러한 특성들을 개념화하면 수단성, 과정성, 목표지향성, 복합성 등으로 구분할 수 있다.

1) 수단성

국제회의는 여러 국가간 공동의 요구나 문제를 해결하기 위한 방안을 마련하거나 그와 관련된 협력을 증대시키기 위한 일련의 커뮤니케이션이라 할 수 있다. 따라서 국제회의는 국가간의 협력과 문제해결을 통해 각국의 목표를 달성하기 위한 수단이라는 성격을 지닌다. 참가국 수와 외국인 참가자 수가 국제회의의 주요 기준이 되는 것은 국가간의 공동 목표를 달성하기 위한 수단으로서 가능하기 때문이라고 할 수 있다.

2) 과정성

국제회의는 국가간의 문제해결과 협력을 위한 수단으로서 일련의 커뮤니케이션 과정이다. 이러한 커뮤니케이션 과정을 통해서 국제회의는 비로소 수단으로서의 의미가 현실화된다. 즉 상호간의 의견교환에서 출발하여 결정에 이르는 총체적인 과정 자체가 국제회의의 개념적 실체이므로 과정성은 국제회의의 주요한 특성이라 할 수 있다. 참가자 수나 행사기간이 국제회의를 규정하는 하위 기준으로 고려되는 것은 이 과정성과 관계가 있다.

3) 목표지향성

국제회의의 수단성과 과정성이라는 특징은 상정되어 있거나 창출해 내어야 하는 특정한 목표를 전제로 하는 것인 만큼 국제회의는 본질적으로 그 목표를 위해 기능한다는 목표지향성을 특징으로 한다. 국제회의의 성립과 문제해결의 절차면에서는 수단성과 과정성이 두드러지지만, 특정의 목표를 달성한다는 결과면에서는 목표지향성이 부각된다.

따라서 각국의 참가자들이 그 목표와 관련하여 어느 정도 의사결정권을 지니고 있느냐 하는 점은 국제회의의 목표달성에 있어 중요한 요인이 된다.

4) 복합성

국제회의는 단순 회의개념에서 출발하여 교역과 이벤트, 그리고 문화교류 등 다양한 분야를 포함하게 되었다. 새로이 부가되고 있는 분야들은 단순히 국제회의의 운용을 원활히 하기 위한 수단으로서 뿐만 아니라, 그 자체가 국제회의의 목적에 포함되기도 한다. 따라서 오늘날의 국제회의는 그 의미 확대와 함께 다양한 분야가 종합적으로 집중되어 있는 복합성을 주요한 특성으로 하고 있다.

4. 국제회의의 구성요소

국제회의 자체를 구성하게 되는 3요소는 주최자, 개최지, 참가자라고 할 수 있다. 이 세 요소는 서로간에 가시적인 이익(benefit)과 비가시적인 이익을 주고받는 관계에 놓여 있다.

1) 주최자

회의 개최지 마케터는 주최자 측에 회의유치를 위한 촉진활동(promotion)을 벌이는 동시에 잠재적 참가자를 대상으로 개최국 혹은 개최지역에 대한 촉진활동을 수행한다. 회의의 주최자인 협회는 잠재적 참가자에게 회의와 개최지에 대한 촉진활동을 수행하여 보다 많은 참가자가 회의에 참가하도록 유도한다. 이로써 회의 개최지는 협회와 참가자에게 자신의 도시 혹은 자신의 국가를 홍보할 수 있는 효과를 얻게 된다. 뿐만 아니라 회의를 개최함으로써 관광 비수기에 막대한 수요를 창출해 낼 수 있다.

한편, 협회측은 개최지로부터 회의시설 및 식음료를 제공받는 것 외에도 개최지역의 이미지를 이용하여 회원의 참가율을 높일 수 있는 기회를 가질 수 있다. 또한 참가자들로부터 등록비를 통한 수입을 올릴 수 있으며, 개최지역에 협회의 이미지와 위상을 제공할 수 있다.

2) 개최지

개최지역은 참가자들의 숙박비, 교통비, 식음료비 지출뿐만 아니라 쇼핑, 관광 등의 소비행동을 통하여 경제적 이득을 올릴 수 있음은 물론이고, 그들이 좋은 인상을 받고 돌아 갈 경우 재구매 고객이 되어 또 다른 수요를 창출할 수 있다. 뿐만 아니라 구전, 추천 등을 해주는 홍보활동자가 되는 비가시적 성과도 얻을 수 있다.

3) 참가자

참가자들은 회의참가를 통해서 전문적 지식이나 유용한 정보를 습득하고 교환할 수 있으며, 동일한 관심을 가진 사람들끼리 네트워크를 형성할 수 있는 기회를 갖게 된다. 또한 개최지에서 제공하는 오락시설을 즐기고 관광, 쇼핑, 스포츠 등을 즐길 수 있다.

제2절 국제회의의 종류

회의(meeting)를 개회하는 목적은 주최측의 의도에 따라 다양해질 수 있으나, 일반적으로 어떤 문제에 대해 상호 의견교환을 통해 해결 또는 개선방안을 모색하기 위한 의사소통(communication)의 기회를 마련하는 것이므로 회의개최의 취지에 따라 다양한 형태로 운영을 할 수 있다.

회의 진행시 의사전달(communication)방법으로서, 회칙 또는 의사진행규정에 따라 회의를 진행하는 일방 의사전달(one way communication)방법과 비교적 소수인원이 상호 의견교환, 토론을 벌이는 상호 의사전달(two way communication)방법이 있다. 일방 의사전달방법은 개회식 또는 폐회식을 할 때 모인 다수의 회의 참석자들을 대상으로 행사진행측이 의도하는 방향으로 유도하기 좋으나, 상호 의견교환의 결여로 의사전달이 용이하지 않게 된다. 반면에 상호 의사전달방법은 소규모 토론회, 세미나 등 소수인원이 참석하는 회의에서 상호 의견교환을 통해 정확한 의사전달을 기할 수 있으나 진행시간이 오래 걸리는 것이 단점이다.

회의의 모든 유형에 대해 일반적으로 미팅이라는 용어가 사용되어진다. 따라서 회의는 모든 종류의 모임을 통칭하는 가장 포괄적인 용어라고 보면 된다. 회의(meeting)는 컨벤션, 콘퍼런스, 포럼, 세미나, 워크숍, 전시회(교역전시회), 무역쇼 등으로 다시 분류할 수 있다. 이러한 분류는 참가자의 수, 프레젠테이션의 유형, 참가 청중의 수, 회의의 형식 등에 의한 것이다.

1. 회의의 형태별 분류

1) 회의(meeting)

회의는 모든 종류의 모임을 총칭하는 가장 포괄적인 용어다. 회의는 미리 정해진 목적이나 의도를 성취하고자 하는 비슷한 관심을 가진 사람들의 집단이 한 곳에 모이는 것으로 정의할 수 있다. 사람들의 집단(a group of people)이란 한 기업의 직원들, 동일 협회의 회원들, 비슷한 사업에 종사하는 사람들을 말한다.

2) 컨벤션(convention)

컨벤션은 회의분야에서 가장 보편적으로 사용되는 용어로서, 일반적으로 대회의장에서 개최되는 일반 단체회의를 말하며, 그 뒤에 소규모의 브레이크 아웃 룸(break out room)에서는 위원회를 열기도 한다. 브레이크 아웃(break out)이란 대규모의 단체가 몇 개의 작은 소그룹으로 나누어질 때 사용되는 용어다. 기업의 시장조사 보고, 신상품 소개, 세부전략 수립 등 정보전달을 주목적으로 하는 정기집회에 많이 사용되며 전시회를 수반하는 경우가 많다.

컨벤션은 과거에는 각 기구가 개회하는 연차총회(annual meeting)의 의미로 쓰였으나 요즘에는 총회, 휴회기간 중 개최되는 각종 소규모 회의, 위원회회의 등을 포괄적으로 의미하는 용어로 사용되고 있다.

대부분의 컨벤션은 정기적으로 개최되며, 보통은 연례적으로 개최된다. 그리고 최소한 3일간의 회합을 갖는 것이 특징이며, 참가자는 100명에서 3,000명 이상이 되기도 한다.

3) 콘퍼런스(conference)

컨벤션과 거의 같은 의미를 가진 용어로서, 통상적으로 컨벤션에 비해 회의 진행상 토론회가 많이 열리고 회의 참가자들에게 토론회의 참여기회도 많이 주어진다. 또한 컨벤션은 다수 주제를 다루는 업계의 정기회의에 자주 사용되는 반면, 콘퍼런스는 주로 과학, 기술 학문분야의 새로운 지식 습득 및 특정 문제점 연구를 위한 회의에 사용된다.

전술했듯이 콘퍼런스는 컨벤션과 유사하다. 그러나 콘퍼런스는 일반적 성격의 문제보다는 좀더 특별한 문제를 다룬다. 참가자는 비록 컨벤션보다 많지는 않지만 다양한 사람들이 참가한다. 따라서 사람들이 토의할 수 있는 콘퍼런스 테이블, 작업용 테이블을 갖춘다.

4) 컨그레스(congress)

컨그레스는 콘퍼런스와 유사하며 종종 과학자 집단, 의사 집단에서 사용한다. 이 용어는 유럽에서 국제회의를 지칭하는 용어로 일반적으로 사용되고 있으며, 유럽이나 일정 지역에서는 컨벤션과 동일한 의미로 쓰인다.

5) 포럼(forum)

포럼은 공통된 관심사에 대하여 토론을 목적으로 열리는 회의인데, 보통 주어진 이슈에 대하여 해당 분야의 전문가들이 서로 상반된 의견을 가지고 사회자의 주도하에 청중 앞에서 벌이는 공개토론회로서 참가자들의 자유로운 토론참여가 보장된다. 그리고 이러한 의견들을 사회자가 종합한다.

6) 심포지엄(symposium)

심포지엄은 포럼과 유사하나 제시된 안건에 대해 전문가들이 청중 앞에서 벌이는 공개 토론회로서 포럼에 비해 다소 격식을 갖추며, 청중의 질의기회가 포럼보다 적게 주어진다.

7) 강연(lecture)

렉쳐는 강연회라고 하는데, 어떤 회의 프로그램의 일부이거나 또는 그 자체가 하나의 회의가 된다. 심포지엄보다 더욱 형식적이며 한 연사가 강단에서 청중들에게 연설을 한다. 가끔 질의응답 시간이 주어지기도 한다.

8) 세미나(seminar)

세미나는 대면토의로 진행되는 비형식적 모임이다. 주로 교육목적을 띤 회의로서 30명 이하의 참가자가 어느 1인의 지도하에 특정분야에 대한 각자의 경험과 지식을 발표하고 토론한다. 대부분의 세미나는 매우 특정한 주제를 다루며 그 분야에서 인정받는 전문가에 의해 진행된다.

9) 워크숍(workshop)

특정한 주제와 관련하여 기술 및 지식을 개발시킬 목적을 갖고 트레이너나 발표자에 의해서 진행이 되는데 참가자들은 보통 직접 경험 또는 체험을 하는 기회를 갖게 된다. 워크숍은 최대 35명, 보통 30명 정도의 인원이 참가하는 훈련목적의 소규모 회의로서 특정문제나 과제에 관한 아이디어, 지식, 기술, 통찰방법 등을 서로 교환한다.

10) 클리닉(clinic)

클리닉은 소그룹을 대상으로 하여 특별한 기술을 훈련하고 교육하는 모임이다. 즉 구체적인 문제점들을 분석·해결하거나 어느 특정분야의 기술이나 지식을 습득하기 위한 집단회의다. 교육활동에서 많이 사용하는데, 기술과 전문지식 제공을 목적으로 하기 때문에 대부분은 소규모 단체에 국한된다.

11) 패널 토의(panel discussion)

2명 또는 그 이상의 연사를 초청하여 전문분야의 지식과 관점을 듣는다. 패널리스트 및 청중 상호간의 토의가 자유롭고, 사회자가 토론을 이끌어 가며, 큰 규모의 회의에서 부분적으로 활용하는 회의다. 서로 다른 분야의 전문가적 견해를 발표하는 공개토론회로서 청중도 자신의 의견을 발표할 수 있다.

12) 전시회(exhibition)

전시회는 벤더(vendor: 판매자)에 의해 제공된 상품, 무역, 산업, 교육분야 또는 서비스 판매업자들의 대규모 전시회로서 회의를 수반하는 경우도 있다. 전시회는 컨벤션이나 콘퍼런스의 한 부문에 설치되기도 한다.

13) 무역박람회(trade show 또는 trade fair)

무역박람회(교역전)는 부스(booth)를 이용하여 여러 판매자가 자사의 상품을 전시하는 형태이다. 전시회와 매우 유사하나 다른 점은 컨벤션의 일부로서 열리지는 않는다. 무역박람회는 참가자의 수가 최고 50만 명을 넘는 경우도 있다.

14) 화상회의(teleconferencing)

화상회의(또는 원격회의)는 화면을 통하여 다른 몇 개의 장소에서 동시에 회의를 할 수 있는 미팅방법이다. 참가자들이 각기 다른 장소에서 TV화면을 통해 상대방을 보면서 의견을 교환하는 회의로 고도의 커뮤니케이션 기술을 이용한다.

화상회의는 원거리 여행의 비용과 시간 등을 허비하지 않고 회의를 할 수 있는 방법이다. 오늘날에는 각종의 오디오, 비디오, 그래픽스 및 컴퓨터 장비를 갖추고 고도의 통신기술을 활용하여 회의를 개최할 수 있으므로 그 발전이 주목되고 있다.

오늘날 몇몇 호텔, 컨벤션센터, 콘퍼런스센터는 이러한 커뮤니케이션 수단의 증가요구에 대응하여 화상회의 장비를 구비하고 있다.

15) 어셈블리(assembly)

어셈블리는 협의, 법률제정 혹은 오락을 위하여 모인 사람들의 회합을 말한다. 이 용어는 주의회 대표들의 모임을 의미하지만, 학교 학생들의 모임, 특히 고등학생들의 학생회를 지칭하기도 한다.

2. 회의의 성격상 분류

회의를 성격상으로 분류하면, 기업회의, 협회회의, 비영리단체회의, 정부주관회의 등으로 나눌 수 있다.

1) 기업회의(corporate meeting)

국제회의 시장을 구성하는 회의 가운데 규모가 가장 큰 것이 기업회의다. 기업회의는 기업의 성장과 발전을 지향하는 기업활동과 관련되는 회의로 판매자회의(sales meeting), 경영자회의(management meeting), 주주총회(stockholder meeting), 유통업자회의(dealer meeting), 신제품 발표회(new product presentation), 인센티브회의(incentive meeting) 등 여러 가지 유형이 있다.

2) 전문가단체회의(association meeting)

전문가단체는 공통된 관심과 목적을 가지고 활동하는 사람들이 모인 조직화된 단체를 말한다. 따라서 전문가단체는 공동 사안에 대한 회원들의 이해를 증진하거나 보호하는 것을 핵심과제로 하는 여러 가지 전문적

활동을 전개하는 조직이다. 전문가단체는 전문가협회(professional associations), 친목·봉사단체(fraternal and service associations), 과학·의료단체(scientific and medical organizations), 교육자단체(educational associations), 인종단체(ethnic organizations), 종교단체(religious organizations), 노동조합(labor unions) 등으로 분류할 수 있다.

3) 비영리단체회의(non-profit meeting)

비영리단체가 주최하는 회의를 말한다(예: 한국보이스카웃연맹의 세계 잼버리대회, 로터리지구 주최의 로터리클럽 세계대회 등).

4) 정부주관회의(government agency meeting)

정부가 주관하거나 정부산하 조직이 주관하는 세계적 또는 전국적 회의를 말한다(예: 노동부 주관의 아태지역 노동장관회의, 재경부 주관의 관세협력이사회 연례회의, 국회사무처 주관의 국회의원연맹총회 등).

3. 회의의 규모별 분류

국제회의 관련 전문기구마다 국제회의에 대한 정의는 다소 차이가 있는데, 아시아 국제회의협회에서 분류한 국제회의 종류를 살펴보면 다음과 같다.

1) 국제회의(international meeting)

주최국을 포함해서 아시아대륙이 아닌 타 대륙으로부터 1개국 이상 참가한 양국회의 또는 다국회의.

2) 지역회의(regional meeting)

주최국을 포함해서 아시아대륙으로부터 1개국 이상이 참가한 양국회의 또는 다국회의.

3) 해외개최국 내 회의

1개 외국 참석자들로만 구성된 회의.

4. 회의의 진행상 분류

1) 개회식(opening session)

본 회의가 시작되기 전에 공식적으로 개최되며 개회사를 비롯해서 일정한 형식과 의례가 따르는데, 교향악, 전통무용 등의 연예행사가 준비되기도 한다. 정식회원은 모두 초청되며 그들의 수행원이나 정부 유관인사, 지방 유지 등 본회의와 관련이 없는 사람도 초청될 수 있다.

2) 총회(general assembly)

모든 회원들이 참석할 수 있는 회의로서, 제출된 의제에 관하여 발표, 표결할 권한을 갖는다. 이러한 사항 중에는 정관수정, 방침 결정 또는 집행위원회의 지명, 해임 등 모든 사항이 포함된다.

개최빈도는 정관에 의거하며 참가범위는 모든 회원이 공고에 의해 소집된다. 후속조치로는 회의록을 작성하여 모든 회원에게 송부한다.

3) 위원회(commission)

어떠한 특정 연구를 위해 본회의 참가자 중에서 지명된 사람들로 구성되어 본회의 진행기간 중에 또는 다른 시기 및 장소에서 개최된다.

의제는 단일 논제를 다루며 참가범위는 10~15명 정도의 동일한 직종을 가진 사람들로 구성된다. 회의개최 수개월 전부터 준비가 진행되며 초청장과 더불어 의제가 사전에 참가자에게 송부된다. 후속조치로는 경과를 보고하고 건의사항을 제출한다.

4) 위원회(committee)

본회의 기간 중 또는 휴회 중에 소집되며, 의제가 정확하게 지정되고 특정사항에 관하여 어느 정도 결정권을 갖는다. 참석범위는 10~15명 정도의 본회의 참가자들로 구성된다.

5) 위원회(council)

본회의 기간 중에 구성되며 특정 문제에 관하여 어느 정도의 결정권을 갖는다. 위원회의 결정사항은 본회의에서 비준되어야 한다. 위원회에서는 특별히 부여된 결정권을 가지고 토론할 수 있는 주제를 택한다. 참가범위는 20명 내외로 본회의에서 선출된 사람들도 구성된다. 후속조치로는 회의록에 기록되며 요청이 있을 경우 본회의 참가자들에게 전달된다.

6) 집행위원회(executive committee)

집행부서라고 할 수 있으며 본회의에서 선정된다. 어느 정도 결정권을 갖고 있으나 때로는 본회의에서 비준을 요한다. 의제는 집행을 요하는 사항을 다룬다. 참가범위는 위원회 또는 본회의에서 선출된 10명 이내의 인원으로 구성된다. 후속조치로는 위원회 또는 본회의에 제출하기 위해 상세한 보고서가 작성된다.

7) 실무단(working group)

위원회에서 임명된 특정 전문가들로만 구성되며, 단시일 내에 지극히 상세한 연구를 하기 위해 구성된다. 의제는 단일 주제를 다루며 참석 범위는 특정 전문가들로서 보통 10명 이내로 국한된다. 후속조치로는 전문적이고 기술적인 보고서를 작성한다.

8) 소위원회(buzz group)

어떤 문제에 관해 총체적으로 자문하도록 구성된 협의체로서, 한 회의기간 동안 여러 번 개최되기도 한다. 이때 본회의 진행은 중단되고 여러 소위원회로 나눠진다. 각 소위원회는 위원장을 선임하여 제기된 문제를 논의하고 각 위원장은 소위원회의 의견에 관해 본회의에 보고한다.

9) 폐회식(closing session)

회의를 종결하는 최종 회의로서 회의성과 및 채택된 사항을 요약, 보고한다. 이 때에 폐회사가 행해지고 회의 주최자에 대하여 감사의 표시를 한다.

5. 회의의 목적별 분류

회의를 목적별로 분류하면 다음의 4가지로 나눌 수 있다.
① 광범위한 문제 또는 특정 문제에 대한 일반토론을 위한 토론장으로서의 역할을 하는 회의이다. 그 예로는 국제기구의 총회 또는 이사회를 들 수 있다.
② 조약문 또는 기타 정식 국제문서 작성, 채택을 위한 회의이다. 그 예로는 유엔 해양법회의를 들 수 있다.
③ 국제적 정보교환을 목적으로 하는 회의이다. 그 예로는 원자력의 평화적 이용에 관한 유엔회의를 들 수 있다.
④ 국제적 사업에 대한 자발적 분담금 서약회의이다. 그 예로는 UNDP, WFP 등 기여금 서약회의를 들 수 있다.

제3절　국제회의산업의 개념

1. 국제회의산업의 개요

　　국제회의는 그 기준에 따라 다양하게 정의되고 있지만, 정보화·국제화라는 시대적 요구가 증대되는 데 따라 사람과 문화, 상품과 정보를 총체적으로 교류하는 기회라는 인식의 공유가 확산되고 있다.

[그림 II-1] 국제회의산업의 구조

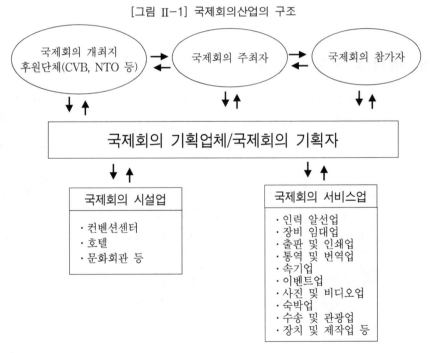

자료 : 한국경제신문, 2000년 8월 25일자

　　국제회의산업은 결국 그 교류를 통해 경제적으로 부가가치를 창출하고 정치적으로 국가간 상호 이해와 협력을 꾀하려는 것이다. 따라서 MICE(Meeting, Incentive Travel, Convention & Exhibition)산업과도 크게 다르지 않은 개념적 용어로 사용되고 있다.

그리고 세부적으로 어떠한 형태와 명칭을 가지든지 국제회의는 만나고, 정보를 교환하며 정부 및 비정부 주역들 간의 정보교류, 토의, 토론 및 협상의 장을 제공하기 때문에 국제 커뮤니케이션이나 국제관계에서도 중요한 역할을 담당한다. 비록 국제회의를 통하여 이루어지는 정보유통에 대한 실증적 연구는 별로 이루어지지 않았다고 하더라도 정보의 유통 자체를 과소평가할 수는 없다. 즉, 사귀고 관광하는 사회적 기능 등을 포괄하고 있는 국제회의는 국가간의 이해를 조정하고 상호 정보 및 자료의 교류를 도모하며, 우호를 증진하기 위하여 마련되는 대화의 장이기 때문이다.

국제회의는 통상 공인된 단체가 정기적으로 주최하고 3개국 이상의 대표가 참가하는 회의를 의미하는데, 회의내용면에서 보면 국가간의 이해조정을 위한 교섭회의, 전문분야의 학술연구결과 토의를 위한 학술회의, 참가자간의 우호증진을 위한 친선회의, 국제기구나 민간단체의 사업계획 검토를 주목적으로 하는 기획회의 등 그 종류가 매우 다양하다. 한편, 개최지는 일반적으로 각국의 유치경쟁, 관례나 순번 등에 의해서 결정되지만 간혹 정치적 이유나 지리적 특성 때문에 특정국가에서 개최되는 경우도 있다.

세계 국제회의 시장의 규모는 매년 확장되어 가고 있는 바, 각국 정부 국제회의 전담기구에서는 국제회의산업의 중요성 및 효과를 깊이 인식하여 각종 국제회의뿐만 아니라 같은 범주에 속하는 전시회, 박람회, 학술세미나, 각종 문화예술행사, 스포츠행사, 외국 기업체들의 인센티브 관광 등의 유치에도 노력을 기울이고 있다.

우리나라도 급속한 경제성장에 따른 국력신장에 힘입어 해외 여러 국가들과 각 분야에서 교류를 확대해 왔으며, 항공망의 꾸준한 확충과 숙박시설 및 국제회의장 시설 등 국제회의 기간산업의 발전으로 인해 국제회의를 비롯한 전시회, 이벤트 등 국제행사의 개최건수가 해마다 증가추세를 보이고 있다. 그러나 우리나라의 국제회의산업은 국제회의 전문인력 부족, 국제회의 관련 사업체의 수도권 집중, 지방 국제항공망

부족, 관련업계 공조체계 부족, 국제회의 정보의 부재 등 많은 현안문제를 안고 있다. 관광수지 적자가 계속되고 있는 우리의 현실에서 관광산업의 꽃으로 불리는 국제회의산업의 활성화방안을 모색해 나아감으로써 관광수지의 흑자전환을 꾀하여야 할 것이다.

국제회의산업은 '사람, 물질, 정보의 종합적 교류'를 아우르는 산업으로 정의될 수 있다. 또한 국제회의산업의 기본적인 성격을 규명함에 있어서 관광산업과의 상호관계를 염두에 둘 필요가 있다. '사람과 문화, 상품과 정보의 교류 기회'란 관광의 기본적 기능과 일맥상통하기 때문이다. 다시 말해 관광산업은 각국의 문화와 산업수준에 관한 인식과 무역 등 국제경제교류 증진에 기여할 뿐 아니라, 인적 교류의 확대를 통한 국제협력과 상호이해 증진에도 성과를 기대할 수 있다는 특성을 지니고 있다. 따라서 국제회의산업은 기본적인 성격면에서 보면 관광산업과 유사한 측면이 많으며, 실제로 국제회의산업의 여러 현상은 관광현상과 밀접한 관계를 맺고 있다. 현행 관광진흥법 등 법제적 측면에서 보더라도 관광산업의 범주에 포함되고 있다.

이러한 국제회의산업의 개념적 특성은 먼저 '공공성'에서 찾을 수 있다. 우리나라 헌법 제21조 제1항에서 '모든 국민은 집회·결사의 자유를 갖는다'고 하여 집회·결사에 관한 자유를 보장하고, 제2항에서는 1962년 헌법의 예에 따라 '집회·결사에 대한 허가는 인정되지 않는다'고 하여 집회·결사에 대한 허가제를 금지하고 있다. 그러나 국제회의는 집회의 성격을 취하지만 내국인만의 집회가 아니고 국적이 다른 참가자, 국제기구 등 국가와의 협력관계가 내포되어 있기 때문에 다음과 같이 국제회의의 국내 개최에 있어서는 사전 승인을 얻도록 하고 있다.

① 참가 예상국이 10개국 이상 또는 참가 예상 외국인이 50인 이상인 대회
② 국제기구가 주관하거나 참가 예상 외국인이 30인 이상 또는 참가 예상국 5개국 이상인 대회로서 국내에서 처음으로 유치되는 대회
③ 비수교국, 분단국, 분쟁당사국 등 외교적으로 문제가 제기될 소지가 있는 국가 및 인사의 참가가 예상되는 대회
④ 대회를 주관·감독하는 부처의 장이 유치 방침 결정에 관하여 특별한 조정이 필요하다고 판단하여 승인을 요청하는 대회

이러한 측면에서 볼 때 국제회의산업은 공공사업의 성격을 지니고 있다. 따라서 국제회의산업과 관련된 민간기업에서 조차도 다분히 공공성을 추구해야 한다.

두번째는 '양면성'으로서 공공성과 기업성을 함께 갖고 있다. 공공성은 경제적 효과보다는 정치, 사회, 문화 등 사회 전반에 걸쳐 국가의 이익에 우선하는 종합적 목적 수행을 과제로 삼고 있다. 우리나라의 경우 현재 한국관광공사가 정부산하기관으로서 국제회의 유치, 국제회의산업에 관한 지원 등 공익적 측면의 역할을 수행하고 있다. 반면에 민간부문에서의 국제회의 사업은 공익성보다는 기업의 경제적 측면, 즉 기업의 이윤 최적화를 추구한다는 특성을 지닌다. 따라서 국제회의산업은 공익성과 기업성 모두를 추구해야 하기 때문에 양자간의 적절한 조화를 이루어 나갈 필요가 있다.

세번째로는 '복합성'이다. 국제회의산업은 국제회의의 유치, 운영 등에 있어서 지원조직인 국가기구와 실무적 집행기구인 국가관광기구(NTO), 유무형의 상품을 공급하는 민간조직 등이 복합적으로 참여하여 이루어진다. 특히 민간부문의 종류와 업종에 있어서도 국제회의시설업, 국제회의기획업, 호텔, 여행사, 항공사 등이 복합적으로 관련되어 있다.

2. 국제회의산업의 기본적 성격

컨벤션과 그 대역어로 흔히 사용되고 있는 국제회의는 그 동안 명확한 구분 없이 혼용되어 왔거나 사용자에 따라 의미가 다소간 변용되어 왔다. 애초 컨벤션의 의미가 국내회의를 의미하던 것이 국제간 교류의 증진으로 인해 국제간 회의를 포함하게 된 것도 하나의 이유라고 할 수 있다.

우리나라는 국제회의와 관련 행사의 유치 및 개최가 가져오는 인적·물적 교류를 통한 국가 상호간의 이해증진과 외래 관광객의 유입에 따른 관광분야의 파급효과를 인식하게 되면서 그 중요성을 알게 되었다. 따라서 각종 국제회의를 유치하려는 노력과 함께 관련시설을 건립하기 위한 정책의 수립과 더불어 학문적 관심도 고조되어 있다. 그러나 현실적으로 컨벤션과 국제회의는 그 개념조차 서로 명확하게 설정되지 못한 채 혼용되고 있을 만큼 그 역사는 질적·양적으로 일천하다. 이는 국제회의산업을 주제로 한 연구물과 정부간행물을 통해서 쉽게 확인된다.

국제회의에 대한 사전적 정의는 "국제적인 이해사항을 토의·결정하기 위하여 여러 나라의 대표자가 모여서 여는 회의"라고 되어 있다. 그리고 회의는 "여럿이 모여 의논함, 또는 모임"이라고 정의되어 있다. 여기서 회의란 모임(meeting)을 그 전제로 한 광의의 개념으로 설정될 수 있다. 따라서 국제회의 또한 국제간에 열리는 모임(international meeting)을 전제로 한 광의의 개념으로 설정할 수 있다.

따라서 국제회의를 국제간에 이루어지는 다양한 모임이라는 광의의 개념으로 설정하게 되면 컨벤션보다 포괄적 의미를 내포하는 것이 되지만, 학자들의 견해를 통해 나타나듯이 최근에는 컨벤션이 여러 가지 유형의 국제적인 모임을 의미하는 포괄적 개념으로 받아들여지고 있으므로 결국 국제회의와 컨벤션은 동일한 개념으로 생각할 수 있다.

3. 국제회의산업의 특성

1) 운영상의 특성

(1) 시간과 공간적 상품

국제회의시설은 상품자체가 사용고객에게 전달되어지는 것이 아니라 고객이 일정 요금을 지불함으로써 시설사용에 대한 권한을 가지며 그에 부수되는 서비스를 제공받게 된다. 즉 국제회의시설 운영자 입장에서 본다면 고객에게 국제회의 시설에 대하여 일정기간 동안 제한된 특정공간의 사용권을 판매하는 것을 의미한다.

따라서 이와 같은 시간과 공간적 상품의 기능을 가진 국제회의시설을 운영하는데 있어서 특별한 관리가 필요한데, 만약 그날의 국제회의 상품을 그날 팔지 못하면 그 상품에 대한 가치는 상실되고 마는 것이며 저장 또한 불가능한 것이다. 따라서 적절한 시기에 최고의 가격으로 국제회의 상품을 판매하여야 한다.

(2) 사전예약

국제회의는 업무 특성상 사전예약이 대단히 중요하다. 사전예약이 없으면 적절한 수요예측도 불가능할 뿐더러 현장에서 즉시에 국제회의 상품을 생산할 수도 없기 때문이다. 또한 행사에 따라 다르긴 하나 국제회의는 상당기간 전에 일정 및 장소가 결정되기 때문에 사전예약이 필수적이다.

(3) 커뮤니케이션의 체계화

어떠한 서비스도 마찬가지겠지만 국제회의에 있어 주최자, 국제회의 기획자, 참가자간의 커뮤니케이션은 매우 중요하다. 특히 국제회의는 상품자체가 대규모이고 관련 산업체와의 협동작업이 필수적일 뿐아니라 여러 행사가 함께 어우러지는 경우가 많기 때문에 이들과의 긴밀한 협조와 커뮤니케이션의 체계화는 합리적이고 조직적으로 계획되어야 한다.

(4) 가격의 융통성

국제회의에 있어서 가격은 그룹의 규모, 개최시기, 체재기간, 잠재력, 경쟁호텔 및 컨벤션센터와의 경쟁력 등에 따라 융통성 있게 정해진다. 따라서 보통 국제회의의 경우 객실과 컨벤션센터, 연회 등을 함께 묶어서 전체 가격을 결정하는 수가 많은데 사전에 가격변동을 예측하여 결정한다. 융통성 있는 가격책정은 성공적 국제회의 개최의 중요한 요소가 된다.

2) 국제회의 시장의 특성

(1) 개인보다는 그룹이 참여

국제회의 시장에서는 개인보다는 그룹이 참여하는 경우가 대부분이라고 할 수 있다.

(2) 세밀하고 전문화된 기획력 및 기획자를 필요로 함

국제회의 기획은 일반적으로 복잡하고 많은 시간을 필요로 한다. 따라서 행사 개최일수보다 수년 앞서 기획되는 것이 보통이다. 이러한 복잡한 기획과정으로 인해 전문적인 기획자를 필요로 하며 국제회의 기획자는 개최지 선정에도 중요한 영향을 미친다.

(3) 평가 및 선정작업으로 개최지 결정

일반적으로 개최지 선정을 위해 여러 후보 개최지가 심의되고 입찰과정을 거쳐 결정된다. 개최지 결정과정에는 개최 장소의 시설, 서비스, 교통, 숙박시설, 관광명소 등을 평가하며 국제회의 행사는 개최 때마다 개최국 또는 개최도시를 번갈아 가며 개최된다.

(4) 전문화된 시설 및 서비스가 필요

회의 및 전시공간, 조명 및 음향시설, 시청각 기자재 및 부스장치 등 전문화된 시설 및 서비스를 필요로 한다.

(5) 서비스의 모방이 용이

대부분의 서비스가 그렇듯이 국제회의 서비스도 쉽게 모방될 수 있다고 할 수 있다. 제조업의 경우 제조상의 비밀을 경쟁자로부터 보호하기 위해 공장출입을 금지하거나 아예 특허권을 통해 보호받을 수 있지만, 국제회의 서비스의 경우 경쟁자들이 특정 서비스가 창출되고 소비되는 장소를 자유롭게 출입할 수가 있고 또한 특정 서비스를 특허를 통해 보호받을 수 없기 때문에 모방이 쉽게 이루어진다.

제 2 장

국제회의산업의 분류

제1절 국제회의기획업
제2절 국제회의시설업

관광진흥법은 제3조 제1항 제4호에서 국제회의업을 "대규모 관광수요를 유발하는 국제회의(세미나·토론회·전시회 등을 포함한다)를 개최할 수 있는 시설을 설치·운영하거나 국제회의의 계획·준비·진행 등의 업무를 위탁받아 대행하는 업"으로 정의하고 있으며, 동법 시행령 제2조 제4호에서 국제회의업을 국제회의시설업과 국제회의기획업으로 구분하여 국제회의기획업을 "대규모 관광수요를 유발하는 국제회의의 계획·준비·진행 등의 업무를 위탁받아 대행하는 업"으로 정의하고 있다.

이외에도 국제회의와 관련이 있는 업태를 살펴보면, 이벤트업, 공연단체, 통역 및 번역업, 전시장치업, 전시기획업, 교육기관, 운수·통관업, 숙박업 등이 있다.

제1절 국제회의기획업

1. 국제회의기획업의 개념

국제회의, 전시회 등은 준비과정이나 운영 등에 있어서 그 성격에 따라 부대시설에서 행사진행에 이르기까지 다양성을 지니고 있는 것이 큰 특징이다. 따라서 국제회의 준비에는 고도의 전문성이 요구되며 국제회의에 관한 종합적 식견을 지닌 전문인력이 필요하다.

국제회의기획업(PCO; Professional Convention/Congress Organizer, 국제회의전문용역업)은 대규모 관광수요를 유발하는 국제회의의 기획·준비·진행 등의 업무를 행사 주최자로부터 위탁받아 대행하는 업을 말하는데, 1998년 관광진흥법 개정시 종전의 '국제회의용역업'을 '국제회의기획업'으로 명칭을 변경하고 '국제회의시설업'을 추가하여 "국제회의업"이란 이름으로 관광사업의 일종으로 규정하였다.

국제회의산업의 다양성이나 전문성은 국제회의기획업의 설립과 발전을 가져왔으며, 국제회의산업 선진국에서는 국제회의기획업이 대부분의 국제회의, 전시회 등의 준비 운영업무를 주최측으로부터 위임받아 회의개최에 따른 인력 및 예산을 효율적으로 관리함으로써 시간과 자금을 절약하는 동시에 세련된 회의진행의 효과를 거두고 있다.

PCO는 각종 국제회의 및 전시회의 개최 관련 업무를 행사 주최측으로부터 위임받아 부분적 또는 전체적으로 대행하여 주는 조직체로서 보다 효율적인 회의준비와 운영을 위하여 회의기획가(meeting planner), 통역사, 속기사 등 국제회의 또는 전시회 행사와 관련되는 각종 전문용역을 제공한다.

PCO는 위임받은 회의를 성공적으로 수행하기 위하여, 회의 주최측과 상호 긴밀한 협조하에 제반업무를 조정·운영한다. 그리고 관광회사, 항공사 등의 교통운송회사, 쇼핑업체 및 숙박업체 등 여타 국제회의 관련업체들이나 정부기관 및 국제회의 전담 정부기구 등 회의의 원활한 운영에 필요한 모든 외부기관, 업체들과의 긴밀한 업무 협조관계를 유지한다.

또한 PCO는 이러한 외부 기관과의 업무협조하에 회의안을 전문적 내용으로 편성하고, 회의장, 숙박시설, 통역사 등의 회의관련 용역 및 시설을 효과적으로 관리하며, 이런 모든 업무를 전체적으로 조화시켜 주최측이나 참가자들로 하여금 그 행사가 가장 효율적으로 조직되고 운영된다는 확신을 갖도록 해준다. 따라서 PCO는 국제회의에 관한 전문가들로 구성되며 국제회의의 복잡하고 다양한 업무를 전체적으로 관리하며 조화를 이룬 팀워크를 통하여 국제회의의 성공적 개최를 낳게 한다.

회의기획·준비·운영·관리·진행·사후관리 등의 업무를 전문적으로 처리하는 전문가가 등장하기 시작한 것은 약 30여년 전이며 이를 지칭하는 말로서 PCO(Professional Conference Organizer)란 용어가 이 시기에 유럽에서 생겨났다.

PCO는 회의장 내·외의 관련된 모든 회의의 기획 및 운영관리에 대한 제반사항을 담당하고 처리한다. 따라서 사교행사, 숙박, 교통, 프로토콜, 여행, 판촉 및 마케팅, 레크리에이션 등을 담당하기도 하며, 예산관리, 수입관리, 투자수익을 처리하고 때로는 스폰서를 구하는 업무까지 수행하기도 한다.

이러한 PCO에는 두 가지 유형이 있다. 하나는 기업이나 단체의 회의전문가로서 정규직으로 고용되어 회의관련 업무를 수행하는 것이고 (In-house Meeting Planner), 다른 하나는 프리랜서로서 회의 관련 업무를 수행하는 개인 혹은 기업이다(Independent Meeting Planner).

PCO에 대한 수요가 증가하게 된 데에는 몇 가지 이유를 들 수 있는데, 첫째, 회의를 개최하고자 하는 조직에 적절한 전문가가 없고, 인력부족으로 인해 외부에 의뢰하는 것이 효과적이기 때문이며, 둘째, IMP(Independent Meeting Planner)는 다수의 회의를 통하여 관련 구매, 협상, 마케팅 등의 경험과 전문성 등을 확보하여 좀더 경제적으로 업무를 수행하고 예산상의 절감효과를 가져다 주기 때문이다. 그리고 최근에 이르러 IMP 중에서 회의관련 모든 업무를 수행하기보다는 기획, 준비, 운영, 관리, 평가 등 특정분야에 대한 전문성만을 가지고 회의산업에 종사하는 경우가 늘고 있다.

이러한 IMP는 주로 In-house Meeting Planner 또는 다른 IMP와 공동작업을 하게 된다. 그러나 세계 각지에서 국제회의 유치 및 개최노력이 가속화되고, 그 개최범위가 확대되게 됨에 따라 개최지에서 PCO보다 더 전문성을 가지고 있는 존재가 필요하게 되었다. 특히 PCO는 코디네이터(Meeting Coordinator)로서 회의와 관련하여 인센티브투어 오퍼레이터 역할을 수행하였던 DMC(Destination Management Company)가 회의산업분야에서 새롭게 떠오르게 되었다. DMC는 일반적으로 PCO가 고용하게 되며 개최지 현지의 회의관련 공급업자, 숙박업, 운송회사 등과 관련하여 회의 전후 및 진행동안 PCO팀의 일원으로 업무를 수행하게 된다. 특히 PCO가 해외에서 회의를 준비하는 경우에는 DMC에게 특정 부문의 기획을 종종 맡기게 된다. 즉 DMC는 회의의 다양한 행사 및 서비스를 기획, 준비, 운영, 관리하는 개최지역의 공급업자라고 정의할 수 있다.

이러한 PCO 및 DMC와 유사한 개념으로 우리나라에서는 국제회의 기획업이 관광진흥법과 동법시행령에서 정의되고 있다.

그러나 국내의 일부 학자들과 연구기관에서는 국제회의기획업과

PCO를 동일한 개념으로 사용하는 경우가 있어 그 개념이 혼용되는 경향이 있다.

〈표 Ⅱ-3〉 국제회의기획업, PCO, DMC의 업무 내용과 차이점

구　분	업무내용
PCO(Professional Conference Organizer)	회의기획, 준비, 운영, 관리, 진행, 사후관리 등의 업무를 전문적으로 처리하는 개인 또는 기업으로 회의를 주최 또는 개최하는 조직 내에 존재할 수도 있고, 독립된 형태로 존재할 수도 있다.
DMC(Destination Management Company)	개최지에서 회의를 기획, 준비, 운영, 관리하는 업무를 수행하는 회사로서 PCO의 코디네이터로서 업무보조자로서의 성격을 띤다.
국제회의기획업	대규모 관광수요를 유발하는 국제회의의 계획·준비·진행 등의 업무를 위탁받아 대행하는 업으로서 국제회의 개최조직에서 전체용역 또는 부문용역을 하청받아 업무를 수행하거나 주최 조직내 PCO의 코디네이터 즉 DMC로서 업무수행을 한다. 최근에는 전시회의 경우 국내단체와 공동주최하는 경우도 늘고 있다.

자료 : 박창수, "한국의 국제회의기획업 진흥정책모형에 관한 연구", 한국관광정책학회, 「관광정책학 연구」, 2000, p.323.

2. 국제회의기획업의 역할

PCO의 기능은 국제회의를 보다 효율적으로 운영하기 위하여 전문회의기획가, 통역사, 속기사 등 국제회의 또는 전시회 행사와 관련된 각종 전문용역을 제공하는 것이다. 원래 회의기획가는 협회나 기업간부들의 임무 중 하나였으나, 최근에는 회의시장의 성장과 사회의 복잡성으로 인해 고도의 전문지식으로 무장한 전문적인 회의기획가가 등장하기에 이르렀다.

이러한 회의기획가의 역할은 회의전, 회의중, 회의후 활동으로 구분된다. 회의기획가의 회의전 활동으로는 회의목적 결정, 회의장소 선정과 협상, 예산결정, 홍보, 등록절차 선정, 회의개최장소 선정 등이 있고,

회의중의 활동으로는 등록, 객실배정계획, 비상사태에 대한 준비, 행사장 설비 및 장비점검, 회의중 관광준비, 회의관계 직원과의 긴밀한 연락유지, 식음료계획 등이다. 회의후의 활동으로는 회의결과보고서 작성, 회의평가, 참가자에 대한 감사의 편지 작성 등이 있다.

<표 II-4> PCO의 부문별 세부업무

용역부문	주 요 활 동
기 획	· 기본 및 세부 추진계획서 작성 · 회의장 및 숙박장소 선정 · 예산서 작성 · 행사준비일정표 작성 · 행사안내 전문요원 모집 및 선정 · 행사결과보고서 작성
회의준비	· 각종 회의장 확보 · 회의장 배치도면 작성 · 회의진행시간표 작성 · 회의록 작성 · 프로그램 기획 및 제작 · 전문인력 확보 및 교육 · 각종 기자재 수급 · 회의용 물품에 관한 면세 통관 · 연설문, 발표문 등 원고접수 및 편집
등 록	· 등록절차계획 수립 · 등록시 소요물품 목록 작성 · 참가등록신청서 기획 및 발송 · 참가등록서 전산입력 및 자료관리 · 현장등록장소 선정 및 배치도 작성 · 등록안내요원 선정 및 교육 · 참가등록자 명단작성 및 명찰 발급 · 현장등록대 설치 및 운영: 전산처리
숙 박	· 객실확보계획 수립 · 호텔과의 객실사용에 관한 계약 · 숙박예약 및 예약금 접수 · 각 호텔에 예약명부 및 예약금 전달 · 객실배정계획 수립 · 전체 숙박명부 작성 및 현장배표 · 숙박지별 자료처리(호텔별, 객실 타입별) · 예약 후 사용하지 않은 객실에 대한 처리계획 · 회의참가자에게 숙박에 관한 예약양식 작성 및 발송

수송 및 관광	· 수송 및 관광종합계획 수립 · 입국 및 출국 버스 운영계획 수립 · 셔틀버스 운행계획 수립 · 관광지 선정 및 답사 · 공식 지정여행사 선정 · 관광안내데스크 운영 · 관광차량 수배 및 계약 · 참가예정자에게 관광신청서 발송 및 접수 · 관광프로그램(동반자 프로그램 포함) 개발 및 신청서 제작
의 전	· 출입국절차 계획 · 공항영접대 설치 · 참가자 출국 확인 · 미수교국 참가자 입국절차 및 경호계획 · VIP공항 귀빈실 이용에 따른 제반 절차수립
홍보 및 출판	· 홍보계획 수립 · 행사안내서 기획, 디자인 및 제작 · 회의 프로그램 기획, 디자인 및 제작 · 보도자료 및 기자회견 준비 · 프레스센터 운영 · 현장 전속사진기자 수배 및 추천 · 가두설치물 제작 · 뉴스레터 제작 및 배포 · 참가자들의 편의제공을 위한 안내책자 제작 및 배포
사교행사	· 각 행사별 시나리오 작성 · 초청인사 선별, 초청장 제작 및 발송 · 초청인사 참가여부 확인 · 행사장 도면 작성 · 행사진행 프로그램 작성 · 행사별 요원선정 및 교육 · 사회자 수배 및 연설문 작성 · 행사장 설비 및 장비 점검
재 정	· 전체 예산에 따른 세부실행계획 수립 · 자금확보 및 자원계획(스폰서 모집) · 회계장부 관리 및 지원계획 · 조달계획 및 출납관리 · 대회 결산보고서 작성

자료 : 김성혁, 전게서, pp.160~162.

제2절 국제회의시설업

1. 국제회의시설업의 개념

지난 1996년에 제정된 국제회의산업육성에 관한 법률 제2조에 의하면 "국제회의시설이란 국제회의 개최에 필요한 전문회의시설, 준회의시설, 전문전시시설 및 이와 관련된 부대시설 등을 말한다"고 규정하고 있다.

전문회의시설은 2,000명 이상의 인원을 수용할 수 있는 대회의실과 30명 이상의 인원을 수용할 수 있는 중소회의실이 10실 이상 있어야 하며, 2,500㎡ 이상의 옥내 전시면적이 있어야 한다.

준회의시설은 국제회의개최에 필요한 회의실로 활용할 수 있는 호텔 연회장·공연장·체육관 등의 시설로서 600명 이상을 수용할 수 있는 대회의실과 30명 이상의 인원을 수용할 수 있는 중소회의실을 3실 이상 갖추어야 한다.

전시시설은 전체 옥내 전시면적이 2,500㎡ 이상이어야 하며, 30명 이상의 인원을 수용할 수 있는 중소회의실이 5실 이상 있어야 한다.

또 부대시설은 국제회의의 개최 및 전시의 편의를 위하여 전문회의시설 및 전문전시시설에 부속된 숙박시설·주차시설·휴식시설·식음료시설·쇼핑시설 등을 말한다.

2. 국제회의시설의 종류

1) 호텔 회의장

대부분의 국제회의는 참가자들을 숙박시키는 특별한 준비가 필요하다고 할 수 있다. 이러한 숙박시설의 대표적인 것은 호텔이지만, 숙박시설이 국제회의시설로서 갖는 의미는 국제회의 참가자를 집합시키는 일과 국제회의에 출석하기 위한 근거지가 되며, 가정의 연장으로서의 기능을 한다는 것이다.

따라서 국제회의가 아무리 잘 조직되고 운영되었다 하더라도 참가자 숙박이 제대로 이루어지지 않으면 회의가 성공했다는 평을 듣기는 어렵다고 볼 수 있다.

대형 국제회의의 경우 숙박위원회(Housing Bureau)의 서비스가 제공되는데 이 서비스는 지역 컨벤션뷰로가 제공하게 된다. 이 서비스는 일반적으로 무료로 제공되지만, 유료로 하는 경우도 있다. 대부분의 컨벤션뷰로에서는 사용 호텔 객실수와 예약 객실수의 최저치를 정해 두고 있다.

2) 컨벤션센터

대단위 컨벤션센터는 같은 건물에서 회의와 전시를 모두 개최할 수 있도록 설계된 공공 집회장소라고 할 수 있다. 그러므로 대부분 연회, 식음료, 구내 서비스 등을 제공하는 설비를 갖추고 있다.

컨벤션센터는 산업계의 전시회를 개최하기 위해 대규모로 유연성 있는 공간을 제공하는 것은 물론이고 연회, 회의 그리고 협회의 리셉션 등을 위한 소규모 공간도 제공한다. 일반적으로 미국의 경우 CVB가 컨벤션센터의 판매를 지원하지만, 몇몇 컨벤션센터는 자체적으로 판매사원을 고용하여 운영하고 있다.

컨벤션센터는 회의와 박람회를 위한 전용시설이다. 이러한 컨벤션센터는 일반적으로 지방정부의 자금지원을 받고 있는데, 지역사회가 지역의 경제를 활성화시키기 위한 노력의 일환으로서 건립하였다고 할 수 있다.

컨벤션센터는 보통 호텔이나 다른 숙박시설에 매우 근접되어 있기 때문에 참가자들이 숙박시설에 접근하기가 매우 용이하다. 전형적인 컨벤션센터시설은 회의와 컨벤션 참가자 그리고 박람회 참가자와 전시자들을 위한 전시, 다양한 형태의 회의장, 식음료 서비스를 포함한다.

〈표 II-5〉 국내의 대표적인 컨벤션센터

시설명		규모㎡	최대수용 능력(명)	용 도
코엑스	그랜드 볼룸	1,817	1,800	국제회의, 연회, 패션쇼, 전문 전시회 등
	아셈홀	1,238		국가 정상 및 고위급 회의, 소규모 국제회의 등
	오디토리움	2,104 (극장식)	1,070	국제회의 및 대규모 심포지움, 시상식, 음악회, 신제품 발표회, 영화상영 등 각종 이벤트
	콘퍼런스 센터	1,089 (총 50개실로 분할가능)	-	다양한 형태 및 규모의 각종 회의, 소규모 심포지움, 교육행사, 각종 중소규모 연회
	그랜드 콘퍼런스 룸	극장식 회의장	490	국제회의, 심포지움, 영화, 시상식 등
	인도양 홀	492 (5개로 분할 가능)	-	전시회와 관련한 회의 공간, 전시회와 관련한 Dining 및 연회 공간
벡스코	대회의실	2,082	2,800	국제회의, 연회, 패션쇼, 전문 전시회 등
	101-110	1,440	1,411	-
	201-204	576	582	-
	205-206	369	361	-
	207-209	104	105	-
대구 컨벤션 센터	5층	3,872	4,200	국제회의, 콘서트, 연회, 패션쇼, 리셉션, 전문 전시회 등
	2-5층	11개 회의실	1,700	-
제주국제 컨벤션 센터	탐라홀	-	3,500(교실식)	대규모 국제회의, 연회, 공연, 스포츠 행사
	한라홀		1,100	대규모 집회, 영화상영, 강연, 연회 등
	삼다홀		500	회의, 강연, 세미나 등
	소회의실	101과 102호는 정상회담 가능	200	회의, 교육, 강연 등

〈표 Ⅱ-6〉 국외의 대표적 컨벤션센터

국가	명 칭	소재지	수용능력 (대회의장 기준)	설립 연도	연건평 (㎡)
중 국	Convention & Exhibition Center	홍콩	2,600명	1988	409,000
일 본	Pacifico Yokohama	요코하마	5,000명	1993	200,000
싱가포르	International Convention Center	싱가포르	12,000명	1994	98,000
말레이지아	Putra World Trade Center	쿠알라룸 프르	3,500명	1985	157,930
태 국	Queen Sirikit	방콕	5,700명	1991	80,000
대 만	국제컨벤션센터	타이페이	3,100명	1990	
독 일	International Congress Center	베를린	5,000명	1979	125,600
프랑스	아크로폴리스 컨벤션센터	니스	2,500명	1985	20,000
필리핀	Philippine International Convention Center(PICC)	마닐라	4,000명	1976	
미 국	Jacob K. Abits Convention Center	뉴욕	3,600명	1986	88,000
	McComic Place Complex	시카고	4,300명	1960	160,000
	Moscone Center	샌프란시 스코	5,200명	1992	109,880

그리고 컨벤션센터는 회의, 박람회 개최를 위한 특별한 목적으로 설계되었기 때문에 동일한 시기에 컨벤션시설을 사용하는 다른 회의 단체들의 등록이 용이하도록 전체 시설 전반에 걸쳐 등록장소를 갖추고 있다.

이러한 컨벤션센터들이 갖추어야 할 기본적인 조건을 보면 다음과 같다.

① 아름다운 외관과 쾌적함을 갖춘 컨벤션센터여야 한다.
② 호텔 및 공항 등 관련시설과의 접근성이 우수해야 한다.
③ 공간의 우수성과 유연성이 있어야 한다.
④ 직원들의 훌륭한 서비스 정신이 있어야 한다.
⑤ 제공되는 음식의 수준이 우수해야 한다.
⑥ 각종 부대시설에 대한 무료 이용이 가능해야 한다.

⑦ 최신 AV시스템, 인터넷과 통신환경, 비디오 콘퍼런스 등 첨단 회의설비를 갖추고 있어야 한다.

⑧ 회의와 휴가를 함께 겸할 수 있는 새로움과 흥미로움을 지니고 있어야 한다.

3) 대학시설

호텔이나 컨벤션센터가 회의시설로서 주종을 이루는 것은 사실이지만, 회의기획자는 특수한 시설이나 장소에서 회의를 준비해야 하는 경우가 있다. 대학에 있는 회의장을 이용하는 것이 그 한 예라고 할 수 있는데, 대학시설을 이용하고자 할 때에는 참가 대상자의 성격파악이 무엇보다도 중요하다고 할 수 있다.

대학은 회의기획이 대학의 주요 기능이 아니기 때문에 학사운영과 규제를 다루는 대학 당국으로부터 시설 이용에 대한 이해를 쉽게 구하기 어려울 수도 있다고 보아진다.

대학에서 회의를 개최하기로 기획하는 것이 회의기획자로서는 더 어렵고 많은 시간을 필요로 하는 문제이기는 하지만, 대학캠퍼스에서 회의를 개최하는 데는 많은 이점이 있다. 우선 참가자에 대한 비용절감과 함께 대학캠퍼스 안에서 다시 배운다는 심리적 영향이 가장 큰 이점이라고 할 수 있다.

기술적이거나 과학적인 성격의 회의는 대학의 실험실을 이용할 수 있기 때문에 대학에서 회의를 개최하여야 하는 주요 이유가 되기도 한다. 왜냐하면 대학에서 열리는 실기작동회의에 참가자들이 동참하는 경우 호텔이나 컨벤션센터에서의 회의가 모방할 수 없는 대단히 값진 결과를 낳기 때문이다.

4) 리조트

현대의 회의가 업무와 오락의 병행에 중점을 두는 경향이 늘어나면서부터 많은 회의단체들은 회의, 박람회 등을 리조트에서 개최하는 것을 긍정적으로 고려하게 되면서 실제로 자주 개최되고 있다. 이로 인하여 회의나 박람회 참가자들은 휴식이라는 리조트 본연의 목적 이외에

회의 등의 참가로 인하여 자신의 업무에도 동참할 수 있다는 두 가지 목적을 동시에 달성할 수 있는 장점이 있다.

리조트는 회의단체에 서비스를 제공함으로써 얻어지는 수입의 상당 부분을 리조트시설 내에 조그만 콘퍼런스센터를 포함하는 재건축을 하는데 투자하고 있다.

훌륭한 콘퍼런스시설과 서비스를 제공하는데 중점을 둠으로써 리조트산업은 회의 및 박람회와 관련된 편의시설을 제공하는 것뿐만 아니라 휴가시설도 동시에 제공하는 장소로 자리매김을 하였다.

5) 기타 회의시설

이상의 시설 외에도 많은 도시나 국가에서 국제회의를 주관함에 있어 부족한 전문적인 회의시설을 극복하기 위하여 공공집합시설(PAF; Public Assembly Facilities)을 이용하는 경우가 있다.

이와 같은 공공집합시설들은 회의 이외의 목적으로 세워졌거나, 아니면 회의를 포함하는 다목적 공간으로 건설되어진 것이 보통이다. 이러한 공공집합시설들에는 극장, 강당, 스타디움, 전시홀 등이 있다.

그리고 크루즈, 철도, 일반 숙박시설에서 회의를 개최하는 경우도 종종 볼 수 있다.

EVENT MANAGEMENT

제 3 장

국제회의의 유치 및 개최

제1절 국제회의의 유치

국제회의 중에서 유엔과 유엔 전문기구 및 기타 정부간 기구의 총회, 이사회 등은 통상적으로 해당기구의 사무국 소재지에서 개최되나, 일부 국제기구의 총회 또는 지역회의는 순번에 의하거나 유치 희망국의 요청에 따라 사무국 소재지 이외의 국가에서 개최될 수 있다.

국제회의는 정기적으로 개최되는 경우와 필요에 따라 부정기적으로 개최되는 경우가 있다. 회의 개최지 결정은 국제기구에 따라 다르나, 전전회의 개최시에 결정되는 경우가 많으므로 국제회의를 유치하기 위해서는 그 전에 유치의향서 등을 국제기구에 제출해야 한다. 국제회의를 개최하기 위해서는 국제회의 준비에 필요한 조직위원회 구성시 유관기관을 빈틈없이 선정하여 필요한 지원사항이나 준수사항 등을 사전에 협의하여 회의진행 중에 발생가능한 제반문제를 미연에 방지해야 한다.

1. 국제회의 유치방식

국제회의 유치방식에는 특정 국가 1개국만을 초청하여 개최하는 회의와 아시아·태평양지역회의와 같이 특정 지역에 한정해서 초청하는 Closed Bidding방식, 전세계를 대상으로 의향서를 받되, 그 중 몇몇 국가를 선정하여 우선 협상하는 Limited Open Bidding 방식, 그리고 전세계 회원국을 상대로 하는 Complete Open Bidding 방식이 있다.

2. 국제회의 유치절차

국제회의를 유치하기 위해서는 다음과 같은 절차를 따라야 한다.

① 국제기구 등의 본부로부터 입후보 신청서 접수
② 입후보 조건 및 유치 타당성 검토
③ 국제기구 등에 가입한 국내 단체 및 협회의 국제회의 유치결정
④ 국제행사 개최계획서 제출
⑤ 국제기구본부 및 개최장소 결정권자에게 공식 및 비공식으로 국내유치의향서 및 유치계획서 제출
⑥ 국제회의 개최 입후보
⑦ 국제회의 유치활동
⑧ 국제기구 등의 본부 임직원의 국제회의 개최 신청장소에 대한 현지답사
⑨ 국제기구 등의 국제회의 개최지 결정(공식서한 통보)

제2절 국제회의 개최

국제회의 유치가 결정되면, 유치위원회가 설립되어 있는 경우는 그 명칭이 국제회의 조직위원회 또는 준비위원회 등으로 규모나 참가자의 수 등에 맞춰서 바뀌게 되고, 유치위원회가 없는 경우에는 국제회의 조직위원회 또는 준비위원회를 구성하여 국제회의 개최를 준비해야 한다.

1. 조직위원회 구성

국제회의 신청지역이 개최지로 확정되어 해당 국제기구로부터 공식서한을 받으면 바로 조직위원회를 구성해야 한다. 조직위원회는 국제회의 규모나 성격에 따라서 주요 정책을 결정하거나 자문, 지원 등의 역할을 하는 의사결정 기구와 실무조직인 사무국 및 각 분야별 책임조직 등으로 나눠서 구성할 수 있으며, 규모가 작을 경우에는 조직위원회 자체가 실무조직이 되기도 한다.

조직위원회는 국제기구본부와 함께 국제회의를 준비해 나가야 하는

데, 국제기구본부와 국제회의 개최계약을 체결해야 한다. 조직위원회는 조직위원장과 실무조직인 사무국 및 각 분야별 책임조직으로 나눌 수 있다. 이와 별도로 국제회의의 격을 상승시키고 홍보를 강화시키기 위하여 명예직 등을 둘 수 있으며 실무에 필요한 지원 또는 자문을 구하거나 회의가 원활하게 진행될 수 있도록 언론사나 정부기관, 경찰청 등을 중심으로 하여 지원협의회 등을 구성할 수도 있다.

국제기구가 개최하는 대부분의 국제회의는 본부측 사무국의 준비위원회(Organizing Committee)와 그 회의를 유치한 개최국의 조직위원회(Host Committee)가 준비업무를 분담하여 상호 협의 · 조정하며 공동으로 추진하게 된다. 본부측 사무국은 주로 회의프로그램 편성과 의제 선정, 참가자격 결정, 발표자 및 소회의 의장 선정, 회의내용 및 대표단 활동기록 등 주로 회의운영 전반에 관한 준비를 담당한다.

개최국의 사무국은 참가자들의 편의를 도모하기 위한 항공편의 확보, 회의장과 숙박시설, 전시장 등의 확보, 관광, 연회 및 사교행사 등 이벤트행사 준비 등을 주관하게 된다. 개최국의 조직위원회는 회의개최를 위한 회의장 확보, 제반설비, 관련요원(통역사, 안내요원) 확보, 숙박협조, 수송, 각종 사교행사 및 관광 등을 맡는다.

2. 국제회의 사전준비

국제회의를 성공적으로 치르기 위해서는 무엇보다도 사전준비가 철저해야 한다. 특히 국제회의는 대규모 행사이므로 장기간에 걸친 사전행사 관리야말로 국제회의 개최의 필수적인 요소다. 요즈음은 국제회의 개최 이전에 참가자에게 개최지 안내, 관광지 홍보, 장애자시설 및 의료지원 등에 대해 미리 알려주고 있다.

1) 회의성격 및 취지 파악

국제회의를 개최하는 데는 목적과 취지가 있게 마련이다. 국제회의는 전문분야에 대한 학술연구 결과를 발표하기 위하여 개최되는 학술회의라든가, 경제 · 문화 등 상호 국가간의 공동 관심사에 대한 협력증진을 도모키 위한 특정회의를 비롯하여, 관련업계 회원이나 공동이념을 추구하는 단체의 이해증진과 우의를 돈독히 하기 위한 친목회의 등 국제간의 정기 또는 비정기 회의에 이르기까지 다양하다. 따라서 개최할 회의의 목적과 성격을 파악하고 이 회의가 어떤 이유로 이곳에서 개최되는지를 규명함으로써 이후 회의개최 준비계획을 수립하는 데 큰 도움을 받게 된다.

회의를 개최함에 있어서는 회의 개최기구나 개최국의 대외 이미지를 부각시키는데 초점을 둘 수도 있으며, 관례 및 순번에 의하거나 종전회의에 대한 답례로 개최하는 경우도 있으며, 정치적 이유나 지리적 특성으로 특정국가에서 개최하는 경우도 있다. 이와 같이 회의 성격이나 개최취지에 따라서 회의개최 준비사항이 달라지므로, 사전에 목표를 분명히 설정하고 회의 개최 취지를 정확히 인지함으로써 회의주제 설정 등 해당 회의에 적합한 준비계획을 수립하여야 한다.

2) 개최일자 결정

개최 추진 중인 회의의 과거 개최 연혁을 참고하여 가능한 한 많은 인원이 회의에 참가할 수 있는 시기와 기간을 잠정적으로 결정하고 본부측(organizing committee)과 협의 후 최종 결정한다. 대개 전례를 따르는 것이 좋으나, 회의주제, 각종 회의 수, 행사내용과 참가자 구성원에 따라 개최일자를 조정할 수도 있다. 예를 들어 학술회의의 경우 교직자, 학생, 관련 연구원들의 많은 참여를 유도하기 위해 방학기간을 이용하거나, 부인을 동반하는 참가자가 많을 경우는 기후조건이 좋은 봄, 가을을 우선적으로 고려해 본다. 단, 연휴, 기념일 또는 대규모 스포츠 행사 기간 등을 사전에 충분히 감안하여 개최일자를 정하는 것이 숙박, 관광, 쇼핑 등에서 곤란을 초래하지 않게 된다.

3) 지원기관의 검토

국제회의 개최에 앞서 지원해 줄 수 있는 유관기관을 조사하여 필요한 행사지원 사항이나 준수사항 등을 사전에 협의함으로써 회의진행 중에 발생할지도 모를 제반 문제를 미연에 방지할 수 있어 회의를 원만하게 개최할 수 있다.

국제회의를 지원하는 기관에는 컨벤션 뷰로(convention bureau), 국제노선 항공사, 기업체, 각 시·도 관계기관, 정부기관, 가입 단체 등이 있다.

(1) 컨벤션 뷰로(convention bureau)

컨벤션 뷰로는 각국 정부 또는 시·도 산하의 기구로 운영되는 국제회의 유치 및 운영에 대한 자문 또는 지원전담기관으로서 한국의 경우 한국관광공사 해외진흥본부 컨벤션뷰로팀이 이에 해당되는데, 국제회의 개최시 기술적인 제반 문제점에 대해 지원을 받는 것은 필수적이라 하겠다.

(2) 국제노선 항공사

모든 국제노선 취항 항공사는 국제회의에 많은 관심을 가지고 있으며, 각종 회의참석을 위한 여행일정의 수배 및 그 수송 등의 자문에 응할 수 있는 전문요원을 보유하고 있으므로 이들과의 상담은 많은 도움을 받을 수 있다.

(3) 기업체

회의는 성격에 따라 기업체와 제휴를 가질 수도 있다. 이와 같은 제휴는 인력, 자금, 자재의 세 가지 기본적인 사항과 관련되며, 이들 업체들은 대회와 제휴함으로써 이익이 생기는 경우 후원자로서 기꺼이 참여할 것이다.

(4) 각 시·도 관계기관

각 시·도 관계기관은 당해 지역 관광관련 업체에 대한 지도업무를 관장하고 있으므로 이들로부터 소관업무에 대한 지원을 받을 수 있다.

(5) 정부기관

정부관계 기관으로로부터는 공항 통관, 숙박시설, 회의시설, 수송 등 사전점검 및 조정사항에 대한 지원을 받을 수 있다.

(6) 가입 단체

가입 단체는 준회원자격을 가진 정부나 기업체 또는 협회 등으로 회의의 기획이나 운영상의 문제에 대한 지원을 하게 된다. 목표를 명확히 설정하고, 안내와 지원을 제공해줄 수 있는 모든 기관을 조사한 후 회의 개최에 따른 상세한 연구검토가 요청된다.

이 외에도 종전 회의의 활동상황 등을 파악하여 종전회의의 경험을 반영하고, 국제회의 개최시의 재정, 요원확보 및 회의참가 홍보활동에 대해 강구를 해야 할 것이다.

제3절 국제회의 실무 진행과정

1. 공항영접 서비스

회의에 참가하는 대부분의 외국 VIP 및 일반 참가자는 공항을 이용하여 입국하게 된다. 공항영접은 개최지의 지리에 익숙하지 않은 외국 참가자들을 행사장까지 안전하고 편안하게 모시기 위한 필수적 사항이다. VIP의 경우 공항영접부터 시작된다.

1) 공항영접시 준비사항

(1) 공항안내 데스크 설치

공항공사에 사용목적, 사용기간, 사용청사를 기입한 협조공문을 발송하여 공항공사 책임자의 승인 후에 설치한다.

(2) 전용 심사대 사용 허가

법무부 공항사무소와 세관에 협조공문을 발송하여 법무부 공항사무소와 세관의 승인으로 설치된 외교관 전용 심사대를 허가받은 후 사용한다.

(3) 의전실 사용 허가

의전실 사용은 장관급 이상만 사용이 가능하다. 의전실 사용시에는 사용일정을 공문에 포함하여 공항공사에 협조공문으로 발송한다.

(4) 의전주차장 사용 허가

공항공사에 출입할 차량번호를 첨부한 협조공문을 발송한다.

(5) CIQ임시 출입증

세관과 법무부의 승인을 받은 후 공항공사 보안과에서 발급받게 되는데 출입자 명단, 생년월일, 현주소, 본적 등을 첨부하여 발송한다.

(6) 제작물 설치 및 전화사용 허가

공항공사에 설치기간 및 종류에 대한 협조공문을 발송하여 승인을 득한 후 설치한다. 단기전화 신청 후 관할 전화국에서 번호를 부여받은 후 전화번호를 공항시험실로 통보하며, 전화는 공항시험실에 설치한다.

2) 영접서비스

(1) VIP영접

CIQ 대기실 내에서는 공항 의전실 직원과 동행하여 CIQ로 입장해 내빈 이름이 적힌 피켓을 게시하고 내빈을 수행하여 의전실로 안내한다. 각 영접 담당자에게 VIP 도착을 무전 연락한 다음 내빈의 입국심사를 수행원과 함께 대리수속으로 한다.

의전실에서는 내빈에게 다과류를 응접하고, 내빈 문의사항을 접수하여 필요한 사항을 처리한 후 의전 주차장으로 내빈을 안내한다. 의전 주차장에서는 내빈차량 대기상태와 운전기사 대기상태를 반드시 확인하고, 내빈이 출발한 후 영접본부로 보고한다.

대리수속시 필요사항으로 대리수속 승인서, 여권, 신분증, 항공권, 수하물표, 수하물 열쇠 또는 번호, 출입국 카드, 세관신고서 등을 구비해야 하고, 반입 금지품목 또는 무기류 휴대여부, 체재 호텔 및 체재기간을 반드시 확인해야 한다.

(2) 일반영접

일반영접시에는 공항내 안내 데스크를 설치하여 참가자의 문의사항을 접수하고 해결한 후 승차장으로 안내한다. 승차장으로 안내할 때 공항 입국장 배치도를 설명한다.

2. 등록 서비스

등록서는 최초 안내장(1st announcement) 발송시 동봉하는 사전등록양식(pre-registration form)과 두번째 안내장(2nd circular) 이후 발송하는 등록서가 있는데, 이것으로 국제회의의 행사참가를 확정하게 된다. 등록양식에는 등록비, 등록방법, 지급방법 등이 상세히 설명되어야 한다. 대개의 경우 등록서 발송과 함께 숙박예약신청서 및 일반 관광프로그램을 함께 보낸다.

1) 참가등록비

회의행사 시작일 4~6개월 전을 기준으로 하여 참가등록비(registration fee)에 대한 특혜할인율(preferential rate)을 적용하여 기준일 이후에 등록하는 참가비용보다 저렴하도록 일정한 할인혜택을 준다. 또한 정회원과 비회원에 따른 차별을 두어 참가비를 적용해야 한다.

대개의 공식적인 사교행사(social program) 및 연회(reception 또는 banquet)의 참가비는 등록비에 포함되며, 기타 동반자 프로그램(spouse program 또는 kid program)은 별도의 참가비를 받는다.

2) 숙박예약신청서

숙박예약신청서(accommodation reservation form)는 호텔의 등급에 따라 4가지 항목을 정해 참가자의 재정적 여유나 기호에 맞춰 선호하는 호텔을 지정할 수 있도록 한다. 이럴 경우 대개 선착순 방식으로 신청을 받는 것이 좋다. 국제회의 행사 이후에도 상담이나 관광을 계속하고자 하는 참가자에게는 연장숙박 할인요금 혜택률(extended stay hotel rate)을 적용한다. 이 때에는 체크인 날짜와 체크아웃 날짜를 명시하도록 한다. 참가등록비와 숙박요금 지급방식을 명시한다.

참가등록의 취소(cancellation policy)와 등록취소 마감일(cancellation deadlines)에 관한 사항을 알리고 등록기간을 명시한다. 회의등록은 참

가자들의 행사참가를 공식적으로 확인하는 절차로 주최자에게는 참가
자 수와 참가자의 입·출국현황 등 회의운영에 필요한 많은 정보를 제
공하는 것이 좋다.

3) 등록비, 등록기간

등록비는 각종 회의, 사교행사와 관광프로그램 참가비 및 회의자료
에 대한 비용으로 경우에 따라 숙박비를 포함하기도 한다. 등록비는 회
원, 비회원, 동반자 등 참가자의 자격과 등록시기에 따라 차등을 두는
데, 일반적으로 동반자는 회원의 1/2~1/3, 비회원은 1.5배~2배이며,
초청인사의 경우에는 등록비를 받지 않는 것이 상례다.

조기 등록자에게는 등록비의 할인혜택을 줌으로써 참가자로 하여금
조기에 참가를 결정토록 유도하는 것이 관례로, 주최자의 입장에서는
자금조달을 쉽게 하기 위한 필요한 조치가 된다. 국제회의의 경우 등록
비와 등록기간의 설정을 국제기구 본부에서 결정하는 경우가 많다.

4) 등록신청서의 제작 및 발송

등록신청서 양식은 국제기구 본부가 직접 결정하는 것이 일반적이
다. 등록신청서는 성명, 소속기관, 직책, 주소, 전화번호, 도착 및 출발
일정, 참가할 각종 행사, 희망 숙박호텔, 등록비 납부방법 등의 기재란
을 둔다. 등록신청서는 3장을 세트로 하되, 색상을 달리하여 본부 보관
용, 조직위 참고용, 참가자의 등록 확인용으로 사용할 수 있게 한다.

제4절 국제회의 사후관리

1. 국제회의 평가

국제회의 평가는 국제회의 기획자가 반드시 거쳐야 할 필수적인 과제다. 이러한 국제회의의 평가는 세 가지 중요한 정보를 제공해준다. 우선 해당 국제회의가 이전에 개최되었던 국제회의와 어떻게 비교되는가? 둘째, 회의 참석자들은 각종 회의, 발표자 및 전체회의를 어떻게 생각하는가? 셋째, 이번 회의가 얼마만큼 훌륭하게 회의목표를 달성했는가 하는 것이다.

〈표 II-7〉 평가대상 및 그 내용

평가대상	내 용
회의시설	회의장비, 조명시설, 발표장의 적절성, 편안함, 음향, 의자, 인원의 적정성, 냉방 및 난방의 적절성 등
교통	공항, 부두, 터미널 등에서의 접근성, 차량을 이용한 접근의 용이성, 주차장의 편리성 등
숙박시설	호텔체크인/체크아웃 절차, 객실, 편의시설, 음식 등
회의서비스	안내, 등록업무, 통역서비스, 의전서비스 등
프로그램	회의의 프로그램은 적절했는가 등에 대한 평가
회의목표	회의가 추구했던 원래의 목표가 어느 정도 달성되었는가를 평가
기타	개최지역 사람들의 환대, 기후, 날씨, 오락시설, 지역의 청결성 등

국제회의의 평가대상은 일반적으로 두 가지 영역이다. 하나는 회의가 개최되었던 장소이고, 다른 하나는 회의의 프로그램이다.

개최장소는 회의기획자는 물론이고 회의참석자들로부터의 평가를 받을 때 관심이 높은 것이 보통이다. 많은 사람들은 평가결과를 참고하여 서비스와 시설을 개선하거나 변화시킨다.

평가할 때 회의장 셋업(set up)요원, 컨벤션서비스, 식사서비스 요원, 식음료 지배인에서부터 주방장에 이르기까지 회의서비스 요원들도 평가에 포함시켜야 한다.

개최장소에 대한 평가요소는 크게 두 가지로 요약할 수 있다. 하나는 회의시설 자체에 대한 평가이고, 다른 하나는 교통, 숙박 및 서비스 등 회의시설 이외의 시설 및 서비스와 관련된 평가이다.

[그림 II-2] Post-Conference/Convention Meeting에서 해야 할 일

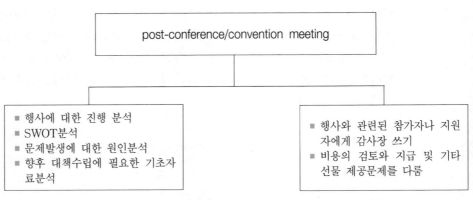

자료 : 안경모·이광우, "국제회의 기획경영론", 백산출판사, 1999, p.169.

회의기획가는 행사가 종료되면 post-conference/convention meeting을 실시하여 그 행사에 대한 평가를 하게 된다. post-conference/convention meeting은 잘못을 지적하는 것이 아니고 행사에 대한 진행, SWOT분석, 그리고 문제발생에 대한 원인과 향후 대책수립에 필요한 기초자료를 얻기위해 진지하게 평가하는 것이다.

2. 결산보고 및 결과보고서 작성

국제회의를 개최한 후 해당 기업은 회의 종료 후에 채권의 확보, 채무의 지급 등의 업무를 수행하게 된다. 결손이 생겼을 경우는 보충자금을 별도 확보하지 않으면 안된다. 또 잔여자금이 생겼을 경우는 각 단

체의 관례에 따라 처분해야 한다. 이러한 작업이 종료되면 필요한 재무제표를 작성하여 회계감사를 받고 결산서를 작성하여 조직위원회에 보고하면 경리담당자의 업무는 완전히 끝나게 된다.

회의가 대규모여서 법인격을 갖는 준비사무국을 설치하였을 경우는 그 결과를 주무부처에 보고하여 승인을 받아둘 필요가 있다. 또한 회의가 어떤 요령으로 개최되고 무엇이 토의되어 어떠한 결과를 얻었는가 하는 것은 참가자뿐만 아니라 관계기관에서도 흥미와 관심을 갖는 문제이므로 사무국에서는 시간과 예산에 여유가 있는 한 되도록 세밀한 보고서를 작성하여 두면 향후 회의개최시 상당한 도움이 된다.

일반적으로 보고서에 기재되는 사항은 다음과 같다.

〈표 II-8〉 보고서 작성시 기재사항

보고사항	• 기록사진 소개 • 해당단체의 성격 • 개최시까지의 경과 • 개최준비위원회 조직 • 준비사무국의 설치 • 안내장 작성 • 각 준비분과위원회의 업무추진 사항 • 프로그램 작성 • 회의장 계획 • 동시통역에 관한 사항 • 자료작성 • 환영, 영접계획 • 등록준비 • 보도 • 회의의 운영(개회식, 각종 행사, 동반자 프로그램, 전시, 속보, 폐회식) • 총회보고 및 결정사항 • 연설문의 소개 • 재무관계 • 성과 및 반응 • 관계기관 협조사항 • 유관인사 감사장 • 각종 홍보

자료 : 안경모 · 김영준, 「국제회의 실무기획」, 백산출판사, 1999, p.252.

EVENT MANAGEMENT

제 4 장

국제회의 관련시설의 운영 및 관리

제1절   회의장

회의의 성과는 회의장의 시설 및 분위기에 의해 좌우되는 만큼 회의장 선정은 회의의 진행에 커다란 영향을 미친다. 따라서 개최준비위원회(회의 및 회의장 분과위원회)는 회의의 진행을 위해 준비를 철저히 하여 회의 참가자들이 유쾌한 기분으로 회의에 참가할 수 있도록 적합한 회의장을 선정할 필요가 있다.

국제회의에 이용되는 회의장에는 국제회의 전문회의장, 컨벤션호텔, 관광호텔 회의장 등 크게 세 가지로 나눌 수 있다. 일반적으로 국제회의 전문회의장의 경우 비교적 비용이 저렴한 반면, 숙박호텔과 회의장 간의 이동의 문제가 있다. 반면에 국제회의 진행에 적절한 설비를 갖추고 있을 뿐만 아니라 회의의 운영기술면에서도 충분한 경험이 축적되어 있다는 장점이 있다. 이에 비하여 컨벤션호텔과 관광호텔 회의장은 회의장소와 숙박장소가 동일하기 때문에 이동 없이 회의를 진행할 수 있다는 장점을 가지고 있으나, 회의장의 임대비용이 높다는 단점이 있다. 그러므로 컨벤션호텔 또는 관광호텔 회의장에서 국제회의를 개최하고자 하는 경우는 참가자의 객실 이용과 회의장 이용에 있어 요금할인의 가능성을 사전에 조정해 보아야 한다.

국제회의 개최측 입장에서 볼 때 회의장 선정에 있어 가장 중요한 요소는 회의의 규모와 회의장 사용계획, 전시회장 사용계획 등과 이에 따른 비용의 문제다. 따라서 국제회의장을 선정하기 전에 직접 방문하여 이상에서 열거한 사항을 세심하게 검토해야 한다.

회의 및 연회시설은 국제회의의 목적과 규모에 따라 다양한 크기와 기능을 요구하게 된다. 그러므로 국제회의의 특성상 연회가 같이 이루어질 수 있는 복합적 기능이 갖춰진 시설이 좋다.

Leo M. Renaghan과 Michael Z. Key의 연구에서는 국제회의시설의

주요 속성을 회의장 규모, 분과 회의장 위치, 시청각 기자재 운용, 조명 조절장치, 가격 등 5가지로 나누고 있다. 그리고 회의 및 연회시설 이용시 고려되어야 할 부문은 회의장 마다의 조명 및 온도조절시설, 방음벽, 다양한 회의 및 연회를 위한 파티션(partition), 안락의자와 테이블, 비디오 · OHP · 음향시설 · 슬라이드 프로젝터(slide projector) 등 다양한 시청각시설의 활용, 장애자시설, 회의 및 연회의 성격에 따라 변경이 가능한 무대장치 등을 제시하고 있다.

국제회의 개최에는 참가자간의 커뮤니케이션을 위한 통신시설뿐만 아니라 참가자와 본국, 국제회의 개최지와 국제기구 본부 등과의 커뮤니케이션을 위한 통신시설도 필요하다. 회의의 성격 및 규모에 따라서는 가설 통신시설 이외에 임시카운트를 설치할 필요도 있다. 회의개최에 이용되는 통신시설 및 통신기기에는 통신선로, 전화, 텔레타이프, 텔렉스, 팩시밀리 등이 있으며, 통신시설은 본부호텔 등록데스크, 사무국실, 기자실, 수송본부 등에 설치된다.

회의준비계획에 따른 회의장 관리는 국제회의의 실질적인 운영의 세부적인 사항을 계획하고 실천해 나가는 일련의 과정이다. 여기에서 회의장 관리는 회의장의 내부적 배치, 소요비품의 배치 등 물리적 요소에 대한 관리뿐만 아니라 회의장 관리요원의 배치와 그들의 활동 등 인적요소에 대한 관리도 포함된다. 따라서 회의장 관리의 대상은 회의운영과 관련된 모든 요소라 할 수 있다.

국제회의 시설로는 국제회의장과 호텔이 대표적이다. 컨벤션센터는 호텔에서 개최하는 데에 적합하지 않은 전시회와 이벤트, 대형 회의를 개최하기 위한 국제회의 전용시설이다. 어떤 곳에서는 컨벤션센터가 호텔에 근접해 있어서 호텔 회의시설과 병행해서 쓰일 수도 있지만, 대부분의 경우 호텔과 컨벤션센터간의 셔틀버스의 이용 가능성과 그 비용, 투숙객실과의 거리 등을 우선적으로 고려해야 한다.

또한 컨벤션센터 내에서는 각종 연회행사를 할 수 있는 식사서비스가 있기는 하지만 호텔만큼 폭넓은 다양성을 가진 식당은 이용할 수 없다. 그리고 룸서비스도 이용할 수 없고 로비에 기념품점 등이 있는 경우도 드물다.

호텔과 컨벤션센터와의 중요한 차이는 회의장 면적이라고 볼 수 있으나 또다른 차이점은 회의개최 비용에 있다고 하겠다. 사용 객실수와 식음료행사 수입 등에 따라 호텔 회의장은 무료로 사용할 수 있다. 신규호텔이나 유명지역내 호텔들은 회의장에 대해서 비용을 부담시키고 있다. 특히 호텔에 예약된 객실수가 적은 경우에는 비용부담이 보통인데, 이런 경우 컨벤션센터와 호텔 회의장 임차간의 비용차이는 대단히 커질 수 있다.

무엇보다도 회의자체의 요구사항과 참석자의 요구들을 고려하여 호텔 회의장이나 컨벤션센터를 선택하도록 해야 하며 주최단체도 앞으로의 발전이라는 점을 고려해야 한다. 말하자면 규모에 적합하지 못한 시설은 성장을 제한함으로써 결과적으로 수입도 적어지고 주최기관에 대한 회원들의 지지도에도 해를 끼칠 수 있기 때문이다.

국제회의장으로 제공되고 있는 시설 중에서 호텔, 리조트, 콘퍼런스센터에서는 천명 이상의 단체가 모여서 회의하기 어려운 것이 사실이다. 따라서 그보다 큰 회의나 전시회는 컨벤션센터에서 이루어진다. 컨벤션센터는 다른 시설들보다 규모가 크고 회의의 전문적인 공간이라는 점에서 국제회의산업에서 차지하는 비중이 매우 크다고 할 수 있다.

컨벤션센터의 성격을 구분할 때, 크게 민간기업과 행정기관 그리고 중간적 형태의 복합체로 보는 견해 등 세 가지로 구분된다. 이 중 각 컨벤션센터마다 어떤 성격을 강하게 지니고 있는가에 따라 차이는 있지만, 컨벤션센터는 분명한 하나의 조직체로 이루어져 있다는 사실이다.

이렇게 볼 때 컨벤션센터는 성격이 독립법인, 사업체, 단위 부서를 막론하고 정보의 네트워크(network)로서, 인간과 기술문명의 관계에서 설립된 것이다. 따라서 컨벤션센터는 공사를 불문하고 회의진행에 필요한 공간 즉 물리적 요소와 진행을 담당하는 구성원 즉 인적요소로 구성된 하나의 복합체라고 할 수 있다.

이렇듯 컨벤션센터의 성격이 다양하듯이 컨벤션센터의 종류 역시 정부, 상공회의소, 관광관련협회, 컨벤션센터의 관계에 따라 순수행정형, 판매전문회사형, 경쟁적 협조형, 외부협조형, 관광관련협회주도형 등으로 다양하다. 따라서 컨벤션센터의 다양한 성격과 종류에 알맞은 적절한 관리를 실시하는 것이 상당히 중요하다.

제2절   숙박시설

오늘날 미국의 예를 보면 회의수입이 호텔 총수익의 약 20% 정도를 차지하고 있다. 그리고 일부 개인소유 호텔은 총수익의 40% 가량을 회의와 컨벤션에서 창출하고 있다고 한다. 이만큼 회의는 호텔의 영업활동 중 큰 비중을 차지하고 있다. 따라서 호텔은 컨벤션센터를 갖춘 가장 중요한 회의공급 시설로서 자리잡고 있다. 호텔 내의 회의장 성격은 호텔시설의 일부분으로서 국제회의뿐만 아니라 각종 모임의 장소로 활용된다.

현대의 대부분 호텔들은 관광객에게 숙박과 식사, 각종 서비스를 제공하는 것 이외에 국제회의에 필요한 회의장을 설치하고 있다. 특히 호텔에서 국제회의를 개최하는 경우 객실 및 식음료 판매, 회의장 임대료 등으로 인해 호텔에 이윤을 제공할 뿐만 아니라 호텔의 홍보 등 부가적인 효과를 얻을 수 있다.

국제회의 숙박시설은 회의를 개최하는 개최준비위원회(숙박분과위원회)의 측면에서 보면, 회의 참가자를 집합시키고 회의 참가자의 수를 파악하는 장소가 된다. 이에 대하여 참가자 측면에서 보면 숙박시설은 휴식공간인 동시에 회의참석을 위한 준비처가 된다. 따라서 개최준비위원회에서는 단순히 필요한 만큼의 숙박시설을 기술적 차원에서 확보할 것이 아니라 회의장과의 거리, 객실요금, 객실의 종류 등을 신중히 검토하여 회의 참가자들이 회의기간 중 충분히 휴식을 취하고 회의운영에 도움이 될 수 있는 숙박시설을 선정해야 한다. 개최준비위원회에서는 회의준비 업무와 동시에 진행해야 하는 부담이 있으므로 대개 숙박예약, 호텔과의 조정업무 등을 국제회의용역업체, 혹은 여행사에 위탁하는 경우가 많으며, 이러한 사항은 실제로 업무분담 차원에서도 바람직한 방안이 된다.

숙박시설의 관리는 숙박호텔 관리계획에 따라 숙박예약, 신청서 정리, 특별예약, 숙박시설의 분산배정 등 실질적으로 숙박시설을 관리하는 것을 말한다.

개최준비위원회(숙박분과위원회)에서는 국제회의용역업체 혹은 여행사와 상담하여 숙박호텔본부를 결정하고 종전 회의 참가자수 등을 참고하여 객실의 종류에 따라 필요한 수 만큼의 객실을 사전에 가계약한다. 숙박호텔에 대해서는 안내서에 객실의 종류와 객실요금을 표시하며, 회의 참석자에게 동봉한 예약신청서가 반송되어 올 때 정식예약을 한다.

숙박예약 방법에는 개최준비위원회 주관예약, 국제회의 전문업체(PCO)가 참가자들로부터 받은 신청서를 집약해서 정식으로 예약하는 방법, 그리고 회의의 성격에 따라 참가자가 호텔에 직접 예약을 하는 방법이 있다. 일반적으로 첫번째와 두번째의 방법을 택하지만, 회의의 규모가 크고 개최준비위원회(숙박분과위원회)의 업무량이 방대한 경우, 경험이 풍부한 국제회의용역업체 혹은 여행사를 지정하여 위탁하는 방법도 있다. 숙박예약을 위탁하는 경우 호텔신청자에 대한 정확한 파악이 필요하며, 개최준비위원회, 국제회의용역업체 혹은 여행사, 호텔간의 원활한 의사소통이 필요하다.

호텔 등 숙박지 선정에 있어서 중요한 사항은 위치와 합리적인 가격이다. 회의나 행사장에 근접하여 참가자의 경제적 사정을 감안한 장소 선정이 무엇보다도 중요하기 때문이다. 그리고 참가자의 숙박신청서나 등록서를 통해 숙박신청 상태를 파악, 객실을 블록(block)하고 예상보다 객실이 필요하지 않으면 객실블록을 해제(cut off day)하거나 행사 2~6주 전에 해지해 주어야 한다. 객실 배정시에는 분쟁 당사국이나 감정대립 국간의 참가자를 고려하여야 하며, 무엇보다도 가격설정을 호텔과 합리적으로 협상하고 장기 사전예약으로 인한 불합리함이 없도록 해야 한다.

숙박서비스는 숙박지 선정→ 협상→ 객실블록→ 객실블록 해제→ 객실배정→ 숙박료 지급 등의 순으로 진행된다.

〈표 Ⅱ-9〉 숙박시설 선택시 결정 속성

숙박시설 속성	Market Probe International	M. A. Bonn & J. N. Boyd
과거 해당호텔의 이용 경험	○	
객실의 수, 규모, 질	○	○
회의실의 규모, 질	○	
가격		○
가격의 융통성(우대할인율)	○	
대금지급절차의 간소화	○	
식사의 질	○	
종사원의 태도	○	○
종사원의 회의처리 능력	○	
체크인/체크아웃 절차의 간편	○	○
쇼핑의 용이성	○	
공항과의 접근성	○	○
교통수단 이용에 편리한 여건	○	○
야간 유흥	○	○
이벤트 행사		○
서비스의 질		○
스위트룸의 수, 규모, 질	○	
시설물의 최신성	○	

자료 : 김성혁, 「컨벤션산업론」, 백산출판사, p.137, 2002에서 재인용.

호텔의 시설유형을 보면 첫번째 도심호텔은 도시 중심부에 위치하여 있어서 접근성이 우수하고, 각종 편의시설을 갖추고 있기 때문에 회의 장소로서 적합한 곳이다. 또한 도심 내에 위치하고 있는 관계로 참가자들에게 많은 볼거리를 제공해 준다.

두번째 공항호텔은 회의참석시 항공기의 사용이 과거보다 더욱 빈번해짐에 따라 공항과 인접한 호텔 내의 회의장이 인기를 모으고 있다. 공항주변의 호텔 내의 회의장시설은 대부분 대규모 회의를 위한 것이라기보다는 중·소규모의 회의를 위해 건립된 경우가 많다.

　　세번째 리조트호텔은 회의참가 또는 비즈니스여행과 더불어 휴가여행을 즐기는 형태가 증가함에 따라 회의와 여가를 함께 즐길 수 있다는 점에서 이용빈도가 증가하고 있는 추세에 있다.

　　마지막으로 교외호텔은 호텔 내에 머물면서 비즈니스를 함께 진행하고자 하는 회의 참가자들의 욕구를 충족시킬 수 있는 공간으로서 회의기획자들에게 인기있는 호텔형태에 해당된다.

　　따라서 호텔 내에 있는 회의시설을 이용하고자 할 때에는 회의참가자들의 성격과 특성을 충분히 고려하여 적절한 장소에 있는 호텔의 회의장을 수배하여야 할 것이다.

제3절　기타(교통, 쇼핑센터 등)

　　교통은 항공이용과 도착 후 현지교통으로 구분할 수 있다. 먼저 항공이용은 해외 참가자의 주요 교통서비스 수단이므로 공식 항공사를 지정하는 것이 좋다. 항공사 지정은 항공사 측에 판매수익 증대와 화물수송권 획득, 그리고 홍보의 기회를 제공하여 주게 되므로 주최측에서는 항공료나 화물수송료 등 가격할인과 개최지 홍보물 제공 등 여러 가지 회의관련 편의서비스를 기대할 수 있다. 그리고 도착 후 현지교통을 위해 주최측은 참가자에게 공항과 호텔간의 교통편을 제공하거나 정보를 제공해야 한다. 입출국시에는 행사요원을 공항에 배치하여 참가자를 안내토록 하고, 주요 행사장 간에 셔틀버스를 운행하는 등의 교통편의를 제공해야 한다.

　　국제회의 참가자의 수송은 회의 대표자들의 이동을 의미한다. 국제회의가 항공사의 주요 시장이 되고 있기 때문에 항공사로서도 국제회의 참가자들을 수송하기 위해 노력을 경주하고 있다. 항공사가 회의기획자들에게 제공할 수 있는 편익은 비용분석과 컴퓨터서비스, 촉진지원, 회의전·후 관광, 공항 Hospitality Room, 예약확인 데스크, 특별수하물 취급, 수하물 검색대 설치, 개최지 현장답사 지원 등이다.

오늘날에는 해외의 국제회의 행사가 빈번하고 국내에서도 국제회의 시장규모도 커지고 있어 이 시장에서 우위를 차지하기 위한 항공사간의 경쟁이 치열하게 전개되고 있다. 이러한 회의시장을 겨냥하여 항공사별로 다양한 프로그램과 상품을 개발하고 있기 때문에 회의기획자 등 회의참가자들의 교통을 담당하는 쪽에서는 이러한 항공사의 현실을 파악하여 적절한 가격과 다양한 혜택을 받을 수 있도록 해야 할 것이다.

그리고 국제회의 참가자들이 회의 이외의 시간을 잘 보낼 수 있도록 쇼핑센터와 골프장 등의 편의시설에 대한 자세한 안내와 예약을 병행하여주는 세심한 배려가 필요하다. 왜냐하면 회의 참가자들은 회의만을 위해서 오는 것이 아니라 회의가 개최되는 지역에서 기념이 될 만한 물건을 사기도 하고, 여가시간을 이용하여 골프 등의 레저스포츠를 즐기는 데에도 많은 시간을 투자하고 있는 실정이기 때문이다.

EVENT MANAGEMENT

제 5 장

국제회의산업의 효과

제1절 경제적 효과

국제회의 내지 국제회의산업의 경제적 효과란 '국제회의 개최국 또는 개최지역에서 국제회의 개최로 인하여 그 국가 또는 지역 국민경제에 나타나는 부와 소득의 순증감에 영향을 미치는 요인으로 편익적 요인(beneficial factors)뿐만 아니라 비용적 요인(cost factors)까지도 포함한다. 이러한 편익적 요인과 비용적 요인은 각각 1차적인 편익과 2차적인 편익, 1차적 비용과 2차적 비용으로 구분된다. 여기서 1차적 편익·비용으로 나누는 기준은 국제회의 개최로 나타나는 편익과 비용을 인위적으로 국제회의산업과 직접적으로 관련된 산업과 간접적으로 관련된 산업으로 나누고, 직접적으로 관련된 산업에서 나타나는 편익·비용을 1차적 편익·비용이라 하고, 후자에서 나타나는 비용·편익을 2차적 비용·편익으로 구분한다. 비용과 편익을 이렇게 구분하는 것은 국제회의산업 효과의 관련성에 의한 것이다.

한편, 국제회의 또는 국제회의산업의 경제적 효과는 미시적 효과와 거시적 효과로 나눌 수 있다. 전자는 국제회의산업이 국민경제에 미치는 효과를 국민경제주체 특히, 국제회의산업을 구성하고 있는 개별기업을 중심으로 다루는 것이며, 후자는 국제회의산업으로 인해 국민경제 전체에 미치는 효과에 초점을 두고 분석하는 것이다.

<표 Ⅱ-10> 국제회의산업의 경제 파급효과 산업범위

관련 산업분야		업 종
직접 관련분야		항공업, 호텔업, 여행업, 요식업, 운송업, 쇼핑업 등
간접 관련 분야	정보서비스업	소프트웨어, 정보처리, 정보제공서비스 등
	지식서비스업	디스플레이업, 디자인업, 기계설비업 등
	물품임대업	사무용기기 임대업, 컴퓨터기기 임대업
	기타 서비스업	상품검사업, 경비, 경호업 등

1. 국민경제 발전

국민경제 발전이라는 개념은 포괄적이고 추상적으로 쓰이고 있기 때문에 이의 구체화가 쉽지 않다. 특히 국민경제의 성장이라는 개념과 발전이라는 개념이 혼용되고 있기 때문에 개념규정의 한계를 가중시키고 있다. 흔히 경제발전이란 인구증가, 자본축적, 기술진보, 새로운 자원의 발견, 사회구조의 변동, 해외시장의 획득과 상실 등에 기인하여 생산력의 양적 성장과 경제구조의 질적 변화가 나타나는 것을 의미한다. 국민경제적 발전수준의 측정은 양적 성장과 질적·구조적 지표인 소비구조, 산업별 구성비, 조세부담률, 사회간접자본에 대한 투자율, 교육수준 등이 활용되고 있다.

따라서 국제회의산업의 경제적 효과로서의 국민경제 발전이란 국제회의 개최로 인하여 국민경제가 양적으로 증가하는 현상 즉 국민경제의 성장과 질적·구조적 변화상태 및 과정을 의미한다. 따라서 국제회의산업의 국민경제 발전에 대한 기여와 비중은 여러 가지 양적 지표와 질적·구조적 지표를 통해 측정될 수 있으며, 국제회의산업은 외화획득, 고용창출, 재정수입증대, 국제수지개선 등을 통해 국민경제 발전에 기여한다. 뿐만 아니라 회의참가자와 동반자를 비롯하여 겸목적 관광객의 대량 유치가 가능하므로 관광객 유치로 인한 경제적 효과가 크게 된다.

한편, 국제회의산업의 경제적 효과를 창출하는 원천은 투자지출과 소비지출로 나누어 볼 수 있다. 투자지출은 주로 개최국에서 국제회의를 개최하기 위해 지출되는 여러 가지 투자적 지출을 의미하며, 소비지출은 국제회의 참가자가 지출하는 소비적 지출을 의미한다. 국제회의산업의 경제적 효과에서 보다 중요한 것은 전자보다 후자에 있다. 특히 참가자들의 소비지출은 순목적 관광객에 비해 훨씬 높고 체재기간 또한 길며, 대규모 국제회의 참가자들로부터 획득한 외화는 승수효과를 유발하기 때문에 개최국의 중요한 경제적 원천이 된다.

2. 산업구조의 개선

산업구조의 개선이란 '한 나라 또는 하나의 경제권에서 생산된 경제재의 가치가 1차산업, 2차산업, 3차산업 등의 순으로 그 비중이 높아져 가는 현상 또는 그 과정'을 말한다. Colin Clark은 산업을 1차산업, 2차산업, 3차산업 등으로 분류하고 전체 산업에서 각 산업이 차지하는 비중을 중시하여, 경제가 발전하면 1차산업보다 2차산업의 비중이 높아지고, 한층 더 경제가 발전하면 2차산업보다 3차산업의 비중이 높아진다고 하였다. 그러므로 Colin Clark은 산업구조의 개선을 경제발전의 한 형태로 보고 산업구조의 고도화를 산업구조 개선과 연계시켜 설명하고 있다.

국제회의산업은 일련의 산업구조 변화 즉 중량확대에서 경량축소로의 변화, 대규모 공장에서 소규모 지식산업으로의 변화, 하드(hard)에서 소프트(soft)로 산업을 이동시키는 관계로 인해 중요한 산업구조 개선 수단으로 각광받고 있다.

이러한 산업의 구조적 변화로 인하여 각종 노하우를 축적함은 물론 나아가 이를 통해 새로운 노하우가 창출된다. 특히 국제회의는 참가자, 주최자 등의 관계자와 개최지역의 관계자가 여러 가지 정보를 직접적으로 교환하는 시스템이다. 직업의 전문화와 업무의 세분화가 이루어진 현대 경제사회에서 이같은 교환시스템은 이른바 첨단과학적인 새로운 노하우를 창출하기 위한 수단이 된다. 국제회의는 개발도상국이 선진국의 대열에 진입하기 위해 그들의 노하우를 직접적으로 수용하는 계기가 되며, 국제협력과 산업발전에 필수적인 역할을 하고 있다.

이와 같이 국제회의와 국제회의산업은 산업구조의 고도화 실현을 위한 수단이며, 보다 높은 경제적 가치를 창출하기 위한 수단으로 개최국의 경제력과 생산력 향상에 기여한다. 이와 함께 국제회의산업은 국제회의전문업(PCO), 호텔, 항공사, 여행사 등 서비스를 상품의 주된 구성요소로 하는 3차산업으로 산업구조를 전이시킴으로써 경제적인 가치 증대에도 기여한다.

3. 지역경제 활성화

국제회의산업의 발전으로 기대할 수 있는 또다른 효과는 지역경제의 활성화와 지역의 국제화다. 국제회의는 참가자와 개최국 국민이 직접적으로 교류함으로써 지식과 정보가 교환되고, 개최국 국민이 국제적 환경을 경험하고, 나아가 지역의 국제화를 이룩할 수 있는 기회가 된다. 국제회의시설은 건설단계에서 개장에 이르기까지 많은 인력과 재원을 필요로 하는 거대한 사업이므로 지역경제에 커다란 영향을 미친다. 국제회의산업은 국제회의 개최와 관련하여 각종 소비활동이 확대되므로 관련산업의 발전을 촉진시키며 국제회의 유치, 계획, 운영 등이 지속적으로 반복됨으로써 개최지 각 부문에서 다양한 역할과 능력을 향상시킬 수 있다.

제2절 사회문화적 효과

1. 상호이해 증진

국제회의는 회의 개최국 국민과 여러 국가의 회의참가자가 만나는 장이므로 인적·문화적 커뮤니케이션을 기대할 수 있다. 국제회의 개최국은 자국의 사회·문화적 특성을 이해시킬 수 있는 기회가 되므로 국가간 상호이해를 증진시킬 수 있다. 국제회의는 문화 대 인간의 커뮤니케이션을 증대시키는 요인으로 작용하므로 국제회의산업의 발전으로 인하여 국제회의 개최국, 회의 참가국 및 참가자의 상호이해 증진을 기대할 수 있다.

문화 대 인간의 커뮤니케이션이란 서로 다른 문화권에 속해 있는 사람들의 대인 커뮤니케이션(interpersonal communication), 예컨대 국제회의 참가자와 회의개최국 진행자와의 커뮤니케이션, 외래관광객과 관광목적지 안내원 사이의 커뮤니케이션, 유학생과 대학 교수와의 대화 등이 이에 포함된다. 이러한 커뮤니케이션은 교통 및 통신수단의 발달과 이로 인하여 국가간 교류가 증대함에 따라 더욱 빈번하게 이루어진다. 문화 대 인간의 커뮤니케이션 증대로 인하여 나타나는 효과는 긍정적 효과와 부정적 효과로 나눠 볼 수 있다. 긍정적 효과는 커뮤니케이션의 결과 문화적으로 상이한 국가 또는 민족 사이에 상호이해가 증대되는 경우이고, 부정적 효과는 서로 다른 언어와 문화, 문화적 편견 등으로 인하여 오해와 왜곡이 확대되는 경우다.

Richard Porter는 문화 대 인간의 커뮤니케이션에 영향을 미치는 요인을 태도, 사회조직, 사고방식, 역할, 언어, 공간적 거리, 시간, 비언어적 표현 등 여덟 가지로 제시하고 있다. 국제회의는 문화 대 인간 커뮤니케이션의 여러 요인이 작용하는 현상이라고 할 수 있으며, 여러 요인이 작용하는 구체적 상황에 따라 회의 참가자간의 상호이해의 정도는 달라진다. 긍정적인 문화 대 인간의 커뮤니케이션 영향이 가장 중요한 요인이라 할 수 있다. 이외에도 국가간 상호이해 결여에 영향을 미치는 요인에는 사회·경제적 발전수준의 차이로 인한 물적 교류가 부족한 경우에 나타난다. 국제회의 및 국제회의산업의 발전은 물적 교류의 장애요인으로 지적되었던 사회·경제적 발전수준의 차이와는 무관하게 인적 교류를 증대시키는 계기가 된다.

국제회의산업 육성은 국가간 상호이해를 증진시키는 데 있어 필수적이다. 결국 국제회의 개최와 이로 인한 국제회의산업의 발전은 개최국의 사회·문화에 대한 회의 참가자들의 이해를 통해 국가간 상호이해를 증진시키며, 개최국의 국가적 측면에서는 자국의 국익신장에 기여할 뿐만 아니라 국제적 지위 향상에도 기여한다.

2. 홍보효과

국제회의는 그 규모나 성격면에서 적어도 2개국 이상 수십 개국의 대표들이 대거 참여하므로 개최국과 개최지에 대한 홍보를 전세계적으로 확산시킬 수 있으며, 국제회의 참가자는 각 분야에서 영향력이 있는 지도자들이기 때문에 개최국의 국제적 지위 향상, 문화교류, 민간차원의 외교 등의 효과를 기대할 수 있을 뿐 아니라 국가의 홍보효과를 기대할 수 있다. 또한 회의 참가자들은 귀국 후 주위의 동료, 친지, 관련단체, 주요 인사들과의 만남에서 국제회의 개최국 또는 개최지에 관한 내용을 화제로 삼으므로 홍보효과를 한층 높일 수 있다.

나아가 국제회의 개최는 개최지의 국제적 위상을 제고하기 위한 수단이 된다. 특히 개최지가 가입하고 있는 국제기구 내에서의 지명도 제고와 주최단체의 임원 피선에 의한 의사결정 참여 등을 통해 소속기관의 권익신장과 이익옹호를 가능하게 할 뿐만 아니라 국제사회에서의 개최국의 역할과 영향력을 증대시킨다.

국제회의산업은 관광홍보 효과가 크다는 점도 무시할 수 없다. 이는 회의참가자들을 대상으로 한 직접적인 홍보효과도 있지만, 국제회의 관련사항의 국내외 보도나 방송매체를 통해 잠재 관광시장에 대한 홍보가 이루어지기 때문이다. 행사 자체는 개최지의 문화, 자연경관, 풍물 등을 함께 보여줌으로써 다른 지역 또는 국가의 사람들로 하여금 관광 방문의 의욕을 불러일으키는 효과를 얻을 수 있다.

그리고 국제회의에 참가하는 각국 대표들은 해당 국제회의의 내용이 참가자 자신과 밀접한 관련성을 가지고 있으며, 통상 회의 개최지는 수년 전에 결정되기 때문에 일반 관광객들과는 달리 개최국에 대해 비교적 충분한 준비기간을 가지고 관심사항에 대한 자료나 정보를 수집하게 되므로 개최국의 이미지 전달이 자연스럽게 이뤄진다. 또한 이들은 개최국에 오기 전에 자신의 방문에 따른 제반사항을 주위 동료, 친지, 관련단체, 주요 인사들과 접촉하면서 많은 의견을 교환하게 된다. 뿐만 아니라 국제회의 참가자들은 관광동반자 행사와 회의 전·후 관광을 통해 개최국의 관광상품과 고유의 문화, 전통, 풍습 등에 대해 소개받고 인상적으로 얻은 지식이나 느낌을 귀국 후 주위에 전하게 된다.

이를 통해 자연스럽게 개최국 홍보효과가 나타나게 되어, 개최국 이미지 부각과 함께 잠재관광객이 관광행위로 옮기도록 부추기게 된다.

3. 문화적 효과

각종 국제회의가 개최되는 빈도가 증가하면 그에 따라 각 관련분야의 발전은 물론 개최지 주민의 자부심 및 지식수준 향상 등을 도모할 수 있으며, 각종 시설물의 정비, 교통망 확충 등에 광범위한 파급효과를 가져올 수 있다.

국내외로부터 많은 사람들이 모이므로 회의에 직접 필요한 시설뿐만 아니라 쾌적한 분위기의 확보가 필요하게 됨으로써 사회기반시설의 정비, 제반관계시설의 설비 및 정비가 추진되어 결과적으로 지역주민의 생활환경을 보다 윤택하게 만든다.

또한 국제회의 개최는 외국으로부터 다수의 관계자들이 회의 개최지로 모이는 계기가 되므로 국제회의 개최기간 중 개최지를 중심으로 복합문화공간이 형성된다. 새로운 정보를 직접 접할 수 있고, 그 결과 회의장은 정보의 중심지가 되어, 지역활성화에 도움이 된다. 그리고 회의 참가자와 지역주민이 함께 어울리는 장소, 즉 국제친선, 국제교류의 장소가 되어 문화적으로 긍정적인 효과를 거둘 수 있다.

제3절　정치적 효과

　국제회의산업은 외국과 직접 교류하여 지식 및 정보의 교환, 참가자와 일반국민과의 교류를 촉진함으로써 일반국민들의 국제감각이 향상되고 나아가서 개최지역의 국제화가 이루어지게 만드는 수단이 된다. 아울러 그 지역의 다양한 기능을 정비하고 향상시킴으로써 국제도시로 성장해 나가는 계기가 될 수 있다. 그리고 국제회의 관련분야의 국제화 내지 질적 향상은 물론 일반국민의 의식수준 향상을 기대할 수 있다.

　지역의 고유문화 및 풍물이 국제회의를 전후하여 소개됨으로써 지역 홍보 및 이미지 향상에 기여하며, 부분적으로는 지역민의 공유목표가 설정됨으로써 지역정체성을 제고시킬 수 있다. 그리고 국제기구 내에서의 지명도 제고와 주최단체의 임원 피선에 의한 의사결정 참여 등 소속기관에 대한 자국의 권익신장과 이익보호도 가능해진다.

　그리고 국제회의는 통상 수십 개국에서 각 분야에 영향력 있는 고위 지도급 인사들이 참가하기 때문에 개최국의 국제적 지위향상과 함께 민간차원의 외교, 나아가서는 미수교국 대표와 교류기반을 조성하는 등 국가 외교차원에서도 다각적인 효과를 거둘 수 있다. 이는 궁극적으로 국제적 입지향상을 가져와 국제협력 등 다양한 분야에서의 국제교류시 이점으로 작용할 수 있다.

　이러한 국제회의산업의 정치적 효과는 국제회의가 단순히 산업적 차원에서 뿐만 아니라 국가간 정치적 교류 확대를 위한 메커니즘이라는 맥락에서 파악할 수 있다.

　국제회의산업에서 회의 참가자들의 공간적 이동은 여러 가지 효과를 유발한다. 국제관광과 국제회의는 인적 교류를 확대시킬 수 있으며, 국제사회체제 내에서 국제회의 개최 및 국제회의산업발전으로 인한 정치적 효과로서 국가간 정치적 협력관계는 1차적으로는 국제회의 개최국과 참가국 사이에서, 그리고 2차적으로는 국제회의 개최국과 비참가국과의 관계에서 파악할 수 있다.

국제회의를 개최하는 국가와 참가하는 국가간에는 공식적인 외교관계를 수립하고 있는 경우가 대부분이지만, 미수교국이나 비동맹국의 대표도 참가할 수 있으므로 외교정책적 측면에서 보면 국제회의 개최국과 미수교국 사이에 상호이해를 추구하는 커뮤니케이션이 발생함에 따라 점진적으로 양국 또는 다수국간에 외교관계 수립의 계기가 되는 경우도 있다.

제4절 기타 효과(관광진흥 등)

국제회의산업은 관광산업과 직접적으로 관계를 맺고 있다. 특히 국제회의 개최시에는 회의전후 관광이나 배우자 동반관광이 일반화되고 있어 관광비수기 타개의 주요한 수단이 될 수 있다.

그리고 국제회의 참가자는 항공편을 이용하고 유흥과 쇼핑 등을 즐기므로 국제회의산업은 관광관련 산업의 발전에 직·간접적으로 기여하는 바가 크다.

국제회의는 대량의 관광객을 유치하는 효과를 기대할 수 있다. 여행목적과 일정, 그리고 취향이 다양한 개별 일반 여행객과는 달리 국제회의 참가자는 다양한 지역의 여행객들이 동일목적을 가지고 모인다는 특성 때문에 쉽사리 단체관광객을 확보할 수 있으며, 참가자들은 해당 국가의 고위층 인사들로서 비교적 생활수준이 높은 편이기 때문에 그에 따른 경제적 효과도 크다.

그리고 국제회의 참가자들은 일반 관광객에 비해 체류기간이 길기 때문에 그에 따른 여러 가지 효과를 기대할 수 있다.

국제회의는 여타 관광상품과는 달리 계절이나 기후 등 자연조건의 영향을 비교적 덜 받기 때문에 관광 비수기를 타개하는 대안으로 고려

될 수 있다. 대부분 행사가 실내에서 치러지기 때문에 자연조건에 크게 구애받지 않는다는 이점이 있으며, 회의주제는 계절적 특성이 아니라 주최단체의 성격이나 시의성에 따라 설정되기 때문이다. 그러므로 국제회의를 관광 비수기에 개최하거나 비수기에 개최되는 국제회의를 유치함으로써 관광객의 계절적 수요편중 현상을 해소시켜 나갈 수 있다.

〈표 II-11〉 일반 관광객과 국제회의 참가자간의 비교

구분	총 입국자수	외래 관광객	국제회의 참가자	국제회의 참가자/외래 관광객
입국자(명)	1,659,000	1,594,500	64,500	3.9%
총외화수입	15억 4700만달러	14억 5670만달러	9,020달러	5.8%
평균 소비액	932		1,398달러	115%
평균 체재일수	5.5일		7.2일	130%

주) 평균소비액은 1인당 평균소비액을 의미함.
자료 : 김의근, "제주지역 국제회의산업 육성에 관한 연구", 경기대학교 박사학위논문, 2000, p.50.

다시 말해서 국제회의의 개최는 숙박, 쇼핑, 수송 및 관광으로 이어지는 파급효과(spill over)가 광범위 하며, 개최지에 미치는 긍정적인 효과가 매우 크다. 더욱이 컨벤션산업은 비수기를 타지 않아 순수 관광객의 발길이 끊기는 비수기에도 수요를 창출할 수 있는 이점이 있다.

EVENT MANAGEMENT

부 록

부록1 이벤트 기획 용어

다음의 용어들은 이벤트 현장에서 많이 사용되는 용어들이다.

▌감정적 소구(Emotional Appeal)

소비자들의 마음을 움직이기 위한 광고 메시지의 한 유형으로서 소비자들의 특별한 감정에 호소하는 방법. 합리적 소구가 계산과 논리를 통하여 가능한 한 객관적 근거를 제시함으로써 소비자들의 합리적 판단을 유도하는 것이라면, 감정적 소구는 언어자극이나 시청각적 자극을 통해서 소비자들의 심리적이거나 사회적인 욕구를 자극함으로써 광고대상에 대하여 좋거나 싫은 감정을 느끼게 하려는 것이다. 예를 들면 자존심이나 경쟁심을 자극하여 이기적 행동을 하게 하거나 사랑, 우정, 아름다움을 통하여 이타적 행동을 유도하며, 공포심, 죄의식, 수치심 등의 감정을 자극하여 바람직하지 않은 행동을 피하게 하는 방법을 말한다.

▌경품(Sweepstakes)

경품은 콘테스트와 유사하나, 소비자를 우월성을 기준으로 하여 평가하지 않는 것을 말한다. 당첨자는 모든 응모권 내에서 추첨으로 결정되며 이름, 번호 등의 몇 가지 요구된 정보를 신청서에 기재해서 보내면 된다. 경품의 형태는 응모한 사람 전체에서 추첨을 하거나 선정을 해서 당첨자를 뽑는 직선적 경품이 있고, 번호나 상징물을 매체를 통해 나누어주고 먼저 선정된 상징체나 숫자를 응모한 사람의 것과 맞추어 당첨자를 뽑는 방법이 있다. 당첨자는 정답을 응모한 사람 중에서 무작위로 뽑게 된다. 사례를 보면 '창립 40주년 기념 경품 대잔치', '해외 수출 1조 달성 소비자 감사 대잔치' 등을 들 수 있다.

▌고객만족 경영(Customer Satisfaction Management) - CSM

고객의 심적 사고를 바탕으로 하여 모든 경영활동을 전개해 나가는 새로운 경영조류의 하나다. 고객만족(CS)이란, "고객이 제품 또는 서비스에 대해 원하는 것을 기대 이상으로 충족시켜 감동시킴으로써 고객의 재구매율을 높이고, 그 제품 또는 서비스에 대한 선호도가 지속되도록 하는 상태"를 일컫는다.

▌광고(Advertising)

광고는 매체에 돈을 지급하고 인적 매체를 통하지 않고 다른 매체를 통해 기업 또는 제품과 서비스의 정보를 알리는 형태의 의사소통 수단을 말한다.

▌기업이미지 통합(Corporate Identity) - CI

'기업이미지에 관한 종합적인 전략'이라는 의미로서, CI는 기본적으로 기업에서 발신하는 모든 정보를 총괄적으로 컨트롤 해서 소비자에게 잠재적인 이미지를 확고히 심어, 기업의 이해를 촉진하고 소비자가 구매시에 정착된 이미지가 발휘되도록 함으로써 자사 제품의 구매로 연결되도록 하는 전략이다.

▌니즈(Needs)

이벤트에서 니즈는 광범위한 내용을 포함하고 있다.

필요, 수요, 요구, 욕구 등의 의미로 쓰이는 개념으로, 새로운 컨셉트를 추출할 때 이러한 니즈는 다양하게 발상을 전환시키는 역할을 한다.

▌다이렉트 마케팅(Direct Marketing)

측정할 수 있는 반응이나 어떤 지역에서의 거래에 영향을 미치게 하기 위해 한 개 또는 복수의 광고매체를 사용하는 상호적인 마케팅활동. 직접우편(Direct Mail), 우편 주문(Mail Order), 텔레마케팅(Tele Marketing) 등을 들 수 있다.

▌동선계획(Circulation Planning)

이벤트가 진행되는 공간에서 참가자(Target), 출연자, 스태프(Staff), 시스템, 기타 구성요소 등이 최고의 효율로 움직이는 거리, 또는 그 움직이는 자취를 나타내는 가상의 선(線)을 수립하는 계획. 이벤트에서 동선계획은 참가자의 집결 및 안내, 퇴장계획에서 연출을 위한 소품의 이동계획까지 기획단계에서 최대의 효과를 얻을 수 있도록 세밀하게 수립하여야 한다.

기획이 단순히 페이퍼(paper) 작업이 아니고 하나의 흐름을 연출하는 그림을 그려야 한다는 말은 바로 이 동선계획을 두고 한 말이다.

▌ 라이프사이클(Life Cycle)

살아 숨쉬는 인간 또는 동물의 탄생에서 성장, 죽음까지의 과정과 새로운 상품의 생산에서 유통마케팅 폐기까지의 과정을 말한다.

▌ 라이프스타일(Life Style)

각계 각층의 사람들의 생활양식 또는 행동방식. 라이프스타일은 나이에 따라, 남녀 성별에 따라, 각자 자라온 환경에 따라, 같이 생활하는 가족이 추구하는 목적에 따라 다르게 된다.

▌ 레이아웃(Layout)

편집, 인쇄 등에서 사진, 문자, 그림, 기호 등 이벤트 구성요소를 지면에 효과적으로 배열하는 것을 말한다.

▌ 리플렛(Leaflet)

광고, 홍보용 인쇄물로 보통 1장으로 된 것. 철(綴)한 것은 전단이라고 하지 않는다.

▌ 마케팅(Marketing)

기업이 경쟁하에서 생존과 성장목적을 달성하기 위하여 소비자를 만족시키는 제품, 가격, 유통, 촉진활동을 계획하고 실행하는 모든 관리과정

① 고객이 누구이고 그들이 원하는 것이 무엇인지를 발견하는 것.
② 고객의 욕구를 만족시킬 수 있는 제품을 개발하는 것.
③ 그 제품을 고객이 소유하게 만드는 것 등에 목표를 둔다.

이벤트에서 마케팅의 개념은 기업이익이나 PR 등의 확고한 목적을 가지고 치밀하게 사전에 계획하여 이벤트 현장에 참가한 사람을 대상

으로 실행하는 모든 활동을 말한다.

▌마켓셰어(Market Share)

시장점유율. 특정 제조업자 또는 판매업자의 제품 매출액이 산업전체의 매출액에서 차지하는 비율을 의미한다.

▌매뉴얼(Manual)

이벤트 진행에 없어서는 안될 운영계획서로서 행사내용, 진행동선, 인력, 물자, 시스템 등 이벤트의 모든 구성항목의 세부적인 운영방법을 실행이 가능하도록 작성한 것을 말한다. 행사에 맞게 연출자용, 스태프용, 진행요원용으로 매뉴얼을 구분하여 효율적으로 작성하기도 한다.

▌Movable Stage

무대가 없는 장소(광장, 체육관, 연회장 등)에 필요에 따라 설치하는 조립무대로서 규격품으로 되어 있어 여러 개를 가로, 세로로 연결함으로써 무대크기를 자유롭게 조정할 수 있다.

▌부스(Booth)

박람회, 전시회에서 설치하는 관람을 위한 작은 방

▌BI(Brand Identity)

브랜드의 이미지를 전략적으로 기획하고 구상하는 것

▌브리핑(Briefing)

이벤트를 추진하기 위해 주최측이나 스폰서, 그리고 협력기관 등에 이해를 돋구고 협력을 이끌어내기 위해 설명하는 행위

▌브로셔(Brochure)

이벤트나 컨벤션, 전시회의 개최 취지나 의의, 목적을 밝히고 참여하면 어떤 이점이 있는지 취급자 또는 취급창구를 명시한 것으로, 팸플릿보다 고급스러운 것

▌Side Event

본 행사 외에 근접한 곳에서 본 행사와 관련된 행사가 이어질 때 사용하는 용어

▌ 상표/브랜드(Brand)

특정 판매업자의 제품이나 서비스를 다른 판매업자들로부터 식별하고 차별화시키기 위하여 사용되는 명칭, 말, 상징, 기호, 디자인, 로고와 이들의 결합체(상표명, 상표마크, 등록상표 등이 있음).

▌ 상표인지도/브랜드인지도(Brand Recognition Level)

소비자가 기업이 판매 혹은 제공하는 상표명에 관하여 기억 혹은 구별하는 정도를 말한다. 즉 소비자가 구매하고자 하는 상품에 대해 약간의 지식은 있지만, 어느 특정 상표를 고집하거나 선택하려는 의도가 없는 경우를 말한다.

▌ 소구/어필(Appeal)

소비자나 타깃에게 호소해서 상품을 구매하게 하거나 애호심을 갖게 하는 것이다.

소구전략에서는 누구에게 소구할 것인가를 신중히 검토해야 하며, 소구대상에게 상품의 어떤 특징과 편익을 셀링포인트로 강조해야 고객의 마음을 움직여 구매하도록 할 것인가 하는 소구점을 결정해야 한다.

▌ 소구점(Appeal Point)

광고나 이벤트에서 상품이나 서비스의 특징 중 소비자에게 가장 전달하고 싶은 특징

▌ 스폰서(Sponsor)

이벤트를 직접 기획하거나 진행하지 않고 행사취지와 목적에 대해 동의하고 후원하는 기업이나 단체. 이벤트를 후원하는 경우는 그 기업이나 단체의 Image 제고나 제품 PR을 목적으로 기부금을 내거나 자사제품을 지원한다.

방송이나 광고에서는 광고주(client)의 의미로도 사용되지만, 이벤트에서는 후원자의 개념으로 사용한다.

▌ 시너지 효과(Synergy Effect)

시너지는 상승효과의 최적화를 뜻하는 개념으로서, 기업합병이나 경영다각화 등 기업경영의 전략으로서 규모의 경제 또는 성장의 경제를

구체화한 결정기준을 시너지전략이라고 한다. 시너지전략에 있어서 투입에 대한 산출효과를 시너지 효과라고 하며, 소위 2 + 2=5의 효과를 말한다.

▌시장조사(Marketing Research)

상품과 서비스의 마케팅에 관한 모든 문제의 해명에 필요한 자료를 조직적으로 수집, 기록, 분석하는 것. 이에는 시장실사와 시장분석이 포함되며, 보조적인 조사로 매출액분석, 소비자조사, 광고조사 등이 있다.

▌LCD Project

흔히 액정 프로젝터라고 많이 불린다. 이벤트에서 가장 많이 사용하는 프로젝터

▌예산(Budget)

이벤트 진행에 필요한 자금을 계산하는 일. 아무리 좋은 전략이나 목적을 가지고 컨셉트와 테마가 훌륭한 이벤트 기획이라 할지라도 이에 맞는 예산의 확보나 조달이 어려우면 소용없는 일이다. 기획자는 이러한 점을 충분히 고려하여 클라이언트와 최종적인 수입과 지출의 균형을 충분히 고려한 후 사전에 추진예산을 세밀하게 계획하는 것이 중요하다. 또한 주어진 예산을 갖고 최대한 효과를 얻을 수 있는 이벤트를 기획하는 것도 기획자의 능력이다.

▌OB Van(Outside Broadcast Van)

TV 녹화시설을 갖춘 야외 녹화용 차량

▌오리엔테이션(Orientation)

클라이언트(client)가 기획자에게 이벤트를 의뢰할 때 기획의 기본적인 의도를 설명하는 행위. 기획의 방향이나 실행에 필요한 요소를 설정하는 이벤트 기획 입안의 첫 단계이다. 주최자가 왜 이벤트를 하려는지, 목적이 무엇인지, 대상은 누구인지, 기획의 전제조건이나 작업내용을 협의하는 과정으로 기획을 세우는 중요한 시작이며, 기획을 이해하는 중요한 key가 된다.

▌ 운영계획서

기본계획서를 토대로 하여 클라이언트와 최종 협의한 내용으로 이벤트 전반에 걸친 운영사항을 자세히 기재한다.

▌ 의견 선도자(Opinion Leader)

특정 주제에 관하여 전문성과 지식을 보유하고 있는 사람으로 제품 구매시 대부분의 다른 소비자들에게 영향을 줄 수 있는 사람

▌ 이미지(Image)

사전적인 의미로 어떤 사물이나 사람에게서 받는 인상. 이미지를 형성하는 것을 이미징(imaging)이라고 하며, 최근에는 기업이나 상품에 대한 좋은 인상을 만들어내기 위해 기업활동에 많이 이용되고 있다.

▌ 주최(Organize)

이벤트의 기획 및 운영에 관해 중심적인 역할을 담당하고 최종 책임을 지는 기업이나 단체

▌ 직접 우편(Direct Mail) - DM

전단, 견본 등을 우편을 통하여 불특정 다수 고객이나 예상 고객들에게 보내고 그들의 주문에 의해서 판매되는 방식

▌ 집객 유도(集客誘導)

타깃을 이벤트 현장으로 모으는 일. 고객을 동원시키는 요인을 분석하는 것도 이벤트 기획단계에서 아주 중요한 요소가 된다.

▌ 캐릭터(Character)

일반적으로 많은 사람들에게 잘 알려진 특정한 개성을 가진 인기있는 인물, 동물, 심벌을 가리키는 것으로, 예컨대 TV프로에 등장하는 중심적인 인물이나 동물 또는 특정의 심벌을 들 수 있다.

▌ 커뮤니케이션(Communication)

언어, 행위, 문자, 도형 등의 매개로 사람과 사람 사이에 서로 의지, 감정, 사고, 정보 등을 전달하는 일. 라틴어의 comis(공유)와 comnicatus(같이 나누어 갖다)에서 유래되었다. 이벤트(event)를 특히 양방향 커뮤

니케이션(two way communication)이라고 한다.

▌컨셉트(Concept)

일반적으로 개념, 기본적인 사고방식을 뜻하는데 이벤트에서 컨셉트는 대단히 중요한 요소다. 참가자의 공감을 얻고 감동을 일으키는 성공적인 이벤트를 위해서는 이벤트의 전략, 목표, 목적을 명확하게 구분하고 일체화시킨 컨셉트가 필요하다.

▌컴페니언(Companion)

요즘은 도우미(93년 대전엑스포 행사 이후)라고 많이 불린다. 도우미는 기업이나 관공서의 행사 및 이벤트 그리고 각종 전시회나 박람회 등에 참여하여 상품 이미지나 업체의 이미지를 일반 고객에게 전달하거나 안내를 도와주는 사람으로 행사장의 얼굴이라고 할 수 있다. 각종 전시회나 행사업체 상품을 설명하는 나레이터도 도우미와 같은 개념이라고 볼 수 있다.

▌타깃(Target)

제한된 자원으로 소비자를 만족시키기 위해 자사의 제품이나 서비스에 가장 효과적으로 접근해서 목표를 달성시키기 위해 선정하는 목표 시장내의 잠재고객 또는 이벤트 대상

▌테마(Theme)

사전적인 의미로 창작이나 논의의 중심 과제나 주제. 이벤트에서 테마 선정은 행사기획과 진행의 흐름에 큰 영향을 주기 때문에 컨셉트를 추출한 후 신중하게 결정한다.

▌Task Force Team

원래 군대 용어로서 특수 임무 부대를 가리키나, 이벤트에서는 해당 이벤트의 성격에 맞는 사람들을 회사 내외에서 골라 조직하는 팀으로 1차적 요소는 전문성과 순발력, 그리고 기획력이다.

▌통합적 마케팅 커뮤니케이션
(Integrated Marketing Communication)

활용 가능한 매체의 기회와 장점을 상호 보완적으로 극대화시켜 체

계화·조직화하는 것. 즉, 소비자와의 접촉을 극대화시키는 커뮤니케이션 수단.

▌툴(Tool)

이벤트에 사용되는 기구나 장비. 예를 들어 공기막 구조물, 게임기구, 대형 제작소품 등을 말한다.

▌Pavilion

가설 건축물인 대형 천막을 뜻하는 개념으로 박람회에서 각 나라 또는 참가 기업들이 독자적인 전시를 하는 건물을 일컫는다.

▌판매촉진(Sales Promotion)

유통업체나 소비자를 상대로 행하는 홍보, 광고, 인적판매, 스폰서십을 말한다. 모든 판매행위의 종합적인 활동(단기간에 많이 행하여 짐)

▌팸플릿(Pamphlet)

페이지 수가 적은 가철(假綴)한 소책자. 영업용이나 상품소개의 인쇄물인 카탈로그도 팸플릿 형식을 취한다. 이벤트에서는 카탈로그보다는 팸플릿이라는 말을 많이 사용한다.

▌팝(POP)광고 - POP

구매시점 진열물(point-of-purchase materials), POP광고 진열(pop advertising displays), 혹은 판매시점 진열(point of sales displays) 등으로 불린다. 그 기능은 상품설명, 보조기구, 매장 안내, 판매능률 촉진, 점내(店內) 분위기 형성, 광고 및 PR의 보조역할 등이다. 줄여서 POP이라고도 한다.

▌패러다임(Paradigm)

사전적 의미에서 사조(思潮)로 이해되기 시작한 것은 1962년 과학철학자 토마스쿤(Thomas-Khun)의 저서 <과학혁명의 구조>에서 처음 언급된 이후부터이다. 패러다임이란 원래 사전적 정의로 테두리, 범례라는 의미인데, 경영학에서는 조직을 지배하는 고정관념이라는 뜻으로 사용되고 있다.

사회의 변화, 경영환경과 시장의 변화, 조직의 변화, 그리고 정보화

시대의 변화를 의미하는 새로운 환경을 나타낸다. 한 시대의 사람들의
견해나 사고를 근본적으로 규정하고 있는 인식의 체계, 또는 사물을 인
식하거나 처리하는 발상법이나 방법론이라고도 할 수 있다.

▌ 퍼레이드(Parade)

어떤 물건이나 사람의 모습 등을 형상화하여 장관을 연출하거나 전
시하면서 진행되는 대중행진으로 축제의 핵심적인 부문으로 기여한다.

▌ 퍼블리시티(Publicity)

기업 자체나 기업이 제공하는 제품과 서비스에 관하여 뉴스나 화제
거리로 다루게 함으로써 고객에게 알려나가는 활동

▌ 퍼블릭 릴레이션(Public Relations) - PR

일반적으로 PR 또는 홍보라고 말하며 광고, 퍼블리시티, 이벤트 등
의 활동수단보다 최상위 개념의 커뮤니케이션 수단이다.

▌ 포지셔닝(Positioning)

타사의 경쟁제품에 비해 자사제품의 경쟁적 우위를 확보하기 위하여
소비자의 마음속에 자사제품의 특징적인 이미지를 심어주기 위한 활동

▌ 프레스룸(Press Room)

올림픽·엑스포·월드컵·컨벤션 등에서 행사기간 동안 방송·신문
등의 보도 관계자에게 보도의 편의를 제공하여 주기 위해 마련하는 전
용 사무실. 각종 경기의 결과나 행사 등을 신속히 보도하기 위한 시설
(텔렉스·컴퓨터·전화·팩시밀리 등)이 필수조건이다.

▌ 프레젠테이션(Presentation)

발표, 제안, 설명의 의미로 클라이언트가 의뢰한 이벤트에 대해서 기
획자가 기획의도와 운영방향을 여러 도구나 요소를 사용해서 계획안을
제시, 설명하는 행위. 클라이언트가 의사결정을 하게 하는 커뮤니케이
션의 형태이다.

▌Fly Guy

최근 들어 행사장 분위기 연출에 많이 사용하는 이벤트 툴로서 플라이가이, 꽃가루연출, 조명연출 등이 있다.

▌하수

객석에서 무대를 보았을 때 왼쪽. 연출용어로 무대 좌측을 맡은 스태프를 하수라고 한다. 색지·필터 파라이트 앞에 부착하여 컬러를 결정하는데 사용하는 필터를 말하기도 한다.

부록2 주요 국제회의 관련기구 및 역할

1) IACVB(International Association of Convention & Visitor's Bureau; 국제 CVB협회)

IACVB는 CVB들의 회의와 컨벤션 유치를 위한 정보교환과 회의산업에 종사하는 사람들의 전문적인 능력배양을 촉진하기 위해 1914년에 설립되었다.

IACVB의 회원청은 지방과 지역의 여행/관광관련사업체의 회원으로 구성되어 있다. 이들 회원청들은 컨벤션, 회의, 관광 등 광범위한 영역에서 자신의 지역에서 개최되는 국제회의의 주요 연락 거점장소로서의 역할을 한다.

2) AACVB(Asian Association of Convention & Visitor's Bureau; 아시아 CVB협회)

AACVB는 아시아지역 국제회의 전문기관 및 관련업체의 협력체계 구축을 위해 한국, 싱가포르 등 아시아지역 7개국 NTO가 주축이 되어 1983년에 설립된 기구다.

AACVB는 아시아지역의 국제회의, 컨벤션, 박람회의 진흥을 위해 노력하고 있으며, 주요 활동으로는 국제회의, 전문전시회 참가를 통한 공동 유치활동 전개, 회원국 공동광고, 전문성 제고를 위한 교육세미나 개최 등이며, 우리나라는 1986년 연차총회, 1990년 운영회의, 1996년 연차총회를 개최하는 등 한국의 국제회의 유치 및 마케팅활동을 위해 회원국간 공조체제를 강화해 나가고 있다.

3) IAPCO(International Association of Professional Congress Organizers; 국제 PCO협회)

IAPCO는 오직 PCO만을 위해 1968년에 설립된 협회다. 이 협회는 비영리조직으로서 국제회의 및 국내회의, 컨벤션, 특별행사의 전문조직자와 운영자들을 그 회원으로 하고 있다.

4) ICCA(International Congress and Convention Association)

1910년에 설립되어 네덜란드 암스테르담에 본부를 두고 있다. ICCA는 컨벤션산업의 발상지인 유럽중심의 범세계적 기구로 컨벤션과 관련된 각 분야의 균형적 발전을 통해 컨벤션산업의 성장을 도모하고 있다.

5) UIA(Union of International Associations; 국제회의협회연합)

1910년에 설립되어 벨기에 브뤼셀에 본부를 두고 있다. UIA는 유럽중심의 각종 국제기구, 협회, 단체의 연맹으로서 컨벤션정보 수집기능, 각종 정보자료를 수록한 연감 등 책자발간을 주요 사업으로 하고 있는 학술 연구단체의 성격을 지닌다.

6) PCMA(Professional Convention Management Association)

1958년에 설립되어 미국 버밍햄에 본부를 두고 있다. 대규모 국제회의를 빈번히 개최하는 의료부문 단체들의 관련 정보교환 및 국제회의 개최의 전문성 고취를 위해 책자발간 및 회의산업 관련자들에 대한 교육 등의 활동을 하고 있다.

부록3 국제회의 관련 법률

국제회의산업육성에 관한 법률

制定/ 1996. 12. 30. 법률 제5210호
改正/ 2001. 3. 28. 법률 제6442호

제1조 (목적)

이 법은 국제회의의 유치를 촉진하고 그 원활한 개최를 지원하여 국제회의산업을 육성·진흥함으로써 관광산업의 발전과 국민경제의 향상 등에 이바지함을 목적으로 한다.

제2조 (정의)

이 법에서 사용하는 용어의 정의는 다음과 같다.

1. "국제회의"라 함은 상당수의 외국인이 참가하는 회의(세미나·토론회·전시회 등을 포함한다)로서 대통령령이 정하는 종류와 규모에 해당하는 것을 말한다.

2. "국제회의산업"이라 함은 국제회의의 유치 및 개최에 필요한 국제회의시설, 서비스 등과 관련된 산업을 말한다.

3. "국제회의시설"이라 함은 국제회의의 개최에 필요한 회의시설, 전시시설 및 이와 관련된 부대시설 등으로서 대통령령이 정하는 종류와 규모에 해당하는 것을 말한다.

4. "국제회의도시"라 함은 국제회의산업의 육성·진흥을 위하여 제6조의 규정에 의하여 지정된 특별시·광역시 또는 시를 말한다.

제3조 (국가의 책무)

① 국가는 국제회의산업의 육성·진흥을 위하여 필요한 계획의 수립

등 행정·재정상의 지원조치를 강구하여야 한다.

② 제1항의 규정에 의한 지원조치에는 국제회의 참가자가 이용할 숙박시설·교통시설 및 관광편의시설 등의 설치·확충 또는 개선을 위하여 필요한 사항이 포함되어야 한다.

제4조 (국제회의산업육성기본계획의 수립·시행)

① 문화관광부장관은 국제회의산업의 육성·진흥을 위하여 다음 각호의 사항이 포함되는 국제회의산업육성기본계획(이하 "기본계획"이라 한다)을 수립·시행하여야 한다.

1. 국제회의의 유치 촉진에 관한 사항

2. 국제회의의 원활한 개최에 관한 사항

3. 국제회의에 필요한 인력의 양성에 관한 사항

4. 국제회의시설의 설치 및 확충에 관한 사항

5. 기타 국제회의산업의 육성·진흥에 관한 중요사항

② 문화관광부장관은 제1항의 규정에 의한 기본계획을 수립 또는 변경하고자 할 때에는 관계중앙행정기관의 장과의 협의를 거쳐야 한다.(2001.3.28 개정)

제5조 (국제회의 유치 등의 지원)

① 문화관광부장관은 국제회의의 유치를 촉진하고 그 원활한 개최를 위하여 국제회의를 유치 또는 개최하는 자에 대하여 다음 각호의 사항을 지원할 수 있다.

1. 국제회의의 유치에 관련되는 정보의 제공

2. 국제회의의 유치를 위한 해외홍보

3. 국제회의의 진행·개최 등에 관한 자문

4. 국제회의 관계자의 교육·훈련

5. 기타 국제회의의 유치 촉진 및 그 원활한 개최를 위하여 필요하다고 인정하는 사항

② 제1항의 규정에 의한 지원을 받고자 하는 자는 문화관광부령이 정하는 바에 의하여 문화관광부장관에게 국제회의유치 또는 개최에 관한 지원을 신청하여야 한다.

제6조 (국제회의도시의 지정 등)

① 문화관광부장관은 대통령령이 정하는 기준에 적합한 특별시·광

역시 또는 시를 관계중앙행정기관의 장과의 협의를 거쳐 국제회의도시로 지정할 수 있다.(2001.3.28 개정)

② 문화관광부장관은 제1항의 규정에 의한 국제회의도시를 지정할 경우에는 지역간의 균형적 발전을 고려하여야 한다.

③ 문화관광부장관은 국제회의도시가 제1항의 규정에 의한 지정기준에 적합하지 아니하게 된 경우에는 관계중앙행정기관의 장과의 협의를 거쳐 그 지정을 취소할 수 있다.(2001.3.28 개정)

④ 문화관광부장관은 제1항 및 제3항의 규정에 의한 국제회의도시의 지정 또는 지정취소를 한 때에는 이를 고시하여야 한다.

⑤ 제1항 및 제3항의 규정에 의한 국제회의도시의 지정 및 지정취소의 절차 등에 관하여 필요한 사항은 문화관광부령으로 정한다.

제7조 (국제회의도시의 지원)

문화관광부장관은 국제회의도시 안에서 행하는 사업중 국제회의와 관련된 사업으로서 관광진흥개발기금법 제5조의 용도에 해당하는 것에 대하여는 동법의 규정에 의한 관광진흥개발기금을 다른 사업에 우선하여 지원할 수 있다.

제8조 (전담조직의 설치)

국제회의도시 또는 국제회의도시를 관할하는 지방자치단체는 국제회의 관련업무의 효율적인 추진을 위하여 필요하다고 인정할 때에는 국제회의 전담조직을 설치할 수 있다.

제9조 (다른 법률과의 관계)

① 국제회의시설의 설치자가 국제회의시설에 대하여 건축법 제8조의 규정에 의한 건축허가를 받은 때에는 동법 제8조 제5항 각호의 사항 외에 다음 각호의 허가·인가 등을 받거나 신고를 한 것으로 본다.

1. 하수도법 제20조의 규정에 의한 시설 또는 공작물 설치의 허가
2. 수도법 제36조의 규정에 의한 전용상수도 설치의 인가
3. 전기사업법 제32조의 규정에 의한 자가용 전기설비공사계획의 인가 또는 신고
4. 소방법 제8조 제1항의 규정에 의한 건축허가의 동의
5. 폐기물관리법 제30조 제2항의 규정에 의한 폐기물처리시설설

　치의 승인 또는 신고

6. 대기환경보전법 제10조, 수질환경보전법 제10조 및 소음·진동규제법 제9조의 규정에 의한 배출시설 설치의 허가 또는 신고

7. 삭제(2001.3.28.)

② 국제회의시설의 설치자가 국제회의시설에 대하여 건축법 제18조의 규정에 의한 사용승인을 얻은 경우에는 동법 제18조 제4항 각호의 사항 외에 다음 각호의 검사를 받거나 신고를 한 것으로 본다.

1. 수도법 제37조의 규정에 의한 전용상수도의 준공검사

2. 소방법 제62조의 규정에 의한 소방시설의 완공검사

3. 폐기물관리법 제30조 제4항의 규정에 의한 폐기물처리시설의 사용개시 신고

4. 대기환경보전법 제14조, 수질환경보전법 제14조 및 소음·진동규제법 제13조의 규정에 의한 배출시설 등의 가동개시 신고

③ 제1항 및 제2항의 규정에 의한 허가·인가·검사 등의 의제를 받고자 하는 자는 당해 국제회의시설의 건축허가 및 사용승인 신청시 문화관광부령이 정하는 관계서류를 함께 제출하여야 한다.

④ 시장·군수 또는 구청장(자치구의 구청장에 한한다)이 건축허가 및 사용승인 신청을 받은 때 제1항 및 제2항에 해당하는 사항이 다른 행정기관의 권한에 속하는 경우에는 미리 그 행정기관의 장과 협의하여야 하며, 협의를 요청받은 행정기관의 장은 요청받은 날부터 15일 이내에 의견을 제출하여야 한다.

제10조 (권한의 위탁)

① 문화관광부장관은 제5조의 규정에 의한 국제회의 유치 등의 지원에 관한 업무를 대통령령이 정하는 바에 의하여 법인 또는 단체에 위탁할 수 있다.

② 문화관광부장관은 제1항의 규정에 의한 위탁을 한 경우에는 예산의 범위 안에서 필요한 경비를 보조할 수 있다.

부 칙

이 법은 공포 후 3월이 경과한 날부터 시행한다

국제회의산업육성에 관한 법률 시행령

[制定/ 1997. 4. 4. 대통령령 제15337호]

제1조 (목적)

이 영은 국제회의산업육성에 관한 법률에서 위임된 사항과 그 시행에 관하여 필요한 사항을 규정함을 목적으로 한다.

제2조 (국제회의의 종류·규모)

① 국제회의산업육성에 관한 법률(이하 "법"이라 한다) 제2조 제1호의 규정에 의한 국제회의는 다음 각호의 1에 해당하는 자가 개최하는 세미나·토론회·학술대회·심포지움·전시회·박람회 기타 회의로 한다.

1. 국제기구 또는 국제기구에 가입한 기관 또는 법인·단체
2. 국제기구에 가입하지 아니한 기관 또는 법인·단체

② 제1항의 규정에 의한 회의중 국제기구 또는 국제기구에 가입한 기관 또는 법인·단체가 개최하는 회의는 다음 각호의 요건을 갖추어야 한다.

1. 당해 회의에 5개국 이상의 외국인이 참가할 것
2. 회의참가자가 300인 이상이고 그중 외국인이 100인 이상일 것
3. 3일 이상 진행되는 회의일 것

③ 제1항의 규정에 의한 회의중 국제기구에 가입하지 아니한 기관 또는 법인·단체가 개최하는 회의는 다음 각호의 요건을 갖추어야 한다.

1. 회의참가자중 외국인이 150인 이상일 것
2. 2일 이상 진행되는 회의일 것

제3조 (국제회의시설의 종류·규모)

① 법 제2조 제3호의 규정에 의한 국제회의시설은 전문회의시설·준회의시설·전시시설 및 부대시설로 구분한다.

② 전문회의시설은 다음 각호의 요건을 갖추어야 한다.

    1. 2천인 이상의 인원을 수용할 수 있는 대회의실이 있을 것

    2. 30인 이상의 인원을 수용할 수 있는 중소회의실이 10실 이상 있을 것

    3. 2천 500제곱미터 이상의 옥내전시면적이 있을 것

③ 준회의시설은 국제회의의 개최에 필요한 회의실로 활용할 수 있는 호텔연회장·공연장·체육관 등의 시설로서 다음 각호의 요건을 갖추어야 한다.

    1. 600인 이상의 인원을 수용할 수 있는 대회의실이 있을 것

    2. 30인 이상의 인원을 수용할 수 있는 중소회의실이 3실 이상 있을 것

④ 전문전시시설은 다음 각호의 요건을 갖추어야 한다.

    1. 전체 옥내전시면적이 2천 500제곱미터 이상일 것

    2. 30인 이상의 인원을 수용할 수 있는 중소회의실이 5실 이상 있을 것

⑤ 부대시설은 국제회의의 개최 및 전시의 편의를 위하여 제2항 및 제4항의 시설에 부속된 숙박시설·주차시설·식음료시설·휴식시설·쇼핑시설 등으로 한다.

제4조 (국제회의산업육성기본계획)

① 문화관광부장관은 법 제4조의 규정에 의하여 국제회의산업육성기본계획을 수립 또는 변경할 경우에는 국제회의산업과 관련있는 기관 또는 단체 등의 의견을 들어야 한다.

② 문화관광부장관은 제1항의 규정에 의하여 국제회의산업육성기본계획을 수립하거나 변경한 경우에는 이를 국제회의산업과 관련있는 기관 또는 단체 등에 통보하여야 한다.

제5조 (국제회의의 유치·개최지원)

① 문화관광부장관은 법 제5조 제1항의 규정에 의하여 국제회의를 유치 또는 개최하거나 개최하고자 하는 자(이하 "국제회의 개최자"라 한다)에 대하여 다음 각호의 지원을 할 수 있다.

    1. 국제기구 또는 국내외 법인·단체 등이 개최하는 국제회의에 관한 정보의 제공

    2. 국내에 있는 국제회의시설 및 관광자원에 관한 홍보물의 제공

   3. 국제회의 관련인사의 방한지원

   4. 국제회의 개최자의 국제박람회 참가지원

   5. 국제회의 개최자의 국제회의에 관한 해외홍보

   6. 국제회의의 개최를 위한 각종준비 및 회의진행에 관한 자문

   7. 국제회의 개최자의 연수 및 전문교육 참가지원

   8. 기타 국제회의의 유치 및 개최에 도움이 되는 각종 자료 등
     의 제공

② 문화관광부장관은 법 제6조의 규정에 의한 국제회의도시에서 국
제회의를 개최하는 국제회의 개최자에 대하여는 우선적으로 제1
항의 규정에 의한 지원을 할 수 있다.

제6조 (국제회의도시의 지정기준)

문화관광부장관이 법 제6조 제1항의 규정에 의하여 국제회의도시를
지정하는 경우 그 지정기준은 다음 각호와 같다.

   1. 지정대상 도시 안에 전문회의시설이 있거나 그 시설설치를 위
     한 구체적인 계획이 수립되어 있을 것

   2. 지정대상 도시 안에 숙박시설·교통시설·교통안내체계 등 국
     제회의 참가자를 위한 편의시설이 갖추어져 있을 것

   3. 지정대상도시 또는 그 주변에 풍부한 관광자원이 있을 것

제7조 (국제회의도시 지정의 취소)

문화관광부장관은 법 제6조 제3항의 규정에 의하여 국제회의도시가
제6조 각 호의 기준에 적합하지 아니하게 된 경우에는 국제회의도시
의 지정을 취소할 수 있다.

제8조 (국제회의도시의 임무)

국제회의도시로 지정된 도시의 특별시장·광역시장 또는 시장은 해
당지역의 국제회의산업의 발전을 위하여 노력하여야 한다.

제9조 (전담조직의 설치)

국제회의도시 및 국제회의도시를 관할하는 지방자치단체는 법 제8조
의 규정에 의하여 당해 지방자치단체의 조직 내에 전담조직을 설치
하거나 별도의 민·관합동조직을 설치할 수 있다.

제10조 (권한의 위탁)

문화관광부장관은 법 제10조 제1항의 규정에 의하여 이 영 제5조의

규정에 의한 국제회의의 유치·개최지원에 관한 업무를 한국관광공사법에 의한 한국관광공사에 위탁한다.

부칙

이 영은 공포한 날부터 시행한다.

국제회의 산업 육성에 관한 법률 시행규칙

[制定/ 1997. 5. 12. 문화체육부령 제37호]

제1조 (목적)

이 규칙은 국제회의산업육성에 관한 법률 및 동법 시행령에서 위임된 사항과 그 시행에 관하여 필요한 사항을 규정함을 목적으로 한다.

제2조 (국제회의 유치 등의 지원신청)

국제회의산업육성에 관한 법률(이하 "법"이라 한다) 제5조 제2항 및 제10조 제1항의 규정에 의하여 국제회의 유치·개최에 관한 지원을 받고자 하는 자는 별지서식의 국제회의지원신청서에 다음 각호의 서류를 첨부하여 한국관광공사법에 의한 한국관광공사 사장에게 제출하여야 한다.

   1. 국제회의유치·개최계획서(국제회의의 명칭·목적·기간·장소·참가자수·소요비용 등을 포함하여야 한다) 1부

   2. 국제회의 유치·개최 실적에 관한 서류(국제회의를 유치·개최한 실적이 있는 경우에 한한다) 1부

   3. 지원을 받고자 하는 세부내용을 기재한 서류 1부

제3조 (국제회의도시 지정신청)

법 제6조 제1항의 규정에 의하여 국제회의도시의 지정을 신청하고자 하는 특별시장·광역시장 또는 시장은 다음 각호의 내용을 기재한 서류를 문화관광부장관에게 제출하여야 한다.

   1. 국제회의시설의 보유현황 및 건립계획

2. 숙박시설·교통시설·교통안내체계 등 국제회의 개최와 관련 된 편의시설의 현황 및 확충계획

3. 관광자원의 현황 및 개발계획

4. 국제회의의 유치·개최 실적 및 계획

제4조 (국제회의도시의 지정취소)

문화관광부장관은 법 제6조 제3항의 규정에 의하여 국제회의도시의 지정을 취소하고자 하는 경우에는 당해 특별시장·광역시장 또는 시장에게 미리 의견진술의 기회를 주어야 한다.

제5조 (인·허가 등의 의제를 위한 서류제출)

법 제9조 제3항에서 "문화관광부령이 정하는 관계서류"라 함은 법 제9조제1항 및 제2항의 규정에 의하여 의제 되는 인·허가 등에 필요한 서류를 말한다.

부칙

이 규칙은 공포한 날부터 시행한다.

부록4 제22회 제주왕벚꽃축제 조사 설문지

안녕하십니까?

바쁘신데도 불구하고 설문조사에 응해 주셔서 감사합니다.

본 설문지는 제22회 제주왕벚꽃축제 참가자를 대상으로 하여 이번 축제에 대한 만족도를 조사하기 위하여 작성되었습니다. 귀하의 응답 내용은 제주왕벚꽃축제의 개선을 위한 연구 목적으로만 사용할 것입니다. 협조에 감사드립니다.

조사기관: 사단법인 제주관광학회

1. 제주왕벚꽃축제에 **처음**으로 참가하셨습니까?

① 예 (➡ 3번 질문으로)　　② 아니오 (➡ 2번 질문으로)

2. 이번 참가를 포함하여 제주왕벚꽃축제에 **몇 번**이나 참가하셨습니까?

① 2번　　② 3번　　③ 4번　　④ 5번 이상

3. 이번 축제 **정보는 어디**에서?

① 가족/친구/이웃 및 지인　　② 신문/잡지　　③ TV/라디오

④ 여행사　　⑤ 인터넷·소셜네트워크　　⑥ 팜플렛/현수막 등 홍보물

⑦ 기타 (　　　　　　　　　　　　　　)

4. 이번 축제 **방문 시기 결정은 언제**?

① 오늘　　　　② 어제　　　　③ 2~4일 전

④ 5일~1주일 전　　⑤ 8일~1개월 전　　⑥ 2개월 전

⑦ 3개월 전

5. 제주왕벚꽃축제가 이 지역을 방문하게 된 **주 동기**입니까?
　　① 예　　② 아니오

6. 본인을 포함하여 **몇 명**과 함께 오셨습니까?
　　(동반자수:　　　　　　　　)

7. **누구**와 함께 오셨습니까?
　　① 개인 홀로 참가　　② 가족 (자녀동반)　　③ 커플 (부부 및 연인)
　　④ 친구 및 친지　　⑤ 친목단체 및 동우회　　⑥ 기타

8. 축제개최 기간 중 **며칠**이나 축제를 관람하실 계획입니까(관람하셨습니까)?
　　① 하루　　② 이틀　　③ 삼일

9. 제주도에 **며칠동안 머무실 계획**이십니까(관광객 만)?
　　① 당일　　② 1박 2일　　③ 2박 3일　　④ 3박 4일 이상

10. **어디**에서 주무실 계획입니까(관광객 만)?
　　① 호텔　　② 여관·여인숙　　③ 콘도
　　④ 친구/친지집　　⑤ 민박　　⑥ 기타(구체적으로:　　　　　　)

※ 다음은 본 축제에 대한 귀하의 만족도를 묻는 질문입니다.
  해당 번호에 ✓ 표시를 해 주십시오.

설문내용	만족도	전혀 아니다	아니다	약간 아니다	보통 이다	약간 그렇다	그렇다	매우 그렇다
접근성	축제장까지 쉽고 편하게 찾아올 수 있었다	①	②	③	④	⑤	⑥	⑦
홍보·안내	사전홍보를 통해 축제의 내용 및 일정을 알고 있다	①	②	③	④	⑤	⑥	⑦
	행사장 내 안내 시설이 잘 되어 있다	①	②	③	④	⑤	⑥	⑦
	행사안내 팸플릿이 잘 되어 있다	①	②	③	④	⑤	⑥	⑦
	행사장 내 안내요원들의 서비스에 만족한다	①	②	③	④	⑤	⑥	⑦
행사 내용	행사 내용이 재미있다	①	②	③	④	⑤	⑥	⑦
	행사 내용이 다양하다	①	②	③	④	⑤	⑥	⑦
	직접 참여하는 체험 프로그램에 만족한다	①	②	③	④	⑤	⑥	⑦
	행사 내용을 통해 이 지역의 문화를 잘 알게 되었다	①	②	③	④	⑤	⑥	⑦
축제 상품 (관광기념품)	축제 관련 기념품의 종류가 다양하다	①	②	③	④	⑤	⑥	⑦
	축제 관련 기념품의 품질이 좋다	①	②	③	④	⑤	⑥	⑦
	축제 관련 기념품의 가격이 적당하다	①	②	③	④	⑤	⑥	⑦
음식 (먹을거리)	음식의 종류가 다양하다	①	②	③	④	⑤	⑥	⑦
	음식의 가격이 적당하다	①	②	③	④	⑤	⑥	⑦
주변관광지 이용	행사장 주변의 유명한 관광지도 방문할 것이다(방문했다)	①	②	③	④	⑤	⑥	⑦
편의시설	주차시설 이용이 편리하다	①	②	③	④	⑤	⑥	⑦
	휴식공간(벤치, 휴게실)이 잘 되어 있다	①	②	③	④	⑤	⑥	⑦
전체	화장실이 청결하다	①	②	③	④	⑤	⑥	⑦
	이번 축제 참가에 전반적으로 만족한다	①	②	③	④	⑤	⑥	⑦
	이번 축제 참가를 주위 사람들에게 권유할 것이다	①	②	③	④	⑤	⑥	⑦
	다음에 이 축제에 다시 참가할 것이다	①	②	③	④	⑤	⑥	⑦

※ 다음은 축제 기간 동안 얼마 정도의 **돈을 쓰실 계획인지 또는 쓰셨는지** 항목별로 대답해 주십시오.

◉ 기준인원: 1명 기준

소비 항목	소비 지출액
현지에서 교통비 (예: 주차비, 연료비, 대중교통비 등)	(약 원)
숙박비 (현지에서 지출한 숙박비)	(약 원)
식·음료비 (현지에서 지출한 식대 및 음료)	(약 원)
유흥비 (노래방, 당구장, 술값)	(약 원)
쇼핑비 (축제 기념품 등)	(약 원)
기타 비용 (구체적으로:)	(약 원)

※ 다음은 귀하의 **일반적인 사항**에 관한 질문입니다.

1. 귀하의 **성별**은?　　　① 남　　② 여

2. 귀하의 **연령**은?　　　① 20대　　② 30대　　③ 40대　　④ 50대 이상

3. 귀하의 **결혼 여부**는?　① 미혼　　② 기혼

4. 귀하의 **학력**은?　　　① 중졸　　② 고졸　　③ 대졸　　④ 대학원 이상

5. 귀하의 **직업**은?
　　① 전문직/사무직/회사원　　② 판매/서비스직　　③ 자영업
　　④ 농/임/어업　　⑤ 전업주부　　⑥ 학생　　⑦ 기타 (　　　　　)

6. 귀하의 **거주지**는 어디입니까?
　　① 서울/인천/경기도　　② 부산/울산/경상남도　　③ 대전/충청도
　　④ 대구/경상북도　　⑤ 광주/전라도　　⑥ 강원도　　⑦ 제주도

— 협조해 주셔서 대단히 감사드립니다. —

참 고 문 헌

1. 서적

국립제주대학교, 「제주문화관광축제 여성매니저 양성과정」, 2006.

김경호, 고승익, 「관광학원론」, 형설출판사, 2005.

김병문, 「최신관광학」, 백산출판사, 1993.

김봉규, 「한국관광학원론」, 학서당, 1996.

김상훈, 「관광학개론」, 도서출판 범하, 1996.

김성혁, 「컨벤션산업론」, 백산출판사, 2002.

김수현, 「국제회의실무」, 문지사, 2001.

김왕상, 「관광서비스 경영론」, 대왕사, 2001.

김장신 외, 「국제회의 기획 및 실무」, 드리코트, 2002.

김진섭, 「관광학원론」, 대왕사, 1992.

문화관광부, 「관광동향에 관한 연차보고서」, 2006.

손대현, 「관광론」, 일신사, 1989.

송정일, 「이벤트플래닝」, 백산출판사, 2002.

신왕근, 「현대국제회의산업원론」, 백산출판사, 1995.

안경모 외, 「국제회의 기획경영론」, 백산출판사, 1999.

오정환, 「관광학원론」, 기문사, 1996.

윤세목, 「국제회의론」, 현학사, 2002.

윤희중 외, 「PR전략론」, 책과길, 2001.

이장춘 외, 「국제회의론」, 대왕사, 2001.

이정훈, 「여행사경영론」, 형설출판사, 1995.

정익준, 「최신관광사업론」, 형설출판사, 1997.

정주영 외, 「국제회의 경영론」, 학문사, 2001.

제주세계섬문화축제조직위원회, 「2001제주세계섬문화축제 결과보고
　　　　서」, 2001.

황희곤 외, 「컨벤션마케팅과 경영」, 백산출판사, 2002.

현대경영연구소 편저, 「회사이벤트기획백과」, 승산서관, 2001

2. 논문

고승익, "관광이벤트가 제주지역경제에 미치는 영향에 관한 연구", 제주관광전문대 논문집 제3집. 1997.

고승익, " '98 제주세계섬문화축제에 관한 연구", 제주관광대학 논문집 제4집, 1998

고승익, "제주국제시민마라톤축제에 관한 실증연구", 제주관광대학 논문집 제5집, 1999.

고승익외, "축제방문동기 세분화에 따른 지각된 성과와 만족분석", 한국관광학회, 관광학연구, 2000.

고승익, "2001년 제주세계섬문화축제 활성화방안에 관한 연구", 여행학회, 여행학연구, 2000.

고재윤, "우리나라 국제회의용역업의 진흥방안에 관한 연구", 한국관광학회, 관광학연구, 1998.

김미경·이미란, "부산지역 컨벤션산업의 현황 및 발전방향에 관한 연구", 한국기업경영학회, 기업경영연구, 1998.

김용관, "경기도 컨벤션산업 육성방안에 관한 연구", 관광경영학회, 관광경영학연구, 1997.

김의근, "제주지역 국제회의산업 육성에 관한 연구", 경기대학교 박사학위논문, 2000.

문성종 외, "제주지역 이벤트축제 평가분석의 틀에 관한 연구", 제주관광학연구 제4집, 2001.

박근수, "99강원국제관광엑스포의 지역주민 역할에 대한 연구", 「'99강원국제관광엑스포의 성과 지속화 방안」, 강원비전포럼, 2000.

석재민, "컨벤션 서비스 중요속성 및 만족도 연구", 한양대학교 석사학위논문, 2001.

이강욱, 김성섭, "국제회의산업의 경제적 파급효과", 한국관광학회, 관광학연구, 2002.

이수범 외, "컨벤션기획사에게 요구되는 자질에 관한 연구", 한국호텔관광학회, 호텔관광연구, 2001.

이정록, "여수반도권 지역발전을 위한 컨벤션센터의 입지분석 및 건립전략", 한국지역지리학회, 한국지역지리학회지, 1996.

정종훈·류서정, "한국 관광진흥을 위한 국제회의산업의 육성방안에 관한 연구", 관광경영학회, 관광경영학연구, 2001.

최승이, "국제회의산업의 효과에 관한 연구", 관광품질시스템학회, 관광품질시스템연구, 1995.

한진수·부숙진, "서울지역의 컨벤션 마케팅전략에 관한 연구", 한국관광정보학회, 관광정보연구, 2000.

한국관광공사, "99 문화관광축제 지원 결과보고서-해외홍보·마케팅 중심으로", 1999.

한국문화정책개발원, "춘천인형극제의 지역경제·사회문화적 효과", 1995.

한국지방행정연구원, "지방자치단체 지역개발사업의 평가체계 및 기법개발", 1999.

함석종, "관광이벤트의 측정과 평가요인분석", 「2000전기 한국관광개발학회 학술세미나 발표논문집」, 한국관광개발학회, 2000.

3. 외국서적

Baud-Bovy, M., *New Concepts in Planning for Tourism and Recreation, Tourism Management*, Vol.3, No.4, 1982.

Edelstein, L. G. & C. Benini, "Meeting Market Report 1994", *Meeting & Convention*, August. 1994.

Denny G. Rutherford, "Introduction to the Convention, Expositions and Meeting Industry", New York: VNR, 1990.

Getz, Donald, *Festivals, Special Events, and Tourism*, New York: VNR, 1991.

Getz, Donald, *A Research Agenda for Municipal and Community Based Tourism Canada, Travel and Tourism Research Association Conference*; In Nicholls, L.L.(1993), *Hospitality and Tourism*, 1983.

Getz, Donald, "Event Tourism And the Authenticity Dilemma", In W.F. Theobald, *Global Tourism*, The Next Decade. Oxford : Butterworth-Heinemann Ltd., 1994.

Martin Oppermann, "Convention Destination Images: Analysis of Association Meeting Planners", *Tourism Management*, Vol. 17, No. 3, 1996.

Milton T. Astroff & James R. Abbey, "Convention Sales and Services", Cranbury, N.J., Waterbury Press, 1995.

Sanderson, I., Beyond Performance, Assessing 'Value' in Local Government, Local Government Studies, Vol.24, No.4, 1998.

The Convention Liason Council, "The Economic Impact of Convention Exposition, Meetings and Incentive Travel", 1995.

Weirich, Marguerite L., 「Meeting and Convention Management」, N. Y., Delamr Publishers Inc., 1992.

일본교통공사, 「관광사전」, 1984.

4. 인터넷 자료

http://www.bexco.co.kr
http://www.coex.co.kr
http://www.excodeagu.co.kr
http://www.iccjeju.co.kr
http://www.knto.or.kr
http://www.mct.or.kr

5. 기타

제주국제컨벤션센터, 「Korea-Jeju Convention Networkshop. 2006」, 2006.

4. 추진일정 및 투자계획

- 계획기간 초기에는 추진과제의 세부실행방안 강구에 초점을 두고 후반에는 제도적 정착을 지원하는 사업들로 편성

- 문화관광부 내부적으로 결정할 수 있는 사항들을 먼저 추진하고 재정경제부, 기획예산처, 행정자치부 등 타 부처의 협조가 필요한 사항은 그 이후에 지속적인 협의를 거쳐 추진

- 광진흥개발기금의 지원확대를 필요로 하는 사업은 2007년부터 시행하는 것으로 설정

- 지원재원의 출처에 따라 특별회계와 기금예산으로 구별
- 컨벤션센터 건립 지원은 특별회계에 예산편성, 나머지 사업들은 관광진흥개발기금에 보조, 융자로 편성

- 투자계획(기금) : 2006년 73억원, 2008년 92억원, 2010년 115억원

참고문헌

1. 서적

국립제주대학교, 「제주문화관광축제 여성매니저 양성과정」, 2006.

김경호, 고승익, 「관광학원론」, 형설출판사, 2005.

김병문, 「최신관광학」, 백산출판사, 1993.

김봉규, 「한국관광학원론」, 학서당, 1996.

김상훈, 「관광학개론」, 도서출판 범하, 1996.

김성혁, 「컨벤션산업론」, 백산출판사, 2002.

김수현, 「국제회의실무」, 문지사, 2001.

김왕상, 「관광서비스 경영론」, 대왕사, 2001.

김장신 외, 「국제회의 기획 및 실무」, 드리코트, 2002.

김진섭, 「관광학원론」, 대왕사, 1992.

문화관광부, 「관광동향에 관한 연차보고서」, 2006.

손대현, 「관광론」, 일신사, 1989.

송정일, 「이벤트플래닝」, 백산출판사, 2002

신왕근, 「현대국제회의산업원론」, 백산출판사, 1995.

안경모 외, 「국제회의 기획경영론」, 백산출판사, 1999.

오정환, 「관광학원론」, 기문사, 1996.

윤세목, 「국제회의론」, 현학사, 2002.

윤희중 외, 「PR전략론」, 책과길, 2001.

이장춘 외, 「국제회의론」, 대왕사, 2001.

이정훈, 「여행사경영론」, 형설출판사, 1995.

정익준, 「최신관광사업론」, 형설출판사, 1997.

정주영 외, 「국제회의 경영론」, 학문사, 2001.

제주세계섬문화축제조직위원회, 「2001제주세계섬문화축제 결과보고
서」, 2001

황희곤 외, 「컨벤션마케팅과 경영」, 백산출판사, 2002.
현대경영연구소 편저, 「회사이벤트기획백과」, 승산서관, 2001

2. 논문

고승익, "관광이벤트가 제주지역경제에 미치는 영향에 관한 연구", 제주관광전문대 논문집 제3집. 1997.

고승익, " '98 제주세계섬문화축제에 관한 연구", 제주관광대학 논문집 제4집, 1998

고승익, "제주국제시민마라톤축제에 관한 실증연구", 제주관광대학 논문집 제5집, 1999.

고승익외, "축제방문동기 세분화에 따른 지각된 성과와 만족분석", 한국관광학회, 관광학연구, 2000.

고승익, "2001년 제주세계섬문화축제 활성화방안에 관한 연구", 여행학회, 여행학연구, 2000.

고재윤, "우리나라 국제회의용역업의 진흥방안에 관한 연구", 한국관광학회, 관광학연구, 1998.

김미경·이미란, "부산지역 컨벤션산업의 현황 및 발전방향에 관한 연구", 한국기업경영학회, 기업경영연구, 1998.

김용관, "경기도 컨벤션산업 육성방안에 관한 연구", 관광경영학회, 관광경영학연구, 1997.

김의근, "제주지역 국제회의산업 육성에 관한 연구", 경기대학교 박사학위논문, 2000.

문성종 외, "제주지역 이벤트축제 평가분석의 틀에 관한 연구", 제주관광학연구 제4집, 2001.

박근수, "99강원국제관광엑스포의 지역주민 역할에 대한 연구", 「'99강원국제관광엑스포의 성과 지속화 방안」, 강원비전포럼, 2000

석재민, "컨벤션 서비스 중요속성 및 만족도 연구", 한양대학교 석사학위논문, 2001.

이강욱, 김성섭, "국제회의산업의 경제적 파급효과", 한국관광학회, 관광학연구, 2002.

이수범 외, "컨벤션기획사에게 요구되는 자질에 관한 연구", 한국호텔관광학회, 호텔관광연구, 2001.

이정록, "여수반도권 지역발전을 위한 컨벤션센터의 입지분석 및 건립전략", 한국지역지리학회, 한국지역지리학회지, 1996.

정종훈·류서정, "한국 관광진흥을 위한 국제회의산업의 육성방안에 관한 연구", 관광경영학회, 관광경영학연구, 2001.

최승이, "국제회의산업의 효과에 관한 연구", 관광품질시스템학회, 관광품질시스템연구, 1995.

한진수·부숙진, "서울지역의 컨벤션 마케팅전략에 관한 연구 ", 한국관광정보학회, 관광정보연구, 2000.

한국관광공사, '99 문화관광축제 지원 결과보고서-해외홍보·마케팅 중심으로", 1999

한국문화정책개발원, "춘천인형극제의 지역경제·사회문화적 효과", 1995

한국지방행정연구원, "지방자치단체 지역개발사업의 평가체계 및 기법개발", 1999

함석종, "관광이벤트의 측정과 평가요인분석", 「2000전기 한국관광개발학회 학술세미나 발표논문집」, 한국관광개발학회, 2000

3. 외국서적

Baud-Bovy, M., *New Concepts in Planning for Tourism and Recreation, Tourism Management*, Vol.3, No.4, 1982.

Edelstein, L. G. & C. Benini, "Meeting Market Report 1994", *Meeting & Convention*, August. 1994.

Denny G. Rutherford, "Introduction to the Convention, Expositions and Meeting Industry", New York: VNR, 1990.

Getz, Donald, *Festivals, Special Events, and Tourism*, New York: VNR, 1991.

Getz, Donald, *A Research Agenda for Municipal and Community Based Tourism Canada, Travel and Tourism Research Association Conference*; In Nicholls, L.L.(1993),

Hospitality and Tourism, 1983.

Getz, Donald, "Event Tourism And the Authenticity Dilemma", In W.F. Theobald, *Global Tourism*, The Next Decade. Oxford : Butterworth-Heinemann Ltd., 1994.

Martin Oppermann, "Convention Destination Images: Analysis of Association Meeting Planners", *Tourism Management*, Vol. 17, No. 3, 1996.

Milton T. Astroff & James R. Abbey, "Convention Sales and Services", Cranbury, N.J., Waterbury Press, 1995.

Sanderson, I., Beyond Performance, Assessing 'Value' in Local Government, Local Government Studies, Vol.24, No.4, 1998.

The Convention Liason Council, "The Economic Impact of Convention Exposition, Meetings and Incentive Travel", 1995.

Weirich, Marguerite L., 「Meeting and Convention Management」, N. Y., Delamr Publishers Inc., 1992.

일본교통공사, 「관광사전」, 1984.

4. 인터넷 자료

http://www. bexco.co.kr

http://www. coex.co.kr

http://www. excodeagu.co.kr

http://www. iccjeju. co.kr

http://www. knto. or. kr

http://www. mct. or. kr

5. 기타

제주국제컨벤션센터, 「Korea-Jeju Convention Networkshop. 2006」, 2006.

저자약력

고승익

제주대학교 관광학과 졸업(경영학학사)
경기대학교 대학원 관광경영학과 석·박사학위 취득
제주관광대학 학생처장·호텔경영과 학과장·관광산업연구소장
제주은행 감사위원장
문광부 역사·문화마을가꾸기 전문위원
제주도 관광축제위원장
제주대학교 강사·BK21연구교수
현) 제주관광학회장
　　　제주도 관광협회 이사
　　　제주도 축제육성위원
　　　제주도 관광진흥협의회 부위원장

김흥렬

경희대학교 호텔관광학과 졸업
한국생산성본부 전시컨벤션 팀장
현) 목원대학교 서비스경영학부 학부장
　　　지식경제부·한국전시산업진흥회 평가위원
　　　중소기업청·시장경영진흥원 평가위원
　　　국제의료관광코디네이터 검토위원
　　　한국관광연구학회 편집이사
　　　한국호텔관광학회 편집이사

이벤트경영론

2007년 2월 28일 초 판 1쇄 발행
2015년 9월 10일 개정판 2쇄 발행

지은이 고승익 · 김흥렬
펴낸이 진욱상 · 진성원
펴낸곳 백산출판사
교 정 성인숙
본문디자인 오양현
표지디자인 오정은

저자와의
합의하에
인지첩부
생략

등 록 1974년 1월 9일 제1-72호
주 소 경기도 파주시 회동길 370(백산빌딩 3층)
전 화 02-914-1621(代)
팩 스 031-955-9911
이메일 editbsp@naver.com
홈페이지 www.ibaeksan.kr

ISBN 978-89-6183-841-2
값 18,000원